Access 2016 数据库技术及应用

姜增如　主编

北京理工大学出版社
BEIJING INSTITUTE OF TECHNOLOGY PRESS

内容简介

本书共包括10章。第1章主要介绍Access 2016的功能、操作界面，第2章为数据库基础知识，第3章主要介绍创建数据表的方法及设置属性的方法，第4章使用两个案例讲解创建查询、使用操作界面设置查询条件、参数、制作交叉表、操作查询方法，并使用26个小例程说明SQL查询语句的使用；第5章讲解创建窗体、使用控件设计窗体界面，第6章用两个案例介绍创建报表、排序、分组、计数、求和操作及插入时间和页码的方法，及通过报表向导方便地制作报表界面的方法；第7章介绍创建、使用宏的方法和调试方法并列举了宏的常用命令及功能，第8章介绍数据库安全策略、安全维护，数据库的压缩、修复，数据库的导入、导出及链接功能，第9章主要介绍VBA（Visual Basic for Applications）程序设计所规定的3种基本控制结构、编程方法及调试过程，第10章为实验。

本书适合作为高职院校Access课程的教材使用。

版权专有　侵权必究

图书在版编目（CIP）数据

Access 2016数据库技术及应用/姜增如主编．—北京：北京理工大学出版社，2019.11（2019.11重印）

ISBN 978-7-5682-7853-9

Ⅰ．①A…　Ⅱ．①姜…　Ⅲ．①关系数据库系统－教材　Ⅳ．①TP311.138

中国版本图书馆CIP数据核字（2019）第243531号

出版发行/北京理工大学出版社有限责任公司
社　　址/北京市海淀区中关村南大街5号
邮　　编/100081
电　　话/（010）68914775（总编室）
　　　　（010）82562903（教材售后服务热线）
　　　　（010）68948351（其他图书服务热线）
网　　址/http://www.bitpress.com.cn
经　　销/全国各地新华书店
印　　刷/涿州市新华印刷有限公司
开　　本/787毫米×1092毫米　1/16
印　　张/16.75
字　　数/390千字
版　　次/2019年11月第1版　2019年11月第2次印刷
定　　价/42.00元

责任编辑/钟　博
文案编辑/钟　博
责任校对/周瑞红
责任印制/施胜娟

图书出现印装质量问题，请拨打售后服务热线，本社负责调换

前　　言

Access 2016 是建立数据库管理系统的软件，能利用 Excel 电子表格、结构化查询及各种二维表生成数据库，并创建窗体、查询、报表和应用程序，非常适合编写商品销售，学生成绩，工资，库房出、入库管理系统软件。利用系统提供的数据库操作向导、控件、宏即可完成美观的界面及报表设计，不需要编写大量的程序代码即可实现系统设计。

本书以基础知识为依托、以案例教学为特色，共分 10 章，穿插 17 个案例和近百个小例程讲授表、查询、窗体、报表、宏及模块的创建步骤和操作过程。另外，本书配套使用电子版完成了 10 个实训题目，以扫描二维码的形式即可获得每章的习题及答案。结合本书的演示文稿，学生可对全书的内容融会贯通。本书的编写中力求通俗易懂，学生通过学习本教程即能比较全面地掌握数据库管理应用技术，并编写相应的数据库管理软件。

本书通过数据库基本知识、案例和实验相结合的方法，不仅可使学生从实际应用中掌握 Access 2016 数据库设计方法，且能使学生高效地编写数据库管理软件。书中的大量实例由浅入深、简单明确，其目的是引领学生入门和提高。本书适合计算机专业或非计算机专业的学生使用，内容新颖、实用性强，既适合作为高等职业院校数据库课程教材，也适合相关技术人员自学参考。本书凝聚了编者多年的计算机教学经验，可帮助学生快速建立数据库，实现多种数据库管理系统的编程。本书每章后附有习题及参考答案，可从北京理工大学出版社官方网站（www.bitpress.com.cn）下载。本书难免存在缺点和不足，敬请广大读者批评指正。教师同行可通过邮箱获取本书案例数据库及视图资料（邮箱：jiang5074@bit.edu.cn）。

编　者

目　　录

第 1 章
Access 2016 使用概述

1.1　Access 2016 简介

1.1.1　走进 Access 2016

Access 2016 是将数据库引擎、图形界面与软件开发结合在一起的系统，使用它能轻松地开发诸如库房管理、人事档案、劳动工资、商品销售、学生成绩等数据库管理应用程序。系统提供了一组功能强大、相当完善的框架结构和控件工具，包括数据库表、查询、可视化窗体、报表、宏及模块六大对象。在获取数据方面，Access 2016 不仅能直接链接和嵌入 Excel 电子表格，还可从 Access 桌面数据库、ODBC（Open DataBase Connection）数据源、文本文件和 SharePoint 列表导入数据，具有极强的可操作性。同时，Access 2016 支持 VB（Visual Basic）语言的各种对象，包括 DAO（Data Access Object）及其他对象的 ActiveX 组件，因此又可看作一款面向对象的编程语言。

初学者能通过向导建立、操作每个数据项，轻松编辑、组织、访问数据库信息，创建或使用数据库管理解决方案。专业人员可以使用 Access 2016 的 Web 功能，编写基于浏览器与他人共享的数据库管理应用程序。

Access 2016 界面新颖、友好、易学易用，利用模板或向导可创建传统桌面数据库及 Web 数据库，是典型的新一代桌面数据库管理系统。在查询相关信息方面，能使用查询向导或查询模块快速定位到指定数据库对象。

1.1.2　Access 2016 的功能

（1）面向对象：将数据库系统中的各种功能封装在对象中。每个对象都定义了方法和属性，通过对象的方法、属性完成数据库的操作和管理，极大地缩短了开发时间。同时，基于面向对象的开发方式既简化了程序步骤，也便于各种数据库对象管理，具有强大的数据组织、用户管理、安全检查等功能。

（2）Web 支持：利用“自定义 Web 应用程序”功能，可将程序与网络上的动态数据连接，通过简单拖拽即可将 Excel 表格快速做出专业的 Web 应用程序，轻松实现企业数据信息管理，提升工作效率。输入一个名称和应用程序的 Web 位置，也可以从某位置列表中选择一个位置创建数据库，键入名称可在 Office365 网站上使用或共享，如图 1.1 所示。

（3）扩展功能：不仅能作为一个客户端开发工具进行数据库应用系统开发，还能作为前台客户端，把 SQL Server 作为后台数据库开发小型或大型数据库应用系统，且能够通过链接表的方式打开 Excel 文件、格式化文本文件等，与 Office 集成，实现无缝连接。

图 1.1　Web 应用界面

1.2　Access 2016 的工作界面

Access 2016 采用简洁的界面，完美支持包括平板电脑在内的触控、手写笔、鼠标或键盘操作。在支持社交网络的同时，Access 2016 提供阅读、笔记、会议和沟通等现代应用场景，并可通过最新的云服务模式交付用户。

1.2.1　工作界面

Access 2016 的工作界面中设置了多个数据库设计应用模板，包括“空白桌面数据库”“自定义 Web 应用程序”“资产管理”“营销项目”“项目”“问题”“学生”和“营销渠道”等，这些模板需要在网络开启状态下打开并使用，如图 1.2 所示。

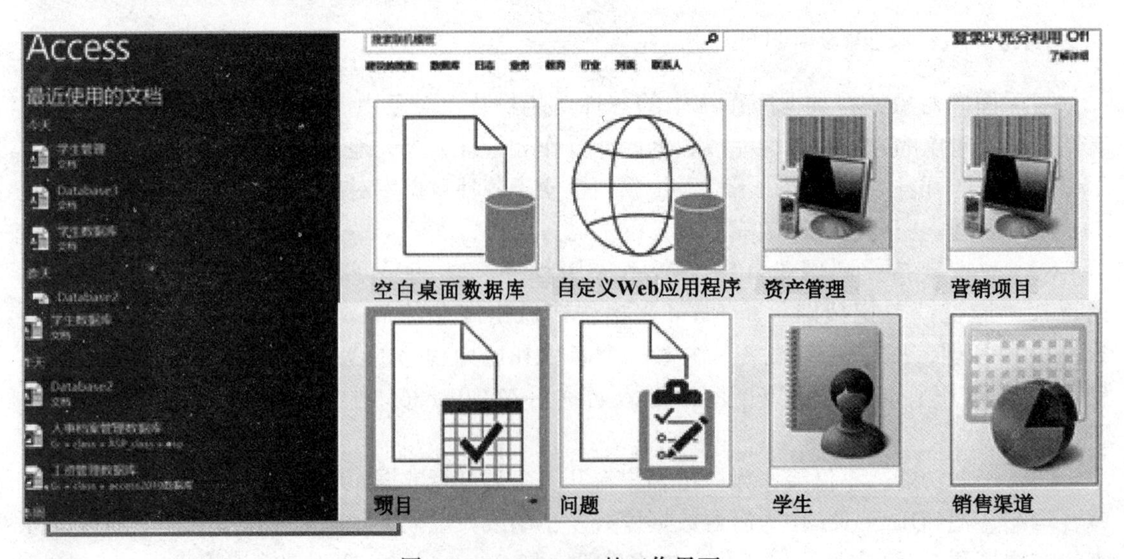

图 1.2　Access 2016 的工作界面

说明：对于上述任何一个模板，管理系统中已经内嵌了数据库表结构、查询信息、窗体结构、报表结构等，以帮助使用者快速完成数据库管理任务。例如：对于“营销项目”模板，管理系统中已经建立了“项目”“供应商”“员工”“公共可交付结果”数据库表结构，并添加了相应的“项目总数”“未完成项目”等查询、报表和多个管理项目信息的窗体，其中“项目详细信息”窗体如图 1.3 所示。

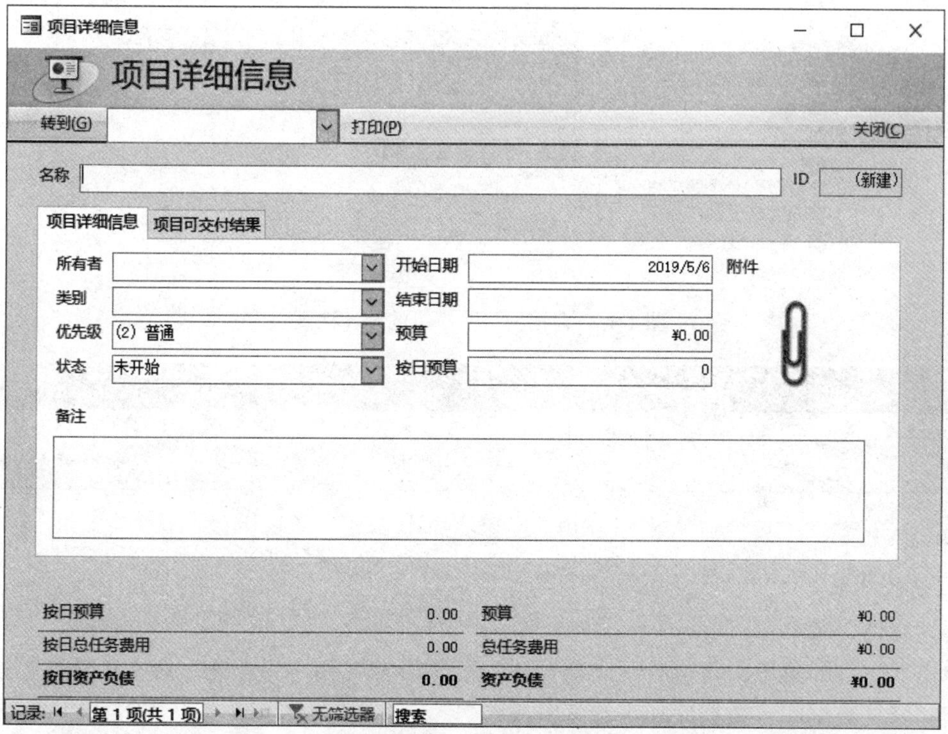

图 1.3　内嵌模板窗体（“项目详细信息”窗体）

1.2.2　数据库设计视图

使用任何模板或新建空数据库，将打开 Access 2016 设计视图，包括快速处理工具栏、导航窗格、操作区 3 个部分。“营销项目”模板的设计视图如 1.4 所示。

说明：用鼠标右键单击左侧的导航窗格中的任何一个 Access 对象，选择“设计视图”选项，均可在操作区中进行编辑修改。

1.2.3　快速处理工具栏

1. 工具栏的组成

该工具栏由一系列命令选项卡组成。在 Access 2016 中，主要的命令选项卡包括“文件”“开始”“创建”“外部数据”和“数据库工具”。每个选项卡都包含多组相关命令，这些命令展现了相关操作。功能区中的命令涉及当前处于活动状态的对象。如果选中“营销项目”模板的一个窗体，单击鼠标右键选择“设计视图”选项，则将打开“设计”工具栏，如图 1.5 所示。

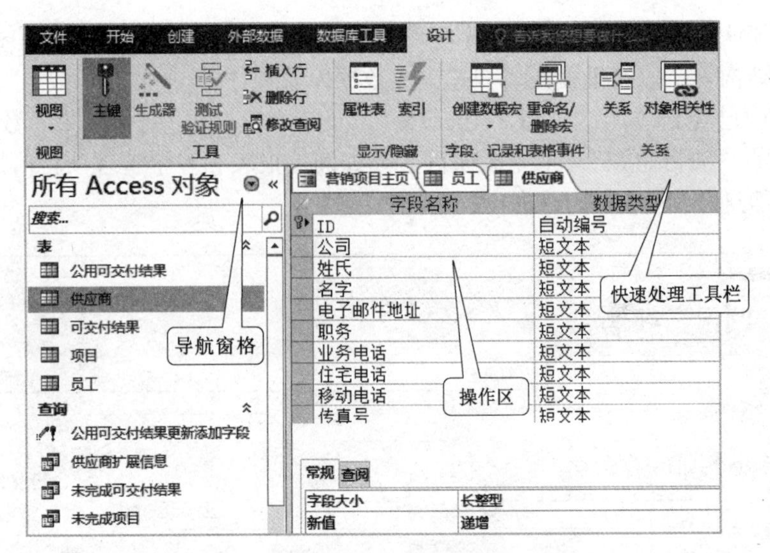

图 1.4 “营销项目”模板的设计视图

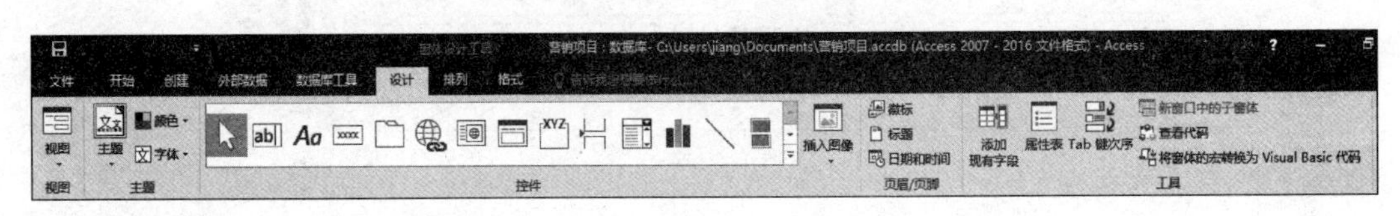

图 1.5 “设计”工具栏

2. 功能菜单

1）“文件”菜单

单击“文件”菜单，可进行“新建”“打开”“保存”和“另存为”等文件操作，还可进行压缩和修复数据库、数据库加密和解密操作。

2）“开始”菜单

单击“开始”菜单，可进行数据的复制、移动、粘贴操作，还可选择不同的视图进行操作。

3）“创建”菜单

单击“创建”菜单，可以创建表、查询、窗体、报表、宏和模块。利用“模块”“类模块”和“Visual Basic”选项可以编写 VBA 代码程序。

4）“外部数据”菜单

单击“外部数据”菜单，可以导入或链接外部数据并发布成 PDF 文件，也可通过电子邮件收集和更新数据，导入、导出和运行链接表等。

5）“数据库工具”菜单

单击“数据库工具”菜单，可以创建和查看表关系、显示或隐藏对象相关性、运行数据库文档或分析性能、将部分或全部数据库移至新的或现有的 SharePoint 网站、运行宏等。

1.2.4 导航窗格

1. 导航窗格的组成

导航窗格是用于在数据库中导航和执行任务的窗口，当打开数据库后，它默认出现在程

序窗口左侧。显示或隐藏导航窗格，单击工作界面右上角的导航按钮或按 F11 键。导航窗格一般按类别进行组织，还可以在导航窗格中按照表、查询、窗体、报表、宏和模块分组，以“营销项目”模板为例，按“所有 Access 对象”“所有日期”“窗体”组织的导航窗格如图 1.6 所示。

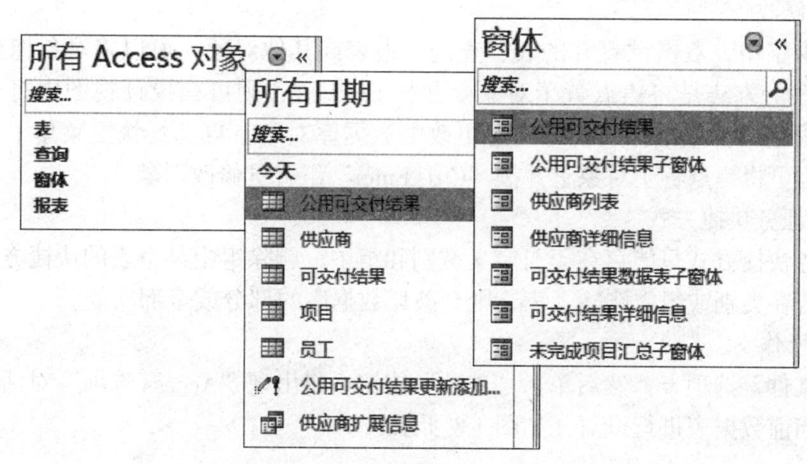

图 1.6　导航窗格分类视图

其中：

（1）最顶层菜单：设置或更改该窗格对数据库对象分组的类别，单击“所有 Access 对象”右侧的下拉列表，可以查看正在使用的类别，用鼠标右键单击该菜单可以执行排序对象等其他任务。

（2）百叶窗开 / 关按钮：展开或折叠导航窗格。该按钮不会全部隐藏窗格。要执行该操作，必须设置全局数据库选项。

（3）搜索框：通过输入部分或全部对象名称，可在大型数据库中快速查找对象。键入时该窗格将隐藏任何不包含与搜索文本匹配对象的组。

（4）数据库对象：导航窗格将数据库对象分成多个类别，如数据库中的表、窗体、报表、查询、宏和模块。

（5）空白：用鼠标右键单击“导航窗格”底部的空白，可以执行各种任务——可以更改类别、对窗格中的项目进行排序，以及显示或隐藏每组中对象的详细信息。若选择“排序依据”选项，则打开排序的类别，如图 1.7 所示。若选择“查看方式”选项，则可查看各个对象的详细信息，包括创建日期和修改日期。

（6）导航窗格执行任务：除了常见任务外，还可在导航窗格中执行新任务，选中对象（包括：表、查询、窗体、报表）可导入、导出数据。若选中“供应商表”后单击鼠标右键，可导出 Excel 电子表格数据。

2. 导航窗格的功能

1）对象分组

单击顶层菜单的下拉列表，可打开菜单选择不同类别。

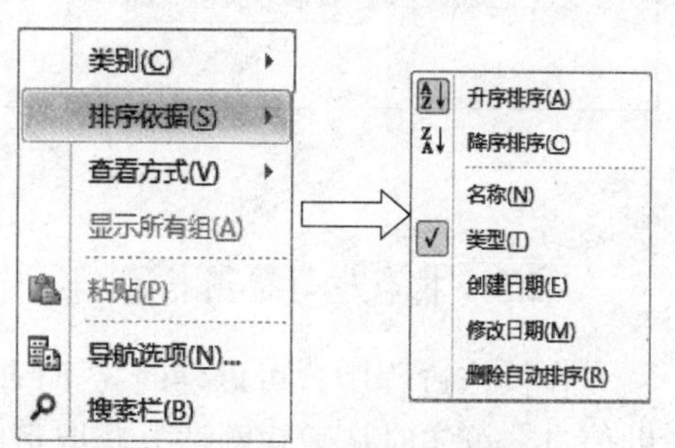

图 1.7　排序依据

若选择“表”，则按“表”类别排列，若选择“查询”则按“查询”类别排列；若选择“表和相关视图”，则按“所有表”显示，它将对象按不同的类别分组，当一个对象基于多个表时，则该对象将出现在为每个表创建的组中。当选择不同类别时，组会随之发生更改，类别和组提供了一种筛选形式。若只想查看“表”，选择“表”类别即可。

2）对象修改

在导航窗格中，双击欲打开的表、查询、报表或其他对象，可以将对象拖至 Access 工作区进行修改。方法是将焦点置于对象上并按 Enter 键，则可在设计视图中打开数据库对象。在导航窗格中，用鼠标右键单击想更改的数据库对象，再选择快捷菜单上的“设计视图”选项，也可将焦点置于对象上并按“Ctrl+Enter”组合键修改对象。

3）导航任务快捷方式

导航任务快捷方式只能存在于自定义类别和组中。删除组中某个表的快捷方式不会产生任何影响，若在类别或组中删除了表，则会破坏数据库的部分或全部功能。

3. 选项操作

单击“文件”选项卡，然后单击“选项”按钮，将出现“Access 选项”对话框，在对话框内可以对当前数据表进行设置，如图 1.8 所示。

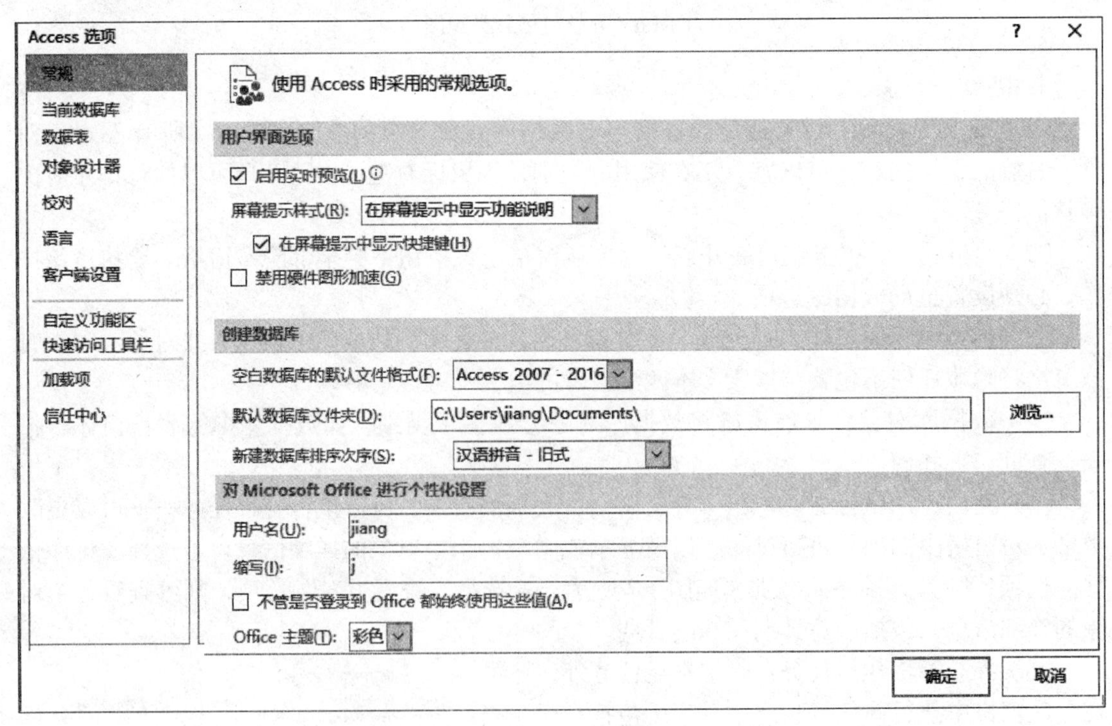

图 1.8 “Access 选项”对话框

1.2.5 状态栏与帮助信息

在操作过程中，可以随时按 F1 键或单击快速处理工具栏右侧上方的问号图标来获取帮助信息，可实时从微软网站上获取帮助信息，如图 1.9 所示。

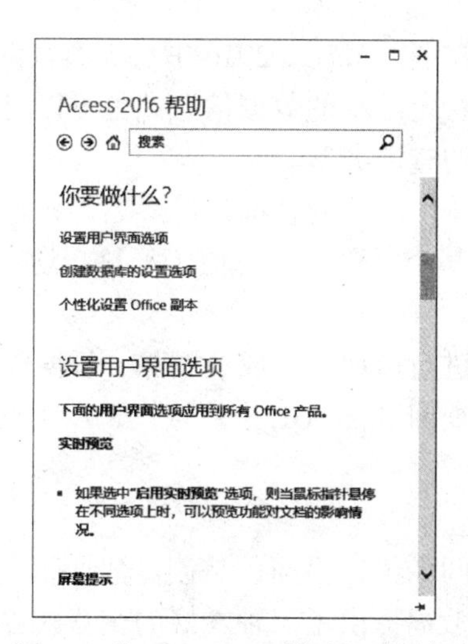

图 1.9 “Access 2016 帮助”对话框

1.3 Access 2016 主体结构

Access 2016 主体结构包括表、查询、窗体、报表、宏和模块，其中表是最主要的对象。

1.3.1 表

Access 2016 中的数据库称为关系数据库，数据库中的数据集合称为表。表是由行和列组成的，也称为二维表。表中的每一列具有共同信息，称为“字段”或“属性”，表中的每一行都描述一个独立而完整的信息，称为“记录”或“元组”。可以唯一标识一条记录的字段或字段的组合称为“主键”。在 Access 2016 数据库系统中，首先要建立表结构，然后再向表中存储数据。当数据表添加新列时，必须在该表中定义新的字段。Access 2016 是基于所输入的数据类型来设置字段的数据类型。数据类型包括 Boolean、Integer、Long、Currency、Single、Double、Date、String 和 Variant（默认）。对于已建立的表，其结构是确定的，一般以记录的形式向其中添加数据。例如，在“营销项目”模块中，记录着员工的基本信息，包括姓氏、名字、电子邮件地址、职务、业务电话等，如图 1.10 所示。

	ID	公司	姓氏	名字	电子邮件地址	职务	业务电话	住宅电话	移动电话
⊞	1	北京普诺兴	王	学文	wang@163.com	经理	010-61234526	010-12345678	13311111111
⊞	2	北京汉红有限	李	洪丽	hongli@126.com	会计	010-67812345	010-21345678	12222222222
⊞	3	北京欧派公司	张	宜敏	zhangmin@sina.com	CEO	010-12345678	010-62134567	13333333333

图 1.10 员工基本情况表

其中，表顶部一行内容是数据表的“字段名”，称为表结构，每一行的信息称为“记录”。管理员可在数据库表中添加、删除或修改这些数据。

1.3.2 查询

查询用于在一个或多个表内查找某些特定的数据，完成数据的检索、定位和计算，供用户查看。查询是 Access 2016 数据库中的一种重要对象，它是按照一定的条件或准则从一个

或多个数据表中映射出的虚拟视图。Access 2016 中有 5 类查询：

（1）选择查询：找到符合特定准则的数据信息，也可以对数据表进行统计，如求和、计数、求平均值等。它是最常用的查询类型。

（2）参数查询：通过用户输入不同的查询条件参数，显示对应的查询结果。

（3）交叉查询：显示表中某个字段的汇总值（汇总、均方差、求平均值等），交叉表查询使汇总数据更容易。

（4）操作查询：对数据表进行追加、生成、删除、替换等功能的查询类型。

（5）SQL 查询：使用结构查询语言 SQL 进行查询，以查询视图的形式进行显示。

1.3.3 窗体

窗体是应用程序和用户之间的接口界面，是创建数据库应用系统的最基本的对象。窗体为用户查看和编辑数据库中的数据提供了一种友好的交互式界面。用户通过窗体实现数据维护、控制应用程序流程等人机交互的功能。使用窗体可以完成向表中输入数据、控制数据输出、显示等操作，也可打开其他窗体或报表、创建自定义对话框。窗体中的大部分信息来自基本表或查询，其他信息如标题、日期和时间、页码、图片等均可在窗体设计中实现。

Access 2016 提供了多种创建窗体的方式，主要有：利用窗体向导生成窗体、利用窗体工具创建窗体、在设计视图中利用控件的图形化对象手工生成窗体。用户可以使用各种图形化的工具和向导快速地制作出用来操作和显示的数据窗体，如“项目详细信息”窗体，如图 1.3 所示。

1.3.4 报表

报表是以打印格式显示用户数据的一种有效方式。用户可以将一个或多个表和查询中的数据以一定的格式制作成报表，还可以将数据处理的结果或各种图表插入报表中。用户可以在报表设计视图窗口中控制每个对象的大小和显示方式，对报表对象的各项内容进行设计和修改，按照自己所需的方式完成打印工作。与窗体类似，报表的其他信息可在设计报表工具栏中实现。

Access 2016 提供了 4 种创建报表的方式：自动生成报表、利用报表向导、利用“空报表”、报表设计。其中利用“空报表”的方法是自行拖动表字段数据，利用控件手工生成适合自己需要的报表。此外，使用改进的条件格式和计算工具，能够创建内容丰富且具有视觉影响力的动态报表。Access 2016 报表支持数据条，从而可以更轻松地跟踪趋势和深入了解情况，如销售商表，如图 1.11 所示。

1.3.5 宏

宏是一种为实现较复杂的功能而建立的可定制对象，它实际上是一系列操作的集合，其中每个操作都能实现特定的功能，帮助用户实现各种操作，使系统运行良好，如打开窗体、生成报表、保存修改等。Access 2016 具有功能更强大的宏设计器和数据宏，使用该设计器可以轻松地创建、编辑和自动处理数据库逻辑、减少编码错误，并轻松地整合更复杂的逻辑以创建功能强大的应用程序。可通过使用数据宏将逻辑附加到数据中来增加代码的可维护性，从而实现源表逻辑的集中化。

销售商表　2019年5月7日 11:12:01

产品I	产品名称	类别	生产地	单位	产品号	供应商	单价	生产时间	产品展
s001	发动机	油箱	上海	件	ps20180103	上海博莱特有限公司	2200	2018/3/22	
s002	油泵	发动机	广州	件	ps20180303	广州市运通四方实业有限公司	5000	2018/3/3	
s003	白金火花塞	火花塞	天津	件	ps20180111	天津天弘益华轴承商贸有限公司	1000	2018/4/12	
s004	大孔离合器	离合器	美国	件	ps20180307	纽泰克气动有限公司	800	2018/3/22	

图 1.11　销售商表

1.3.6　模 块

模块是 Access 2016 数据库中最复杂，也是功能最强大的一种对象，它由 VB 编制的过程和函数组成。模块提供了更加独立的动作流程，并且允许捕捉错误。在 Access 2016 中，一个模块相对于一组相关功能的集合。使用其内置的 VBA（Visual Basic for Application）编制各种对象的属性、方法，以实现细致的操作和复杂的控制功能。例如：利用模块编写的员工工资交税的过程代码如图 1.12 所示。模块的执行结果如图 1.13 所示。

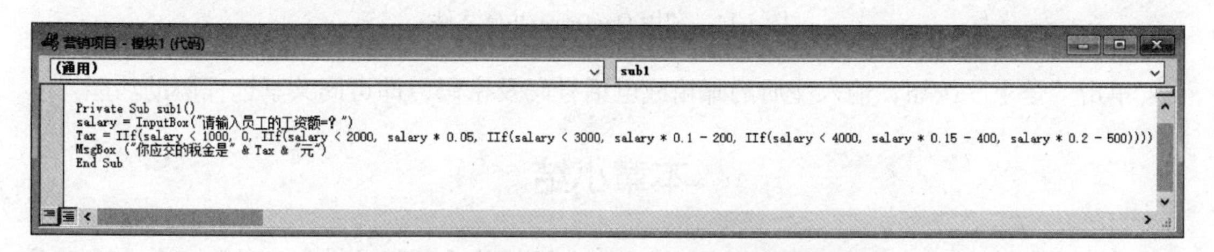

图 1.12　利用模块编写的员工工资交税的过程代码

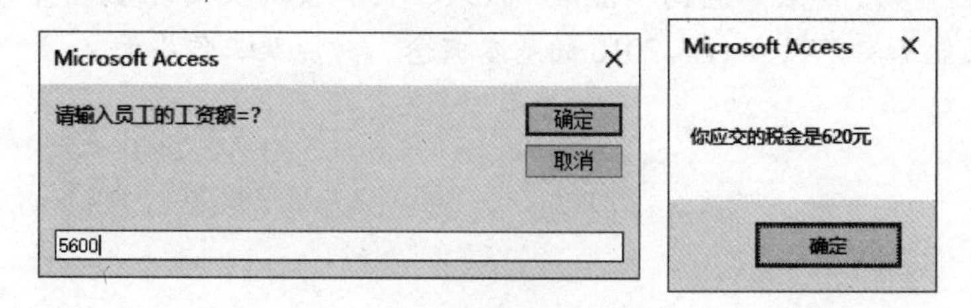

图 1.13　模块的执行结果

1.4　数据库共享

OneDrive 是微软提供的一个软件，它与 Office 结合，使用户能与同事共享或远程协同编辑文档，用户可以在线创建、编辑和共享文档，而且可以和本地的文档编辑进行任意切换，可以在线保存本地编辑或在线编辑本地保存。OneDrive 可自动将设备中的图片上传到云端保存，以提高工作效率。此外，它提供了 Windows、Mac、iOS、Android、WP 等多平台的客户端和网页版，用户的文件可在不同的设备上自动同步。在 Access 2016 主界面上，单击“打开其他文件”按钮，选择“打开”→“OneDrive”选项，可以使用 OneDrive 在任何位置使用文件或与他人共享数据库文件，如图 1.14 所示。

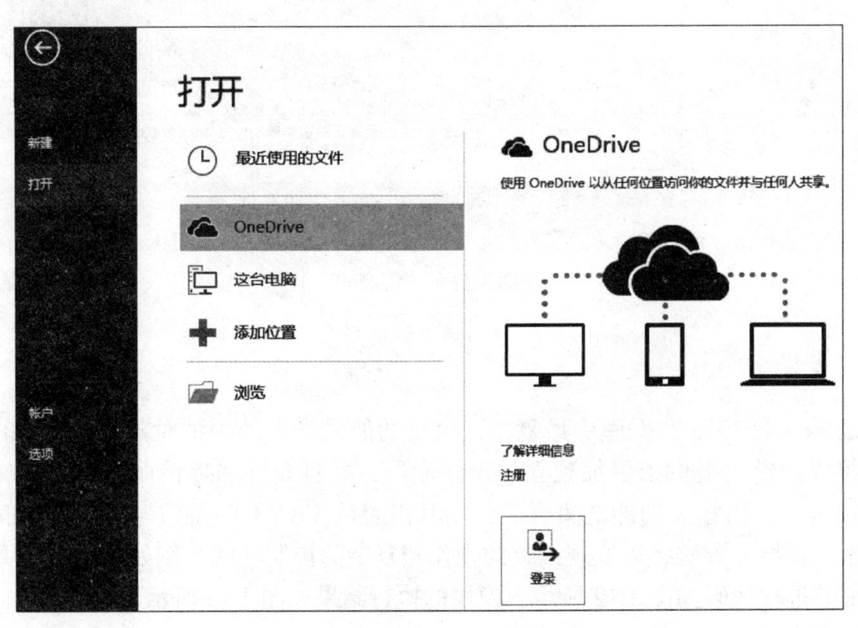

图 1.14　利用 OneDrive 共享文件

单击“登录”按钮，输入注册的邮箱或电话号码及密码，即可同共享远程协助功能。

本章小结

本章重点讲述了 Access 2016 的工作界面、主题结构及数据库对象。通过工作界面及案例展示，使学生初步了解表、查询、窗体、报表、宏和模块及 Web 数据库的应用。通过本章的学习，学生能基本掌握 Access 2016 的基本概念、功能及工作界面。

第2章 数据库基础知识

数据库（Data Base）是计算机应用系统中一种专门管理数据资源的系统，数据库可将数据量大、类型多、结构复杂的数据按照一定的排列次序加以组织和管理，实现贮存、检索、分类、统计等操作，达到用户共享的目的。数据库技术的出现，一方面减小了数据的冗余度，大大节省了数据的存储空间，另一方面程序与数据相对独立，修改程序不必修改数据库，简化了编程并增强了可靠性，不仅降低了数据处理成本，而且提高了效率。

2.1 数据库基础

2.1.1 有关数据库的术语

1. 数据

数据是信息的符号表示，能用计算机存储及处理，通常包括数值、文字、声音、图像视频、动画类型等。

2. 数据处理

数据处理包括添加、删除、统计、计算、检索等操作，数据处理经过了人工处理、计算机文件处理、计算机数据库处理 3 个发展阶段。

3. 数据模型

数据和数据间的相互关系，构成数据模型。数据模型有层次、网状和关系 3 种，不同的数据库是按不同的数据结构来联系和组织的。

4. 数据结构

数据结构是指数据的组织形式或数据之间的联系。

5. 数据库

数据库是数据的集合，能被各类用户共享，数据冗余度小、数据之间有紧密联系并可通过数据库管理系统进行访问。数据库中的数据以表的形式保存，也可以将其发布到网络上，以便其他用户通过 Web 浏览器共享数据库。

6. 数据库管理系统

数据库管理系统（Data Base Management System，DBMS）是对数据库进行管理的软件。其一般具有建立、编辑、修改、增删、检索、排序、统计等操作数据库的功能；同时还具有友好的交互输入、输出能力，可方便、高效地管理数据库。它通过多种编程语言允许多个用户同时访问数据库，并提供数据的独立性、安全性和完整性等保障措施。

7. 数据库系统

由人（用户、数据库管理员）、软/硬件设备、数据库和数据库管理系统等组成的信息处理系统称为数据库系统。数据库系统的核心是数据库管理系统。

2.1.2 数据管理的发展

数据管理的发展可以分为 4 个阶段。

1. 第一个阶段——人工管理

人工管理阶段（20 世纪 50 年代中期以前）的特点如下：

（1）数据不能共享。不同的程序均有各自的数据，这些数据对不同的程序通常是不相同的，不可共享；即使不同的程序使用相同的一组数据，这些数据也不能共享，程序中仍然不能省略这组数据。这种数据的不可共享性，必然导致程序与程序之间存在大量的冗余数据，浪费了存储空间。

（2）数据与程序不具有独立性。数据与程序是一个整体，数据只为本程序所使用，即一组数据对应一组程序，如图 2.1 所示。

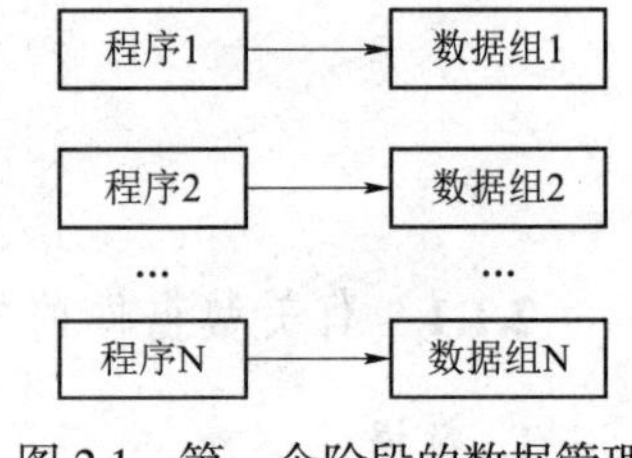

图 2.1 第一个阶段的数据管理

2. 第二个阶段——文件管理

在这一阶段（20 世纪 50 年代后期—60 年代中期），计算机不仅用于科学计算，还用于信息管理方面。操作系统中的文件系统是专门管理外存的数据管理软件，文件是操作系统管理的重要资源之一。数据处理方式有批处理，也有联机实时处理。此阶段的特点如下。

1）存储方式

数据以文件的形式可长期保存在外部存储器的磁盘上，可以对文件进行大量的查询、修改和插入等操作。

2）独立性

程序与数据之间具有“设备独立性”，即程序只需用文件名就可与数据进行连接，不必关心数据的物理位置。由操作系统的文件系统提供存 / 取方法（读 / 写）。

3）文件类型

文件组织中有索引文件、链接文件和直接存取文件等，文件之间相互独立、缺乏联系。数据之间的联系要通过程序构造。数据不再属于某个特定的程序，可以重复使用，由于文件结构的设计仍然基于特定的用途，程序基于特定的物理结构和存取方法，因此程序与数据结构之间的依赖关系并未根本改变。由于同一个数据项可能重复出现在多个文件中，没有形成数据共享，又不易统一修改，容易造成数据的不一致。这造成文件之间缺乏联系，存在大量冗余。

4）文件与程序的对应关系

对数据的操作以记录为单位。由于文件中只存储数据，不存储文件记录的结构描述信息，文件的建立、存取、查询、插入、删除、修改等所有操作都需要用程序来实现。数据冗余造成每个应用程序都有对应的文件，有可能同样的数据在多个文件中重复存储。第二阶段的数据管理如图 2.2 所示。

3. 第三个阶段——数据库管理

在该阶段（20 世纪 60 年代后期），数据管理技术进入数据库管理阶段。数据库系统克服了文件系统的缺陷，提供了对数据更高级、更有效的管理。第三个阶段的数据管理具有以下特点。

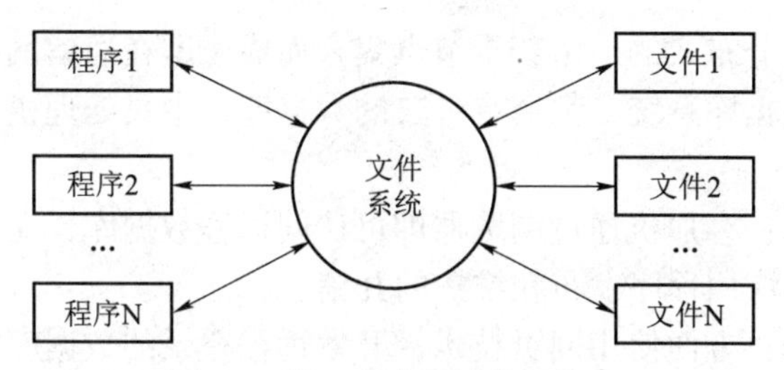

图 2.2　第二个阶段的数据管理

1）数据库共享

数据库系统采用数据模型表示复杂的数据结构。数据模型不仅描述数据本身的特征，还要描述数据之间的联系，这种联系通过存取路径实现。此时数据面向整个应用系统。数据冗余明显减小，实现了数据共享。

2）数据独立性

数据库系统有较高的数据独立性。数据库的结构分成用户的局部逻辑结构、数据库的整体逻辑结构和物理结构 3 级，具有高度的物理独立性和逻辑独立性，应用程序与外存中的数据之间由数据库管理系统实现。

3）提供了方便的用户接口

数据库系统为用户提供了方便的用户接口。用户可以使用查询语言或终端命令操作数据库，也可以用多种程序语言访问操作数据库。

4）提供了安全性

数据库系统提供了数据的 4 种控制功能，包括并发控制、数据库的恢复、数据完整性和数据安全控制。其中，并发控制能避免并发程序之间互相干扰、防止数据库被破坏、避免提供给用户不正确的数据；数据库的恢复在数据库被破坏或数据不可靠时，使系统有能力把数据库恢复到最近某时刻的正确状态；数据完整性能保护数据库始终包含正确的数据；数据安全性保证数据的安全，防止数据丢失或被窃取、破坏。

5）减小了数据冗余

该阶段的数据管理增加了系统的灵活性。对数据的操作不一定以记录为单位，可以以数据项为单位。该阶段对多应用程序数据共享，减小数据冗余，为数据与应用程序独立提供了条件。第三阶段的数据管理如图 2.3 所示。

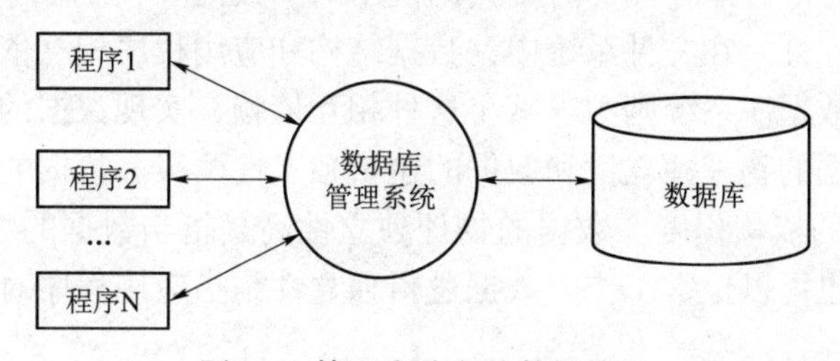

图 2.3　第三个阶段的数据管理

4. 第四个阶段——分布式数据库系统与面向对象数据库系统

1）分布式数据库系统

（1）分布式存储：合理分布数据在系统的相关节点上实现节点共享，逻辑上属于同一系统，但在物理结构上是分布式的，由若干节点集合而成，即在通信网络中连接在一起，每个节点都是一个独立的数据库系统，都拥有各自的数据库、中央处理机、终端以及各自的局部数据库管理系统。

（2）减少开发成本：客户机通过浏览器即可访问远程数据库，无须录入和安装专门的数据库软件，大大降低了应用程序发布和维护的开销。

（3）便于远程操作：方便使用网页技术，开发远程登录的数据库管理信息系统，且支持跨平台操作。其结构如图 2.4 所示。

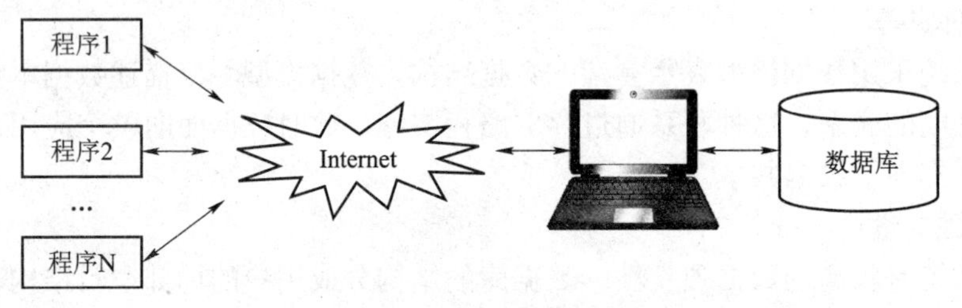

图 2.4　第四个阶段的数据管理

2）面向对象数据库系统

它是数据库技术与面向对象程序设计技术的结合，克服了传统数据库的局限性，能够自然地存储复杂的数据对象及它们之间的复杂关系，大幅提高了数据库管理效率，降低了用户使用的复杂性。

2.1.3　数据库系统特点

1. 数据的结构化

数据的结构化是指同一数据库中的数据文件是有联系的，且在整体上服从一定的结构形式。

2. 数据共享

共享是数据库系统的重要特点。一个数据库中的数据不仅可为同一企业或机构之内的各个部门所共享，也可为不同单位、地域，甚至不同国家的用户所共享。其优点如下：

（1）系统现有用户或程序可以共同享用数据库中的数据。

（2）当系统需要扩充时，再开发的新用户或新程序还可以共享原有的数据资源。

（3）多用户或多程序可以在同一时刻共同使用同一数据。

（4）数据具有独立性。在文件系统中，数据结构和应用程序相互依赖，一方的改变总是影响另一方的改变。数据库系统则力求减小这种相互依赖，实现数据的独立性。数据库中的数据独立性可以分数据的物理独立性和数据的逻辑独立性两级。数据的物理独立性是指应用程序对数据存储结构的依赖程度。数据的物理独立性高是指当数据的物理结构发生变化时，应用程序不需要修改也可以正常工作。数据逻辑独立性是指应用程序对数据全局逻辑结构的依赖程度。

（5）数据的冗余度小。

数据库中的数据有少量相互重复，这就是冗余。

① 数据量小可以节约存储空间，使数据的存储、管理和查询都容易实现。

② 数据的冗余度小可以使数据统一，避免产生数据不一致问题。

③ 数据的冗余度小便于数据维护，避免数据统计错误。

（6）可以进行数据的安全性和完整性控制。

① 数据的安全性控制是指保护数据库，以防止不合法的使用造成数据泄漏、破坏和更改。数据安全受到破坏是指非授权用户对数据的读取、添加、修改、删除操作。

② 数据的完整性控制是指为保证数据的正确性、有效性和相容性，防止不符合语义的数据输入或输出所采用的控制机制。数据的完整性控制不仅包括提供进行数据完整性定义的方法，定义数据应满足的完整性条件，还包括提供进行检验数据完整性的功能。此外，数据库的机制还包括数据的并发控制和数据恢复两项内容。数据的并发控制是指排除数据共享时多用户并行使用数据库的数据时所造成的数据不完整和系统运行错误问题。数据恢复是指通过记录数据库运行的日志文件和定期做数据备份工作，保证数据在受到破坏时能够及时使数据库恢复到正确状态。

2.1.4　数据库系统的组成

数据库系统一般由数据库、数据库管理系统、应用系统、数据库管理员和用户构成，如图 2.5 所示。数据库管理系统是数据库系统的基础和核心。

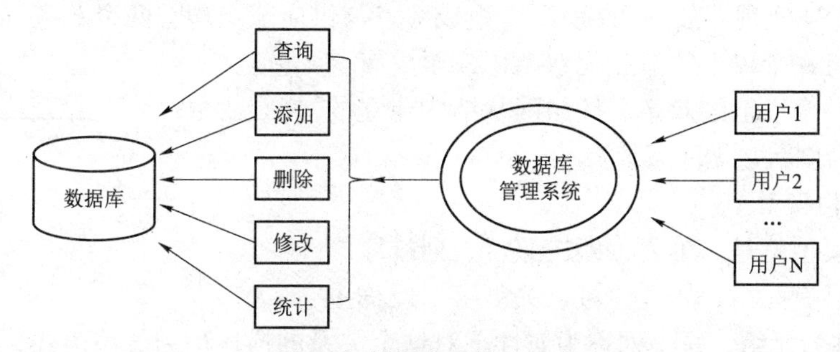

图 2.5　数据库系统的组成

数据库管理系统对数据库进行统一的管理和控制，以保证数据库的安全性和完整性。用户和数据库管理员都要通过数据库管理系统访问、维护数据库。由数据库管理系统完成对数据的添加、删除等操作。使用应用程序限制用户在不同时刻访问数据库。数据库管理系统可使用户能在抽象意义下处理数据，而无须顾及数据库的物理位置。

2.2　数据模型及组成要素

2.2.1　数据模型

数据库的数据结构形式称为数据模型，它是数据库组织的一种模型化表示。数据模型以一定的数据结构方式表示各种信息的联系，包括层次、网状和关系 3 种结构，它描述数据库中表的结构化方法。

1. *层次结构模型*

层次结构模型实质上是一种有根节点的定向有序树，因此也称为树形结构模型。该模型的实际存储数据由链接指针来体现联系。其特点：有且仅有一个节点无父节点，此节点即根节点；其他节点有且仅有一个父节点。它适合用于表示一对多的联系。例如高等学校的组织结构图，校长办公室就是树根（称为根节点），各学院为枝点（称为节点），树根与枝点之间的联系称为边，树根与边之比为 1∶N，即树根只有一个，树枝有 N 个。树枝下还有新枝（研究方向），可以按层次分类，该数据结构模型为层次结构模型，如图 2.6 所示。

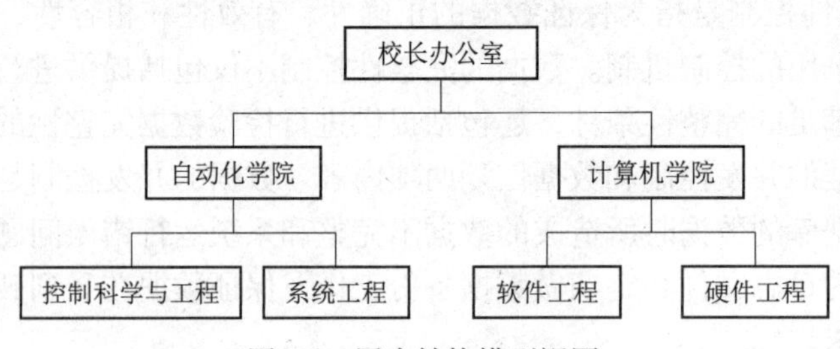

图 2.6　层次结构模型视图

2. 网状结构模型

项目与零件之间的 M∶N 联系用两个 1∶N S1 和 S2 实现，即 S1 表示项目与组成之间的 1∶N 联系，S2 表示零件与组成之间的 1∶N 联系。供应商与零件之间的 M∶N 联系同样用两个 1∶N 联系 S3 和 S4 实现，如图 2.7 所示。组成节点与供应节点均有两个双亲，网状结构模型的特点是可以有一个以上的节点无双亲，或至少有一个节点有多于一个以上的双亲。按照网状结构建立的数据库系统称为网状数据库系统。

项目　零件　供应商

S1　S2　S3　S4

组成　供应

图 2.7　网状结构模型视图

3. 关系结构模型

关系结构模型就是二维表，即按照行、列排序的数据库表，表具有元组、属性、域、关键字（或称主键），每一行称为元组，每一列称为属性。对这个关系的描述称为关系模式，每个关系均具有一个关系名，称为表名。关系数据库系统具有结构简单、理论基础坚实、数据独立性强的特点，它是现今使用广泛、容易理解和使用的数据库模型，已被大多数企业级系统数据库所采用。常用的软件 SQL、Oracle、Sybase 及 Access 均针对关系型数据库进行开发。例如：营销项目管理的员工表见表 2.1。

表 2.1　二维表关系模式（营销项目管理的员工表）

用户 ID	用户名	电话	通信地址	邮箱
yh00001	王英杰	010-688832454	北京西城绒线胡同	wangjie@126.com
yh00002	张三娜	021-543242344	上海友谊路 18 号	zhangsan@sina.com
yh00003	葛根	13692342344	山西太原建设路 A309	gegen123@163.com
yh00004	王宝文	13534234234	唐山建设大街薏米路 12 号	wangbaobao@gmail.com
yh00005	孙文丽	18603434121	河北保定阳光大街 1 号	sunwen@sina.com

其中：

（1）元组：为二维表中的一行，在数据库中也称为记录。

（2）属性：为二维表中的一列，在数据库中也称为字段。

（3）域：属性的取值范围，也就是数据库中某一列的取值限制。

（4）关键字：唯一标识元组的属性，在数据库中常称为主键，由一个或多个列组成。

（5）关系模式：指对关系的描述，其格式为：关系名（属性 1，属性 2，…，属性 N）。在数据库中通常称为表结构。

2.2.2　数据模型三要素

1. 数据结构

数据结构是计算机存储、组织数据的方式。数据结构是指相互之间存在一种或多种特定关系的数据元素集合。它指同一类数据元素中，各元素之间的相互关系。不同的数据模型具有不同的数据结构形式。例如关系数据库中的全部数据及其相互联系都被组织成二维表格的形式，其数据结构为关系。

2. 数据操作

数据模型提供一组完备的关系运算，支持对数据库的各种关系进行操作，可以用关系代数和关系演算两种方式来表示，它们是相互等价的。如用关系代数来表示关系的操作，有传统的关系运算——交、差、并和专门的关系运算——选择、投影、连接。在关系数据库的基本操作中，从表中取出满足条件的元组的操作称为选择；把两个关系中相同属性值的元组连接在一起形成新的二维表的操作称为连接；从表中抽取某些属性的操作称为投影；数据更新包括：插入、删除、修改。其中传统集合运算结果为：

（1）并：两个相同结构关系的并是由两个关系的元组组成的集合，并运算要求两个关系属性的性质必须一致且并运算的结果要消除重复的元组。

记为：R（元组）∪S（元组）

（2）差：指两个相同结构关系中的记录属于第一个关系而不属于第二个关系，或者属于第二个关系而不属于第一个关系。

只属于 R 而不属于 S，记为：R–S

不属于 R 只属于 S，记为：S–R

（3）交：指两个相同结构关系中公共记录的集合。

记为：R（元组）∩S（元组）

例 2.1　已知关系 R、S 具有相同的结构属性，并且相应的属性取值来自同一个域，见表 2.2 和表 2.3。R∪S、R–S、S–R、R∩S 的运算结果见表 2.4 ~ 表 2.7 所示。

表 2.2　R 关系

用户 ID	用户名	性别	联系电话
yh00001	王英杰	男	010–688832454
yh00002	张三娜	女	021–543242344
yh00003	葛根	男	13692342344

表 2.3　S 关系

用户 ID	用户名	性别	联系电话
yh00002	张三娜	女	021–543242344
yh00004	王宝文	女	13534234234
yh00005	孙文丽	男	18603434121

表 2.4　R∪S 关系

用户 ID	用户名	性别	联系电话
yh00001	王英杰	男	010–688832454
yh00003	葛根	男	13692342344

表 2.5　S–R 关系

用户 ID	用户名	性别	联系电话
yh00004	王宝文	女	13534234234
yh00005	孙文丽	男	18603434121

表 2.6　R–S 关系

用户 ID	用户名	性别	联系电话
yh00001	王英杰	男	010–688832454
yh00003	葛根	男	13692342344

表 2.7　R∩S 关系

用户 ID	用户名	性别	联系电话
yh00002	张三娜	女	021–543242344

（4）选择、投影和连接。

例 2.2　用户表和采购表见表 2.8 和表 2.9。

表 2.8　用户表

用户 ID	用户名	性别	联系电话
yh00001	王英杰	男	010–688832454
yh00002	张三娜	女	021–543242344
yh00003	葛根	男	13692342344

表 2.9　采购表

用户 ID	产品 ID	单价	数量
yh00001	s001	2200	10
yh00002	s002	5000	2
yh00003	s003	1000	20
yh00002	s001	2200	15
yh00002	s005	8100	9

① 从用户表中选出男生，见表 2.10。

表 2.10　选择关系

用户 ID	用户名	性别	联系电话
yh00001	王英杰	男	010-688832454
yh00003	葛根	男	13692342344

② 从用户表中选出用户 ID 和姓名字段，称为投影，见表 2.11。

表 2.11　投影关系

用户 ID	姓名
yh00001	王英杰
yh00002	张三娜
yh00003	葛根

③ 将用户表和采购表按照用户 ID 连接成一个表，称为连接，见表 2.12。

表 2.12　连接关系

用户 ID	姓名	性别	产品 ID	单价	数量
yh00001	王英杰	男	s001	2200	10
yh00002	张三娜	女	s002	5000	2
yh00003	葛根	男	s003	1000	20

3. 完整性规则

数据完整性是指数据的精确性和可靠性。它是防止数据库中存在不符合语义规定的数据和防止错误信息的输入、输出造成无效操作或错误信息的一种约束。数据完整性分为实体完整性、参照完整性、用户自定义的完整性。

（1）实体完整性：指表中行的完整性。要求表中的所有行都有唯一的标识符，称为主关键字。主关键字是否可以修改，或整个列是否可以被删除，取决于主关键字与其他表之间要求的完整性。

对于实体完整性，有如下规则：

① 实体完整性规则针对基本关系。一个基本关系通常对应一个实体集，例如公司员工关系对应一个公司的集合。

② 现实世界中的实体是可以区分的，它们具有一种唯一性质的标识，如员工的工号、每个人的身份证号等。

参照完整性：指两个表的主关键字和外关键字的数据应一致，它保证表之间数据的一致性，防止数据丢失或无意义的数据在数据库中扩散。

（3）用户定义的完整性：不同的关系型数据库系统根据其应用环境的不同，往往还需要一些特殊的约束条件。用户定义的完整性即针对某个特定关系型数据库的约束条件，它反映某一具体应用必须满足的语义要求。

4. 三个世界

计算机信息管理的对象是现实生活中的客观事物，必须对信息进行整理、归类和规范化才能存入计算机的数据库中。收集规范化的过程称为三个世界。

（1）现实世界：存在于人脑之外的客观世界，包括事物及事物之间的联系。这种联系是客观存在的，是由事物本身的性质决定的。

（2）信息世界：也称概念世界，是现实世界在人们头脑中的反映，也是对客观事物及其联系的一种抽象描述。从现实世界到信息世界是通过概念模型来表达的，如对员工的描述可分为工号、姓名、性别、籍贯等概念。

（3）数据世界：将信息世界中的实体进行数据化，将事物及事物之间的联系用数据模型来描述，存入计算机系统的数据是将信息世界中的事物数据化的结果。

实现数据库管理是三个世界的转化过程，概念模型和数据模型是现实世界数据化的桥梁，是对现实世界中事物进行抽象的工具。

三个世界术语对照见表 2.13。

表 2.13　三个世界术语对照

现实世界	信息世界	数据世界（在关系模型理论中）	在关系型数据库中
事物类	实体集	关系	表
事物	实体	元组	记录
性质	属性	属性	字段

例 2.3　在现实世界中，用户购买商品在信息世界中将抽象为用户表和供应商两个实体集，两个实体集使用“采购”建立联系。用关系模型表示为用户、供应商和采购 3 个关系。

在 Access 2016 中建立用户表、供应商表和采购表，先为用户表、采购表建立联系，再为供应商表和采购表建立联系。这样就完成了从现实世界到数据世界的转换。三个世界的转化过程如图 2.8 所示。

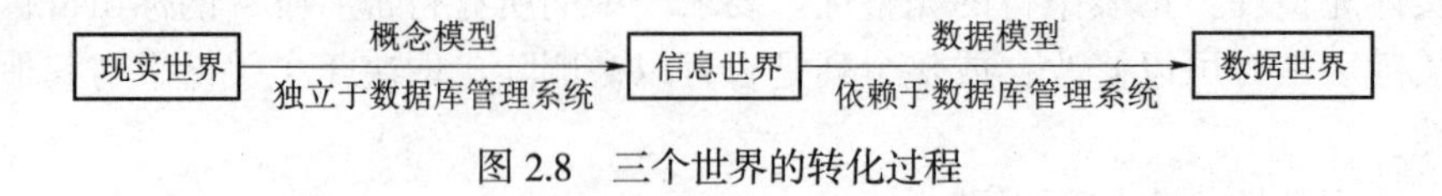

图 2.8　三个世界的转化过程

2.3　概念模型

2.3.1　概念模型的术语表示

最常用的描述概念模型的方法，称为实体－关系方法（Entity-Relationship Approach），简称为 E-R 方法。概念模型的相关概念如下：

（1）实体（Entity）：实体可以是存在的物体、客观存在并相互区别的事物及事物之间的联系。例如，一个学生，一门课程，学生的一次选课、一次考试等都是实体。

（2）属性（Attribute）：属性是实体所具有的某一特性，如学生的学号、姓名、性别、出生年份、所在院系、入学时间等。

（3）主键（码）（Key）：主键是唯一标示实体的属性集，如学号是学生实体的主键。

（4）域（Domain）：域是一组具有相同数据类型的值的集合，如整数、实数、介于某个取值范围的整数。例如，年龄的域为 35 ~ 45；指定长度的字符串集合如 {'男'，'女'}。

（5）实体型（Entity Type）：用实体名及其属性名集合来抽象和刻画同类实体，称为实体型。例如，学生（学号，姓名，性别，出生年份，所在院系，入学时间）就是一个实体型。

（6）实体集（Entity Set）：同型实体的集合称为实体集。例如，全体学生就是一个实体集。

（7）关系（Relationship）：它指实体与实体之间以及实体与组成它的各属性间的关系。

2.3.2　实体之间的关系

1. 一对一关系（1:1）

如果对于实体集 A 中的每一个实体，实体集 B 中至少有 1 个（也可以没有）实体与之联系，反之亦然，则称实体集 A 与实体集 B 具有一对一关系，记为 1:1。

例 2.4　一个班长只能负责一个班级，而一个班级只能指向一个班长，则班长与班级之间具有一对一关系，如图 2.9 所示。

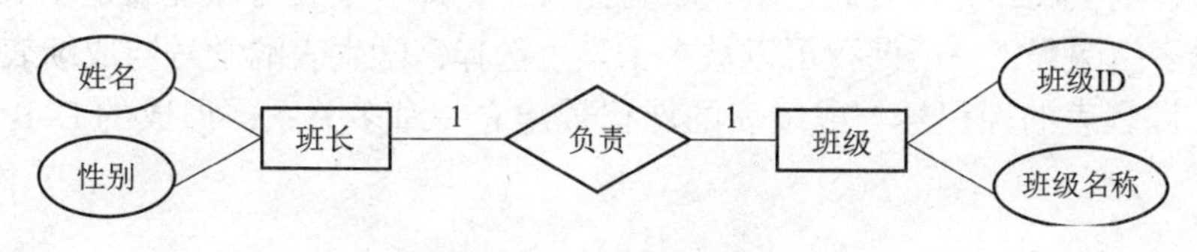

图 2.9　一对一关系 E-R 图

2. 一对多关系（1:N）

如果对于实体集 A 中的每一个实体，实体集 B 中有个 N 实体（N ≥ 0）与之联系，反之，对于实体集 B 中的每一个实体，实体集 A 中至多只有 1 个实体与之联系，则称实体集 A 与实体集 B 有一对多关系，记为 1:N。

例 2.5　一个公司中有若干名员工，而每个员工只在一个公司中任职，则公司与员工之间具有一对多关系，如图 2.10 所示。

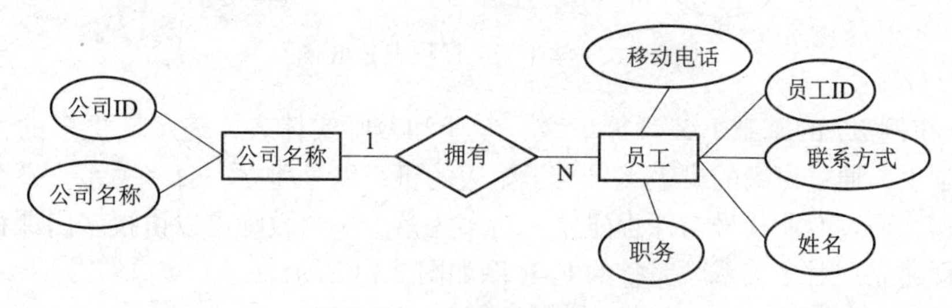

图 2.10　一对多关系 E-R 图

3. 多对多关系（M∶N）

如果对于实体集 A 中的每一个实体，实体集 B 中有 N 个实体（N ≥ 0）与之联系，反之，对于实体集 B 中的每一个实体，实体集 A 中也有 M 个实体（M ≥ 0）与之联系，则称实体集 A 与实体集 B 具有多对多关系，记为 M∶N。

例 2.6 设计一个汽车零件销售数据库，在“汽车零件销售信息系统”中，“用户”是一个实体，“供应商”也是一个实体。这两个实体之间的关系是典型的多对多关系：一个用户可从不同的供应商处购买产品，一个供应商又可以给多个用户供货，如图 2.11 所示。

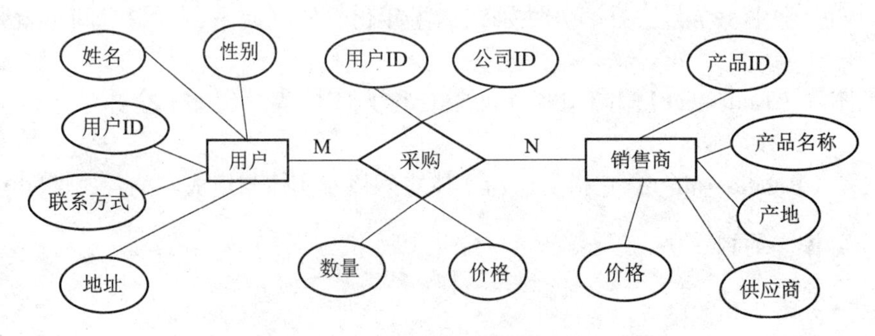

图 2.11 汽车零件销售数据库表 E–R 图

例 2.7 一门课程同时有若干个学生选修，而一个学生可以同时选修多门课程，则课程与学生之间具有多对多关系。简单的学生数据库有学生表、课程表 2 个实体，学生成绩表作为一个关系表，学生表和课程表通过成绩表建立关系，即学生表与课程表是多对多关系，一个学生可选修多门课程，一门课程可以被多个学生选择；学生表的学号与成绩表的学号建立一对多关系，课程表的课程号与成绩表的课程号建立一对多关系，形成的 E–R 图如图 2.12 所示。

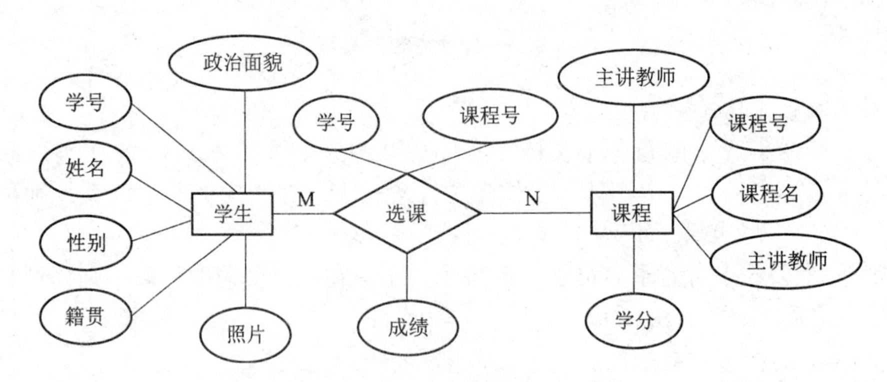

图 2.12 学生表与课程表 E–R 图

例 2.8 在例 2.7 的基础上，添加班级、专业和教师实体表，表示出更多的关系。一个班级有多个学生，通过班级的班级编号与学生表的班级编号建立一对多关系。一个专业需要开设多门课程，通过专业代号与课程建立一对多关系。一个教师可以讲授多门课程，通过教师编号和课程建立一对多关系。完整的 E–R 图如图 2.13 所示。

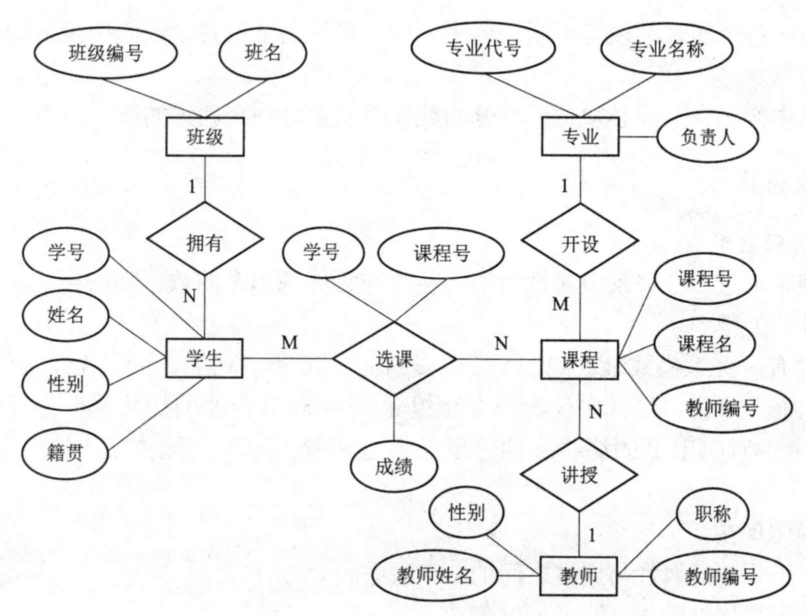

图 2.13　学生数据库表 E-R 图

2.4　关系数据库基本理论

2.4.1　关系模型的优、缺点

1. 关系模型的优点

（1）建立在严格的数学概念的基础上，有严格的设计理论，概念单一，结构简单直观，易理解，语言表达简练。

（2）描述一致，实体和联系都用关系描述，查询操作结果也是一个关系，保证了数据操作语言的一致性。

（3）利用公共属性连接，实体间的联系容易实现。

（4）由于存取路径对用户透明，数据独立性更高，安全保密性更好。

2. 关系模型的缺点

（1）查询效率不高，速度慢，需要进行查询优化。

（2）采用静态数据模型。

2.4.2　关系的性质

（1）关系中不允许出现完全相同的元组或记录。因为数学上集合中没有相同的元素，而关系是元组的集合，所以作为集合元素的元组应该是唯一的。

（2）关系中元组的顺序可以任意交换。因此，可改变元组使其具有某种排序，以提高查询速度。

（3）关系中属性的顺序可以任意交换。交换时应连同属性名一起交换，否则将得到不同的关系。

（4）关系中各个属性必须有不同的名字，同一属性名下的各个值必须来自同一个域，即同一类型的数据。

（5）关系中的每一字段必须是不可分的数据项，它是一个确定的值，而不是值的集合。

2.4.3 数据依赖

1. 数据依赖的概念

数据依赖是通过一个关系中属性间值的相等与否体现出来的数据间的相互关系，它是数据库模式设计的关键。

定义：设有一关系模式R（A1，A2，…，An），X和Y均为（A1，A2，…，An）的子集，对于R的值r来说，当其中任意两个元组u，v中对应于X的那些属性分量的值均相等时，则有u，v中对应于Y的那些属性分量的值也相等，称X函数决定Y，或Y依赖于X，记为X→Y。

数据依赖体现在：

（1）一个关系内部属性与属性之间的约束关系；

（2）现实世界属性间相互联系的抽象；

（3）数据内在的性质；

（4）语义的体现。

例2.9 有关系模式：学生（学号，姓名，系名），子集X（学号），子集Y（系名）。每个学生有唯一的一个学号，学生中可以有重名的姓名，每个学生只能属于一个系，每个系有唯一的系代号。由此，可以找出学生关系模式中存在下列函数依赖：学号→姓名，学号→专业。

例2.10 若有关系模式：学院（学号，系名，专业主任，课程号，成绩，学分），可写出函数依赖：学号→专业，专业→专业主任，（学号，课程号）→学分。

2. 函数依赖的分类

函数依赖可分为完全函数依赖、部分函数依赖和传递函数依赖。

1）完全函数依赖

定义：在R（U）中，如果X→Y，对于X的任意一个真子集X'，都有X'不能决定Y，则称Y对X完全函数依赖，记为XY。

例2.11 若存在关系模式：员工（员工ID，姓名，产品ID，数量，付款），可写出函数依赖：员工ID→姓名，{员工ID，产品ID}→付款。两个函数依赖都是完全依赖。

2）部分函数依赖

定义：在R（U）中，如果X→Y，但Y不完全函数依赖于X，则称Y对X部分函数依赖。

3）传递函数依赖

定义：在R（U）中，当且仅当X→Y，Y→Z时，称Z对X传递函数依赖。

例2.12 描述学生的学号、班级、辅导员的关系U（学号，班级，辅导员）。一个班有若干学生，一个学生只属于一个班级，一个班级只有一个辅导员，但一个辅导员负责几个班级。根据现实世界可得到一组函数依赖：

F={学号→班级，班级→辅导员}

学生的学号决定了所在班级，所在班级决定了辅导员，所以辅导员传递函数依赖于学生的学号。

关系模式存在的问题包括：数据冗余度太大、更新异常、插入异常和删除异常，“好”的关系模式应该不会在插入新值、删除数据、更新数据时出现异常，且数据冗余度应尽可能小。产生冗余的原因是模式中存在某些数据依赖，解决方法就是通过分解关系模式来消除其中不合适的数据依赖。

2.4.4 关系模式与模式分解

1. 关系模式

在关系数据库中，关系模式是型，关系是值。关系模式是对关系的描述，它的一般表示为：关系名（属性 1，属性 2，…，属性 n）。

例 2.13 如图 2.11 所示，汽车零件营销的关系模式如下：

用户（用户 ID，姓名，性别，地址，联系方式）

供应商（供应商，产品 ID，产品名称，产地，价格）

由于关系模型有严格的数学理论基础，常把关系模型作为关系数据库的规范化理论来讨论关系模式的冗余和异常问题。如何评价关系模式的优良及将不好的关系模式转化成好的关系模式是模式分解的基础。

例 2.14 一个学生学习的关系模式如下：

S_C_G（学号，姓名，年龄，专业，课程号，课程名，主讲教师，学分）

该模式存在的问题可通过表 2.14 所示实例说明。

表 2.14 学生数据库表

学号	姓名	年龄	专业	课程号	课程名	主讲教师	学分
09201005	刘烨明	19	信息管理	C1011	计算机基础	王闵	3
09201005	刘烨明	19	信息管理	C1020	管理信息系统	刘应柯	2
09201036	张平东	18	计算机技术	C1102	C# 程序设计	赵鸣迪	3
09201052	孟凡	17	通信工程	C1021	计算机网络技术	江方舟	3
09201052	孟凡	17	通信工程	C1022	自动控制理论	李笑华	4
09201052	黄昆力	20	计算机技术	C1030	计算方法	赵鸣迪	3
09201052	黄昆力	20	计算机技术	C1051	操作系统	江方舟	3

存在的问题如下：

（1）冗余度大；

（2）操作异常，即由于数据的冗余，在对数据操作时会引起各种异常：插入异常、删除异常和修改异常。

2. 模式分解案例

例 2.15 采用分解的方法，将例 2.14 的模式 S_C_G 分解成以下 3 个模式：

S（学号，姓名，专业，年龄）
S_G（学号，课程号，学分）
C（课程号，课程名，主讲教师）

3 个模式的物理存储见表 2.15 ~ 表 2.17。

表 2.15　关系模式 S

学号	姓名	年龄	专业
09201005	刘烨明	19	信息管理
09201036	张平东	18	计算机技术
09201052	孟凡	17	通信工程
09201052	黄昆力	20	计算机技术

表 2.16　关系模式 S_G

学号	课程号	学分
09201005	C1011	3
09201005	C1020	2
09201036	C1102	3
09201052	C1021	3
09201052	C1022	4
09201052	C1030	3

表 2.17　关系模式 C

课程号	课程名	主讲教师
C1011	计算机基础	王闵
C1020	管理信息系统	刘应柯
C1102	C# 程序设计	赵鸣迪
C1021	计算机网络技术	江方舟
C1022	自动控制理论	李笑华
C1030	计算方法	赵鸣迪
C1051	操作系统	江方舟

一个关系分解成多个关系，要求分解后不丢失原来的信息，且信息不仅包括数据本身，还包括由函数依赖所表示的数据之间的相互制约。进行分解的目的是减小数据冗余度、解决插入异常、更新异常、删除异常。

2.4.5　规范化

1. 规范化的作用

规范化是对关系模式应当满足的条件的某种处理，其目的如下：

（1）消除异常现象；

（2）方便用户使用，简化检索操作；

（3）加强数据独立性；

（4）使关系模式更灵活，更容易使用非过程化的高级查询语言；

（5）更容易进行各种查询统计工作。

例 2.16　设计教学管理数据库，其关系模式 SCD 如下：

SCD（学号，姓名，年龄，系，系主任，课程号，成绩）

根据实际情况，这些数据有如下语义规定：

（1）一个系有若干学生，但一个学生只属于一个系；

（2）一个系只有一名系主任，但一个系主任可以同时兼几个系的系主任；

（3）一个学生可以选修多门课程，每门课程可被若干学生选修；

（4）每个学生学习课程有一个成绩。

2. 规范化的目的和基本原则

一个关系只要其分量都是不可分的数据项，就可称作规范化的关系，但这只是最基本的规范化，这样的关系模式是合法的。规范化的目的是使结构合理，消除存储异常，使数据冗余度尽量小，便于插入、删除和更新。

规范化的基本原则是概念单一化（“一事一地”）的原则，即一个关系只描述一个实体或者实体间的联系。若多于一个实体，就把它“分离”出来。

因此，所谓规范化，实质上是概念的单一化，即一个关系表示一个实体。关系数据库的任意一个关系，需要满足一定的数据依赖约束。满足不同程度数据依赖约束的关系，称为不同范式的关系。

2.4.6　关系模式的范式

1. 规范化的标准

在关系数据库的规范化过程中，为不同程度的规范化要求设立的不同标准称为范式（Normal Form）。不同范式的关系，存在不同程度的数据冗余等缺点，为了克服这些缺点，需要对关系模式进行分解，使之从低一级范式转化为高一级范式的集合，这种分解过程称为规范化。

各个范式之间的联系为 1NF ⊃ 2NF ⊃ 3NF ⊃ BCNF ⊃ 4NF ⊃ 5NF，如图 2.14 所示。

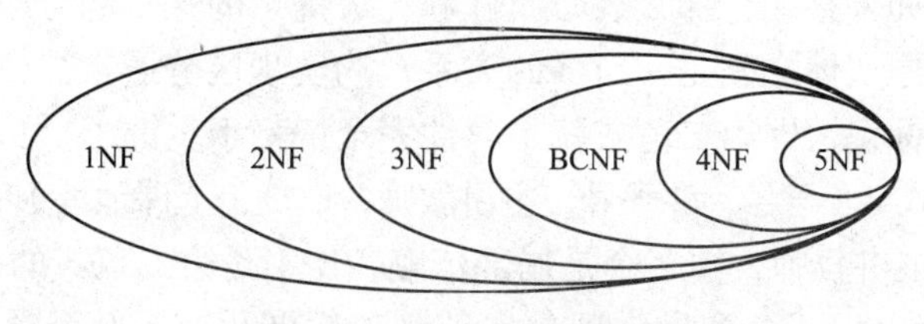

图 2.14　范式之间的联系

2. 不同范式的标准

1）第一范式（first Normal Form，1NF）

如果关系模式 R 的每一个关系 r 的属性值都是不可分的原子值，那么称 R 是第一范式的模式。

不是第一范式的关系称为非规范化的关系，满足第一范式的关系称为规范化的关系。关系数据库研究的关系都是规范化的关系。

例 2.17 关系模式 R(学号，姓名，年龄，专业，专业主任，课程号，主讲教师，成绩，上课地址，学分），若一个学生选择两门以上课程，那么在关系中至少要有两个或两个以上元组，以便存储不同的课程成绩，见表 2.18。

表 2.18 学生情况表

学号	姓名	年龄	专业	专业主任	课程号	主讲教师	成绩	上课地址	学分
09102111	李明	19	计算机技术	刘佳	C1011	王闵	80	3A301	3
09102111	李明	19	计算机技术	刘佳	C1020	刘应柯	67	3A302	2
09102113	王菲芳	18	工商管理	王芳芳	C1102	赵鸣迪	89	4B202	3
09102114	刘诗雯	20	信息管理	丛林里	C1021	江方舟	78	2B101	3
09102114	刘诗雯	20	信息管理	丛林里	C1022	李笑华	90	1A303	4
09102116	张力水	19	通信工程	赵峰山	C1030	杨玉聪	87	2A305	3
09102116	张力水	19	通信工程	赵峰山	C1051	胡洁强	65	1A309	3

所谓第一范式是指数据库表的每一列都是不可分割的基本数据项，同一列中不能有多个值，即实体中的某个属性不能有多个值或者不能有重复的属性。如果出现重复的属性，就可能需要定义一个新的实体，新的实体由重复的属性构成，新的实体与原实体之间为一对多关系。在第一范式中，每一行只包含一个实例的信息，即第一范式就是无重复的列。

说明：在任何一个关系数据库中，第一范式是对关系模式的基本要求，不满足第一范式的数据库就不是关系数据库。

2）第二范式（second Normal Form，2NF）

第二范式是在第一范式的基础上建立起来的，即满足第二范式必须先满足第一范式。第二范式要求数据库表中的每个实例或行必须可以被唯一区分为实现实例的标识。例如学生的学号是唯一的，因此定义为主键。

第二范式要求实体的属性完全依赖于主关键字。所谓完全依赖是指不能存在仅依赖主关键字一部分的属性，如果存在，那么这个属性和主关键字的这一部分应该分离出来形成一个新的实体，新实体与原实体之间是一对多的关系。为实现区分通常需要为表加上一个列，以存储各个实例的唯一标识，即第二范式就是属性完全依赖于主键。

例 2.18 关系模式 R（学号，课程号，主讲教师，成绩，上课地址）有（学号，课程号）→主讲教师，课程号→主讲教师，前一个是局部依赖，R 不是第二范式的模式。

此时 R 的关系会出现冗余和异常现象，若某一门课程有 100 个学生选修，那么在关系

中就会出现 100 个元组，因此主讲教师和地址就会重复 100 次。如果把 R 分解成 R1（学号，课程号，成绩）和 R2（课程号，主讲教师，上课地址）后，（学号，课程号）→课程名在模式 R1 和 R2 中不出现了，那么刚才的冗余和异常现象就消失了。R1 和 R2 都是第二范式的模式。

例 2.19　将 SCD（学号，姓名，年龄，专业，专业主任，课程号，主讲教师，成绩，上课地址）规范到第二范式。

由学号→姓名，学号→年龄，学号→专业，（学号，课程号）→成绩，可以判断，关系 SCD 至少描述了两个实体，即一个描述学生实体专业，属性有学号、姓名、年龄、专业、专业主任，见表 2.19；另一个描述学生与课程的关系 SC（选课），属性有学号、课程号、主讲教师、成绩、上课地址和学分，见表 2.20。

表 2.19　学生实体表

学号	姓名	年龄	专业	专业主任
09102111	李明	19	计算机技术	刘佳
09102113	王菲芳	18	工商管理	王芳芳
09102114	刘诗雯	20	信息管理	丛林里
09102116	张力水	19	通信工程	赵峰山

表 2.20　SC 关系

学号	课程号	专业主任	成绩	上课地址	学分
09102111	C1011	王闵	80	3A301	3
09102111	C1020	刘应柯	67	3A302	2
09102113	C1102	赵鸣迪	89	4B202	3
09102114	C1021	江方舟	78	2B101	3
09102114	C1022	李笑华	90	1A303	4
09102116	C1030	杨玉聪	87	2A305	3
09102116	C1051	胡洁强	65	1A309	3

3）第三范式（third Normal Form，3NF）

如果关系模式 R 是第一范式的模式，且每个非主属性都不传递函数依赖于 R 的候选键，那么称 R 是第三范式的模式。如果数据库模式中每个关系模式都是第三范式的模式，则称其为第三范式的数据库模式。

例 2.19 中的关系模式 SC（课程号，主讲教师，上课地址）是第二范式的模式。

如果 SC 中有课程号→主讲教师，主讲教师→上课地址，那么主讲教师→上课地址就是一个传递函数依赖，SC 不是第三范式的模式。此时关系模式 SC 中也会出现冗余和异常操作。

满足第三范式必须先满足第二范式，即第三范式要求一个数据库表中不包含已在其他表中已包含的非主关键字信息。第三范式就是属性不依赖于其他非主属性。对例 2.19 可描述为：

学号→（姓名，年龄）

系别→专业主任

课程号 →（学分，主讲教师，上课地址）

学号，课程号→（成绩）

若不满足第二范式的要求，会产生如下问题：

（1）数据冗余。

同一门课程由 n 个学生选修，学分就重复 n−1 次；同一个学生选修了 m 门课程，姓名和年龄就重复了 m−1 次。

（2）更新异常。

若调整了某门课程的学分，数据表中所有行的学分值都要更新，否则会出现同一门课程学分不同的情况。

假设要开设一门新的课程，暂时没有人选修。这样，由于还没有“学号”关键字，课程名和学分也无法记录数据库。

（3）删除异常。

假设一批学生已经完成课程的选修，这些选修记录就应该从数据库表中删除。但是，与此同时，课程名和学分信息也被删除了。很显然，这也会导致插入异常。

例 2.20 把例 2.19 的关系模式 R 分解为第三范式的 4 个关系模式：

SC（学号，课程号，成绩）

C（课程号，学分，主讲教师，上课地址）

S（学号，姓名，年龄）

D（专业，专业主任）

该关系数据库模型达到了第三范式的要求。从以上两个关系模式分解的例子可以看出，对关系规范化的分解过程体现了“一事一地”的设计原则，即一个关系反映一个实体或一个联系，不应当把几样东西混合在一起。

第一范式是对属性的原子性约束，要求属性具有原子性，不可再分解；

第二范式是对记录的唯一性约束，要求记录有唯一标识，即实体的唯一性；

第三范式是对字段冗余性的约束，即任何字段不能由其他字段派生出来，它要求字段没有冗余。

根据分解原则，所得到第三范式建立的表见表 2.21 ~ 表 2.24。

表 2.21 SC 选课关系

学号	课程号	成绩
09102111	C1011	80
09102111	C1020	67
09102113	C1102	89
09102114	C1021	78
09102114	C1022	90
09102116	C1030	87
09102116	C1051	65

表 2.22　C 课程实体

课程号	学分	专业主任	上课地址
C1011	3	王闵	3A301
C1020	2	刘应柯	3A302
C1102	3	赵鸣迪	4B202
C1021	3	江方舟	2B101
C1022	4	李笑华	1A303
C1030	3	杨玉聪	2A305
C1051	3	胡洁强	1A309

表 2.23　S 学生实体

学号	姓名	年龄
09102111	李明	19
09102113	王菲芳	18
09102114	刘诗雯	20
09102116	张力水	19

表 2.24　D 系实体

专业	专业主任
计算机技术	刘佳
工商管理	王芳芳
信息管理	丛林里
通信工程	赵峰山

对于分解后的两个关系 S 和 D，主键分别为学号和专业，不存在非主属性对主键的传递函数依赖。因此，S∈3NF，D∈3NF。

3. BCNF

在第三范式的基础上，在关系模式 R 中，若每一个决定因素都包含码（每一个依赖的决定因素都是候选码），则 R 属于 BCNF。

若 R∈BCNF，则：

（1）所有非主属性对每一个候选键都是完全函数依赖；

（2）所有主属性对每一个不包含它的候选键，也是完全函数依赖；

（3）没有任何属性完全函数依赖于非候选键的任何一组属性。

若 R∈3NF，R 不一定∈BCNF。

在关系模式 STC（S，T，C）中，S 表示学生，T 表示教师，C 表示课程。

每一教师只教一门课，每门课由若干教师教，某一学生选定某门课，就确定了一个固定的教师。某个学生选修某个教师的课就确定了所选课的名称：（S，C）→T，（S，T）→C，T→C。

BCNF 规范化是指把第三范式关系模式通过投影分解转换成 BCNF 关系模式的集合。

下面以第三范式关系模式 SNC 为例，说明 BCNF 规范化的过程。

例 2.21 将 SNC（学号，姓名，课程号，成绩）规范到 BCNF。

分析 SNC 数据冗余的原因，是在这一个关系模式中存在两个实体，一个为学生实体，属性有学号、姓名；另一个是选课实体，属性有学号、课程号和成绩。

根据分解的原则，可以将 SNC 分解成如下两个关系模式：

（1）S1（学号，姓名），描述学生实体；

（2）S2（学号，课程号，成绩），描述学生与课程的联系。

对于 S1，有两个候选键：学号和姓名，

对于 S2，主键为（学号，课程号）。

在这两个关系模式中，无论主属性还是非主属性，都不存在对键的部分函数依赖和传递函数依赖，S1 为 BCNF，S2 为 BCNF。

分解后，S1 和 S2 的函数依赖分别如图 2.15 所示。

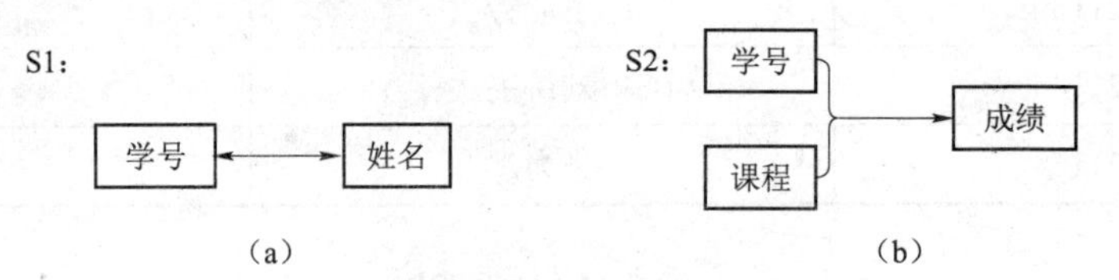

图 2.15 函数依赖关系

（a）S1 中的函数依赖关系；（b）S2 中的函数依赖关系

SNC 转换成 BCNF 后，数据冗余度明显降低，因为学生的姓名只在关系模式 S1 中存储一次，学生要改名时，只需改动一条学生记录中相应的姓名值，从而不会发生修改异常。

BCNF 关系模式的性质如下：

（1）所有非主属性都完全函数依赖于每个候选码。

（2）所有主属性都完全函数依赖于每个不包含它的候选码。

（3）没有任何属性完全函数依赖于非主码的任何一组属性。

4. 关系模式规范化的步骤

规范化就是对原关系模式进行投影，消除决定属性不是候选键的任何函数依赖。具体可以分为以下几步：

（1）对第一范式的关系模式进行投影，消除原关系模式中非主属性对键的部分函数依赖，将第一范式的关系模式转换成若干个第二范式的关系模式。

（2）对第二范式的关系模式进行投影，消除原关系模式中非主属性对键的传递函数依赖，将第二范式的关系模式转换成若干个第三范式的关系模式。

（3）对第三范式的关系模式进行投影，消除原关系模式中非主属性对键的部分函数依赖和传递函数依赖，即决定因素都包含一个候选键，得到一组 BCNF 关系模式。

（4）限制关系模式的属性之间不允许有非平凡且非函数依赖的多值依赖称为第四范式。

关系模式规范化的基本步骤如图 2.16 所示。

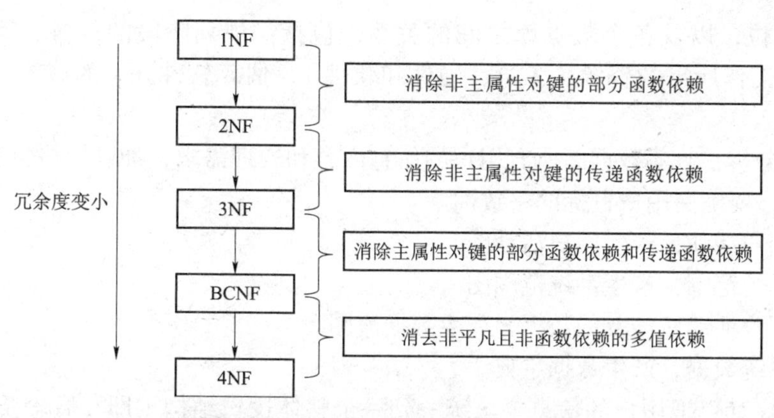

图 2.16　关系模式规范化的基本步骤

5. 规范化的应用

在实际应用中，最有价值的是第三范式和 BCNF，在进行关系模式的设计时，通常分解到第三范式就足够了。规范化理论提供了一套完整的模式分解算法，按照这套算法可以做到：

（1）若要求分解具有无损连接性，那么模式分解一定能够达到第四范式。

（2）若要求分解保持函数依赖，那么模式分解一定能够达到第三范式，但不一定能够达到 BCNF。

（3）若要求分解既具有无损连接性，又保持函数依赖，则模式分解一定能够达到第三范式，但不一定能够达到 BCNF。

2.5　数据库设计步骤

数据库设计是建立数据库及其应用系统的技术，是信息系统开发和建设中的核心技术。它是规划和结构化数据库中的数据对象以及这些数据对象之间关系的过程，即根据用户的需求，在某一具体的数据库管理系统上，设计数据库的结构和建立数据库的过程。

2.5.1　数据库工程的内容

以数据库为基础的信息系统通常称为数据库应用系统，它一般具有信息的采集、组织、加工、抽取和传播等功能。数据库应用系统的开发是一项软件工程，但又有自己的特点，所以称为“数据库工程”。

一项数据库工程按内容可分为两部分：一部分是作为系统核心的数据库应用系统的设计与实现；另一部分是相应的应用软件及其他软件（如通信软件）的设计与实现。

2.5.2　数据库系统生存期

按照软件生存期，数据库系统从开始规划、设计、实现、维护到最后被新的系统取代而停止使用的整个期间，称为数据库系统生存期。

2.5.3　数据库开发步骤

（1）规划：进行建立数据库的必要性及可行性研究，确定数据库系统在组织中和信息系统中的地位，以及各个数据库之间的关系，包括：规划阶段的任务、确定系统的范围、确定开发工作所需的资源（人员、硬件和软件）、估算软件开发的成本和确定项目的进度。

（2）需求分析：收集数据库所有用户的信息内容和处理需求，加以规格化和分析。在分析用户要求时，要确保用户目标的一致性。

① 分析用户活动，产生用户活动图。

② 确定系统范围，产生系统范围图。

③ 分析用户活动所涉及的数据，产生数据流图。

④ 分析系统数据，产生数据字典。

（3）概念设计：把用户的信息要求统一到一个整体逻辑结构（即“概念模式”）中。此结构应能表达用户的要求，且独立于数据库管理系统软件和硬件。

（4）逻辑设计：逻辑设计的任务是把概念设计阶段得到的全局 E–R 模式转换成与选用的具体机器上数据库管理系统产品所支持的数据模型相符合的逻辑结构。

（5）物理设计：对于给定的基本数据模型选取一个最适合应用环境的物理结构的过程，称为物理设计。数据库的物理结构主要指数据库的存储记录结构、存储记录安排和存取方法。物理设计分为 5 步：

① 存储记录结构设计：包括记录的组成，数据项的类型、长度，以及逻辑记录到存储记录的映射。

② 确定数据存放位置：可以把经常同时被访问的数据组合在一起，“记录聚簇”技术能满足这个要求。

③ 存取方法的设计：存取路径分为主存取路径与辅存取路径，前者用于主键检索，后者用于辅助键检索。

④ 完整性和安全性考虑：设计者应在完整性、安全性、有效性和效率方面进行分析，作出权衡。

⑤ 程序设计：在逻辑数据库结构确定后，应用程序设计就应当随之开始。这一阶段的成果是得到一个完整的、能实现的数据库结构。

⑥ 实现：根据逻辑设计和物理设计的结果，在计算机系统上建立起实际数据库结构，装入数据，测试和试运行的过程称为数据库的实现阶段。该阶段主要有 3 项工作：

a. 建立实际数据库结构；

b. 装入实验数据对应用程序进行调试；

c. 装入实际数据。

（6）运行和维护：主要收集和记录系统运行状况的数据，用来评价数据库系统的性能，进一步对数据库系统进行修正，主要任务有 4 项：

① 维护（纠错性、适应性、完善性）数据库的安全性与完整性；

② 监测并改善数据库运行性能；

③ 根据用户要求对数据库现有功能进行扩充；

④ 及时改正运行中发现的系统错误。

如果应用变化太大，表明数据库的生存期结束，应该设计新的数据库系统。数据库设计步骤如图 2.17 所示。

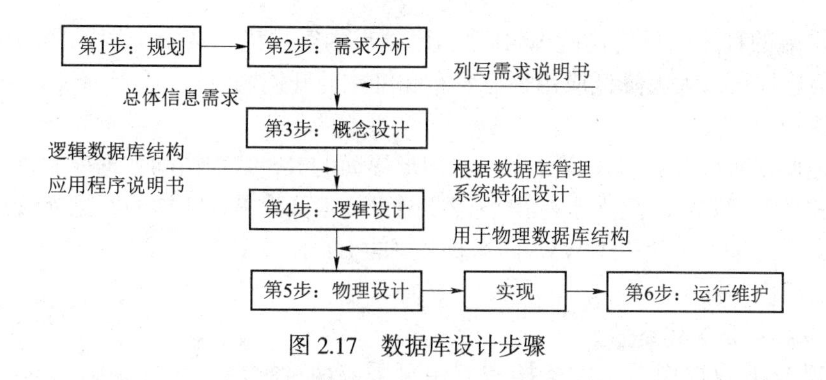

图 2.17　数据库设计步骤

2.6　Web 数据库

2.6.1　Web 数据库的概念

1. 什么是 Web 数据库

Web 数据库指在互联网中以 Web 查询接口方式访问的数据库。用户使用 Internet 的 WWW 信息服务，在权限范围内任何地点通过浏览器访问、编辑、修改数据库，也可查询和共享建立在 WWW 服务器所有站点上的超媒体信息，包括图形、图像、文本、动画、视频和音频数据。后台数据库服务器采用数据库管理系统存储数据信息，对外提供包含表单的 Web 页面作为访问接口，将查询、统计、修改结果以数据列表的 Web 页面形式返回给远程用户。

Web 数据库管理系统是指基于 Web 模式的数据库管理系统的信息服务平台，它以 B/S（浏览器 / 服务器）模式或 C/S（客户端 / 服务器）模式为客户端提供内容丰富的共享资源。使用 ADO（内置的数据库访问组件，是一种面向对象、与语言无关的应用程序编程接口）的数据库资源，把网页搜索、查询的数据库内容以适当方式显示在页面上，通过 Web 页面插入、更新和删除记录，实现网上客户端页面设计和网站后台管理的页面设计。

Web 数据库的数据相比搜索引擎返回的查询结果更全面，它提供一个或多个领域的数据记录，且具有完整的模式信息，用户看到的查询、统计结果仅为 Web 数据库中的一部分。Web 数据库集成的主要目的是为用户提供多个 Web 数据库资源的统一访问方式。现有的 Web 数据库集成方式可以分为 3 类：

（1）数据供应模式；

（2）数据收集模式；

（3）元搜索模式。

2. Web 数据库的优点

1）全局访问能力

Web 数据库应用的一个重要方面是对远程数据的访问，如果建立了 WWW 服务器，就可以使用浏览器访问 Web 数据库，在任何建立了网络连接的地方都可以访问 Web 数据库，不受时间和空间的限制。

2）减少开发成本

3）Web 数据库不必安装其他 Web 服务器软件，借助 HTML 的 WWW 信息组织方式，不需要开发客户端的程序，只要访问 Web 数据库站点的客户机安装一个浏览器即可操作 Web 数据库，因为这样可以大大降低应用程序发布和维护的开销。

4）交叉平台支持

能方便地使用多种计算机语言开发一些图形界面的 C/S 结构访问数据库软件，或使用现有的浏览器软件和 HTML（超文本标识语言）网页技术开发 B/S 结构的数据库管理系统，这种方法不仅支持跨平台（使用 WWW 服务器书写的 HTML 文档已经成为一种标准），还扩展了信息检索的广度与深度。

3. Web 数据库系统体系结构

一般实现 Web 数据库系统的连接和应用可采取两种方法，一种是利用 Web 服务器端的中间件连接 Web 和数据库服务器，另一种是把应用程序下载到客户端并在客户端直接访问数据库。中间件负责管理 Web 和数据库服务器之间的通信并提供应用程序服务，它能够直接调用外部程序或脚本代码来访问数据库，并提供与数据库相关的动态 HTML 页面或执行用户查询，再将查询结果以页面形式通过 Web 服务器返回给客户端的浏览器显示。最基本的中间件技术有通用网关接口（CGI）和应用程序接口（API）两种，如图 2.18 所示。

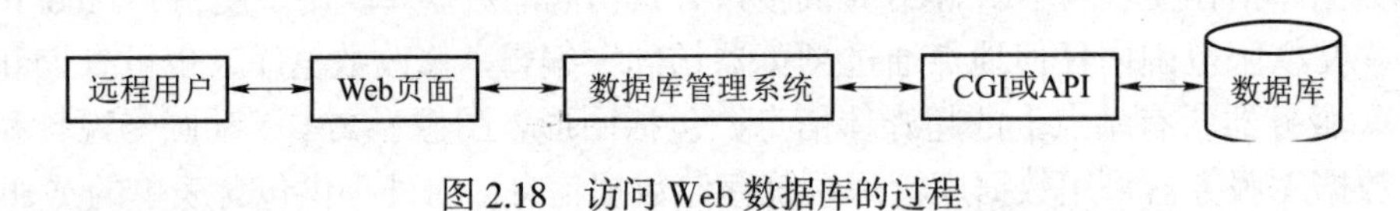

图 2.18　访问 Web 数据库的过程

4. 通用网关接口与应用程序接口

通用网关接口和应用程序接口均是预先定义的接口函数，目的是提供开发人员基于软件或硬件访问外部扩展程序、数据交互的接口，在无须访问源码或内部工作机制的条件下实现 Web 浏览器与服务器的交互。通过接口能让网络用户访问远程系统中的数据，例如表单的处理、搜索引擎、基于 Web 数据库的访问等。通过它们可实现在共享数据服务器的浏览器上获得数据放到本地数据库中，完成程序间的通信、数据共享和文件传输。

2.6.2　Access 2016 Web 数据库

1. 远程登录

创建 OneDrive 账号后（创建方法见第 1 章 1.4 节），可以在开始界面登录，通过“账户”可以添加 Web 服务，单击“添加服务”按钮，选择“共享”选项，如图 2.19 所示。

2. Access 2016 的 Web 功能

Access 2016 包含一系列模板，具有创建基于 Web 数据库和传统数据库的应用程序的技能，可以通过 SharePoint 站点创建 Access Web 数据库。它采用新的应用程序模型，根据主题内容可以快速创建基于 Web 的应用程序。SharePoint 允许用户使用 Access 2016 应用程序创建可通过浏览器访问的数据库，并将其置于 SharePoint 中，它为解决人员和流程相互合作的方案提供了一个强大的平台，通过浏览器创建、共享和协作处理团队数据库。

图 2.19　添加共享服务

本章小结

本章重点讲述了数据库的基础知识，包括数据库的基本概念、特点、组成，数据模型，组成要素，关系数据库基本理论，数据库设计步骤，建立数据库的基本操作方法，最后介绍了 Web 数据库技术及应用。本章在关于数据模型、概念模型和关系数据库基本理论应用中，列举了 21 个小例程进行重点讲解。此外，本章展示的建立数据库工作界面，能帮助学生初步掌握用 Access 2016 建立数据库的方法。通过本章的学习，学生能够掌握数据库的基本概念及关系数据库理论。

考核要点

（1）数据库的基本概念；
（2）关系数据库的特点；
（3）表的基本结构；
（4）建立数据库的方法。

第3章 创建数据库

3.1 创建数据库的方法

在 Access 2016 中必须先建立数据库，才能创建数据表、查询、窗体、报表等其他对象，系统将所有建立的对象集合在一起形成一个数据库管理系统，它以扩展名为“.accdb”的文件的形式存储在磁盘中。

3.1.1 数据库设计的要求

1. 数据库设计的一般规则

（1）需求分析：需求分析的主要任务是详细调查，研究客户需要，明确客户需要的数据及管理功能，它是直接决定数据库的运行速度、运行效率和质量的主要依据。

（2）创建数据库表：将所有需要的数据按照不同主题分别建立数据库表。根据第三范式规则，一个表应是关于某个特定主题的数据集合，这样不仅可避免出现大量的冗余，造成存储空间的浪费，还能提高数据库效率、减少数据输入的错误。

（3）确定表结构：设计表中字段要遵循两个原则——字段唯一性和字段无关性。字段唯一性是指表中每个字段只能包含唯一类型的数据信息；字段无关性是指任意修改字段不影响其他字段数据。

（4）确定关键字段和外键：表间关系是通过表中关键字段与外键关联的。一般将表中唯一标识字段定为关键字段，另一表中相同字段作外键，关键字段和外键连接，明确了表间关系，这样可达到快速使用查询、窗体和报表检索多表的目的。

（5）优化设计：数据库设计需要不断发现问题、改进设计。改进设计是指对所作设计进一步分析，查找其中的错误和存在的问题，并加以完善；

（6）创建其他数据库对象：包括输入数据，建立查询、窗体和报表等。

2. 建立数据库的基本条件

（1）尽量减少数据的重复，使数据具有最小的冗余度；

（2）提高数据的利用率，使众多用户能共享数据资源；

（3）注意保持数据的完整性和同一数据的一致性。这对某些需要历史数据来进行预测、决策的部门（如统计局、银行等）特别重要，特别是多用户同时共享数据库时，可避免造成数据混乱；

（4）对于某些需要保密的数据，必须增设添加密码的保密措施；

（5）数据的大小要适中，以提高查寻速率和数据的维护性。

3.1.2　使用模板创建数据库

步骤如下：

（1）打开 Microsoft Office Access 2016，界面左侧显示最近使用过的数据库选项，右侧显示空白数据库及模板数据库，若单击“营销项目”模板，在“文件名”文本框中输入数据库管理系统的名字即可建立数据库，如图 3.1 所示。

图 3.1　利用模板建立数据库

此外，还可以实时链接到 office.com 网站上下载更多数据库模板创建数据库。

（2）单击“确定”按钮后可以看到导航窗格中系统提供的数据库表结构、窗体和报表视图，用鼠标右键单击需要修改的数据库表名，选择“设计视图”选项，选择需要添加、删除的相应字段及其类型和大小，也可使用 VBA 编写相应的后台管理程序，形成一个数据库管理系统软件。例如，在“营销项目”模板中，单击导航中的“所有类型”按钮，并选择“员工”选项，可以修改表结构，如图 3.2 所示。

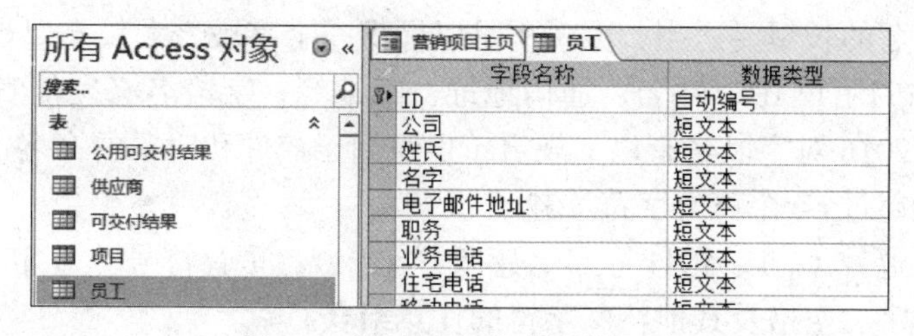

图 3.2　“营销项目”模板员工表

（3）在模板的基础上，还可以添加表、查询、窗体、报表界面，完成既定任务的数据库系统设计。

3.1.3　创建空白数据库

若不使用模板，可自行设计表、窗体、报表和其他对象来创建数据库。单击开始界面的

"新建空白桌面数据库"按钮，在弹出的对话框中选择数据库存放的位置，输入数据库的名称即可，创建的方法和步骤如下：

（1）在"开始使用 Microsoft Office Access"页面中单击"新建空白桌面数据库"按钮在弹出的对话框的"文件名"文本框中输入文件名"汽车营销数据库管理"，单击下面的"创建"按钮即可，如图 3.3 所示。

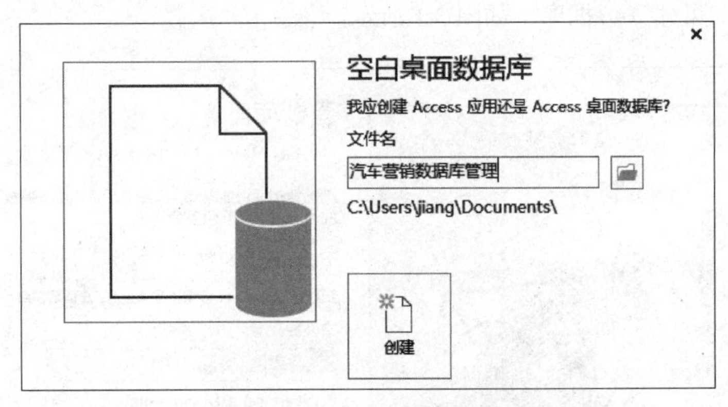

图 3.3 新建空白桌面数据库

（2）在打开的数据库视图中，用鼠标右键单击默认表名"表 1"，选择"设计视图"选项，可以建立表名为"员工""供应商"等表。

（3）根据数据库要求，建立相应的表字段名称、数据类型，并添加主键。

3.2 设置表字段

表是数据库中最基本的对象，也是所有数据的载体。编辑数据表首先需要设置表字段，包括字段名，字段的数据类型、大小及格式等属性。

3.2.1 设置字段名

数据表中的每一列称为一个字段，字段名用于标识每个字段唯一的名字，一般字段名要具有代表性。字段名的长短要适当，太短不足以标识一个字段，太长不但难记忆，还不易被引用，如用户表中的用户 ID、姓名、通信地址、邮编等。字段名必须能直接、清楚地反映信息内容，Access 2016 对字段名有以下规定（也适用于控件和对象的命名）：

（1）长度不能超过 64 个英文字符（32 个汉字）。

（2）不能包含逗号（，）、句号（。）、感叹号（！）、重音符号（`）和方括号（[ ]）等，可以包含字母、数字、空格及其他特殊字符的任意组合。

（3）不能以空格开头。

（4）不能包含控制字符（从 0 ~ 31 的 ASCII 值）。

（5）字段名与 Access 2016 中已有的属性名称不能相同。

3.2.2 设置字段属性

字段属性是指字段的数据类型、大小、外观和其他一些能够说明字段所表示信息的描

述。Access 2016 提供的字段类型默认值是“短文本”，用户也可以自行设置。常用的属性有数据类型、字段大小、字段格式、输入掩码、默认值和有效性规则等。字段属性见表 3.1。

表 3.1　字段属性

属性	说明
字段大小	对于文本字段，字符数小于 255 字节则为短文本，否则定义为长文本。对于数值字段，小数包括整数位、小数位和小数点。若保留 1 位小数，总长度最小设置为 3 位
格式	用于设置数据的显示方式。它不会影响在字段中存储的实际数据。可以选择预定义的格式，也可以输入自定义格式
输入掩码	设定此字段中输入的所有数据指定模式，有助于确保正确输入所有数据格式
默认值	指定每次添加新记录时将在此字段中出现的默认值。若要在“日期 / 时间”字段中记录添加现有日期，则可以将“Date ( )”（不含引号）作为默认值输入
必填	设置此字段中是否需要必写项。如果将此属性设置为“是”，则 Access 2016 只允许在为此字段输入值的情况下才能添加新记录

1. 设置字段的数据类型

每个字段设计时需要根据字段内容选择相应的数据类型。Access 2016 为字段提供了 12 种数据类型，如图 3.4 所示。

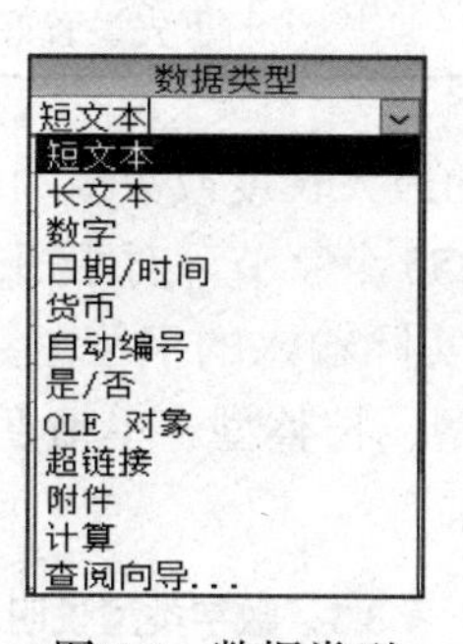

图 3.4　数据类型

其中，数据类型的设置依据见表 3.2。

表 3.2　数据类型的设置

数据类型	说明	举例	存储空间
短文本	用来存储文字数据，如字母、数字、字符、汉字等	姓名、地址、电话等字符串	最长为 255 个字符
长文本	用来存储长度不固定的数据	简历、产品说明等	最长可达 64 000 个字符
数字	用来存储需计算的数值数据，含字节、整型、长整型、单精度型、双精度型、同步复制 ID 与小数等 7 种	产品数量、年龄、工资等需要计算的数据	—

续表

数据类型	说明	举例	存储空间
日期 / 时间	用来存储日期和时间数据	出生日期、入学时间	8 个字节
货币	用来存储货币数字，例如定金、单价汇款等货币金额	工资总额、奖金等，如：（¥1 000,00）	8 个字节
自动编号	在添加记录时自动插入唯一序号（每次递增 1）或随机编号	表中自动添加编号，不用人工输入	4 个字节
是 / 否	代表两种值——'是'或'否'	选择用'是'表示，不选择用'否'表示。	1 个字节
OLE 对象	用来存放图片、声音、电子表格及二进制等各种类型的数据文件（对象）	图片、声音、动画等数据，或 Excel 电子表格、Word 文件等	最大可为 1GB
超链接	保存超级链接的字段，超级链接可以是某个 UNC 路径或 URL	http://www.sina.com.cn（新浪的 www 网站）	最长为 64 000 个字符
附件	用于窗体的标签，若未输入标题，则该字段用作标签	—	—
计算	用于函数、数值计算	工资总和平均年龄等的计算	—
查阅向导	可以在此字段中选择输入的数据	在性别字段中，可以选择事先设置好的男、女	4 个字节

其中：字段大小用于设置存储的最大长度或数值的取值范围。短文本类型的字段宽度可以定义为 1 ~ 255 个字节，默认是 255 个字节。对于短文本类型的宽度，定义的宽度并不会浪费磁盘空间，因为 Access 系统以实际输入的字符个数来决定所需要的磁盘空间。若选择数字类型，可进一步选择字节、整型、长整型、单精度型、双精度型、同步复制 ID 和小数等类型，默认选择长整型，见表 3.3。

表 3.3　数字类型说明

可设置值	说明	小数位数	存储空间
字节	保存 0 ~ 255（无小数位）的数字	无	1 个字节
整型	保存 –32 768 ~ 32 767（无小数位）的数字	无	2 个字节
长整型	（默认值）保存从 –2 147 483 647 ~ 2 147 483 647 的数字（无小数位）	无	4 个字节
单精度型	保存 -3.4×10^{38} ~ -1.4×10^{-45} 的负值，1.4×10^{-45} ~ 3.4×10^{-38} 的正值	7	4 个字节
双精度型	保存 -1.8×10^{308} ~ -4.9×10^{-324} 的负值，1.8×10^{308} ~ 4.9×10^{-324} 的正值	15	8 个字节
同步复制 ID	建立同步复制唯一标识符	无	16 个字节
小数	精度是 18 位	自动	32 个字节

2. 设置字段格式

Access 2016 字段格式用于自定义文本、数字 / 货币、是 / 否和日期 / 时间类型的输出（显示或打印）格式。它依据使用的数据类型的不同而定，仅影响数据的显示形式而不影响保存在数据表中的数据。字段格式属性说明见表 3.4。

表 3.4　字段格式属性说明

日期 / 时间		数字 / 货币		自定义文本	
设置	说明	设置	说明	设置	说明
常规日期	2007/6/19 17:34:23	常规数字	3 456.789	@	要求文本字符或空格
长日期	2007 年 6 月 19 日	货币	￥3 456.79	&	不要求文本字符
中日期	07–06–19	欧元	ε 3 456.79	<	所有字符变为小写
短日期	2007/6/19	固定	3 456.79	>	所有字符变为大写
长时间	17:34:23	标准	3,456.79	是 / 否	
中时间	5:34 下午	百分比	123.00%	是	–1 表示真值
短时间	17:34	科学计算	3.46E+03	否	0 表示假值

3. 设置输入掩码

1）设置输入掩码的方法

输入掩码用于对允许输入的数据类型进行控制，包括分隔输入、空格、原义字符位数、数据范围、点划线和括号等。例如：要求某些字段必须输入数据（不能为空）、电话号码的区号、电话分机号码位数、年龄段的上限及下限设置等。输入掩码的方法是在设计视图中打开表，选中需要定义的字段。在“常规”选项卡的窗口下方，单击“输入掩码”按钮，可手工设置或启动输入掩码向导选择掩码类型，单击“完成”按钮即可设置成功。该方法只能够处理短文本或日期 / 时间数据类型，使用手工设置直接在字段的“输入掩码”属性框内输入定义式即可。例如设置住宅电话格式，前面是 4 位表示区号的数字格式，后面是 8 位市区电话和 4 位分机格式，在“输入掩码”文本框中输入“(####)########-####”即可，如图 3.5 所示（其中的斜线是系统自动加入）。

2）输入掩码的说明

（1）“#”表示数字或空格（非必须输入；在“编辑”模式下空格显示为空白，但是在保存数据时空白将删除；允许加号和减号）。

（2）“0”表示数字（0 ~ 9，必须输入，不允许加号和减号）。

（3）“9”表示数字或空格（非必须输入，不允许加号和减号）。

（4）“L”表示字母（A ~ Z，必须输入）。

（5）“?”表示字母（A ~ Z，可选输入）。

（6）“A”表示字母或数字（必须输入）。

（7）“a”表示字母或数字（可选输入）。

（8）“&”表示任一字符或空格（必须输入）。

图 3.5　输入掩码设置

（9）“C”表示任一字符或空格（可选输入）。

（10）“!”表示使输入掩码从右到左显示，而不是从左到右显示。输入掩码中的字符始终都是从左到右填入。可以在输入掩码中的任何地方包括感叹号。

（11）“\”使接下来的字符以字面字符显示（例如，\A 只显示为 A）。

（12）将掩码属性设为“密码”，可创建密码输入控件。

根据图 3.5 所示设置，用户在输入“住宅电话”时必须按设定格式输入数字，输入其他格式无效，如图 3.6 所示。

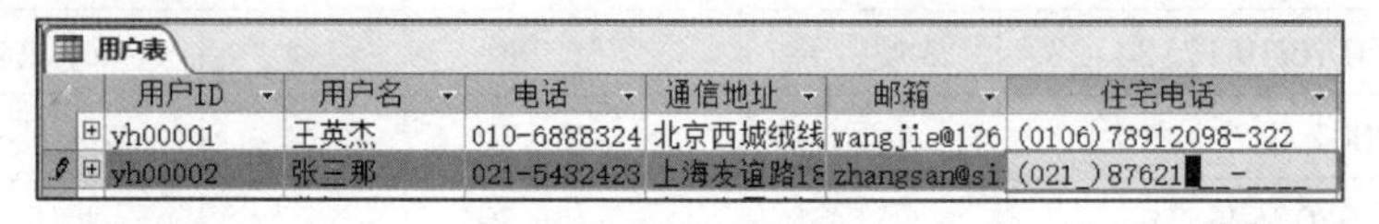

图 3.6　输入掩码格式

4. 输入默认值

如果表中记录的某字段值相同，即可为该字段设置一个默认值简化输入，添加新记录时可接受默认值，也可输入新值覆盖它。例如同一单位员工的单位名称、同届学生的入学日期、同专业学生的专业名称字段都是相同的，在字段默认值中输入内容即可。若在员工表“单位名称”字段的默认值中输入“北京中科集团”，在学生表“入学日期”字段的默认值中输入“#2019/09/01#”，则每个员工单位名称和所有学生入学日期不用手动录入。

5. 设置验证规则

设置验证规则主要用来规范字段的输入值，一旦设定了某个字段规则，则所有该字段内的值都不允许违反。若输入字段的数据违反了验证规则，将弹出一个错误警告框。在大多数情况下，需要在表的设计视图的“验证规则”界面中设置字段的属性加以限制，以防止输入错误。常用的验证规则见表 3.5。

表 3.5　常用的验证规则

验证规则	验证文本
<>0	输入不能为 0
>=0 AND <=100	输入的数值为 0 ~ 100
0 Or >100	输入的数值为 0，或大于 100
>=#01/01/2019#AND <=#12/31/2019#	输入必须为 2019 年的日期
<date（ ）	输入的日期不能是将来的日期
int（now（ ））	必须输入当天日期
Like "bit*"	开始的字符必须是 bit
Like"［A–Z］*@163.*" Or "*@*.com"	输入的邮箱必须是网易（163）或后缀为“.com”
NOT Like "*［，?,］"	输入的数据不能包括逗号
IS NOT NULL	该字段不能为空
" 男 " Or " 女 "	输入性别必须是男和女
［毕业时间］>=［入学时间］	输入的毕业时间必须在入学时间之后
［发货日期］<=［订货日期］+3	发货日期是订货日期 3 天后

例如：在用户表的“邮箱”字段设置验证规则为 Like "*@*.com" Or Like "*@*.org" Or Like "*@*.net"，若输入数据不包括“@”“.”或域名不为“com”“org”“net”时，提示“邮箱必须包括 '@'、'.'，且后面的域名必须为 com、org、net”警告对话框，该数据无法存储，如图 3.7 所示。

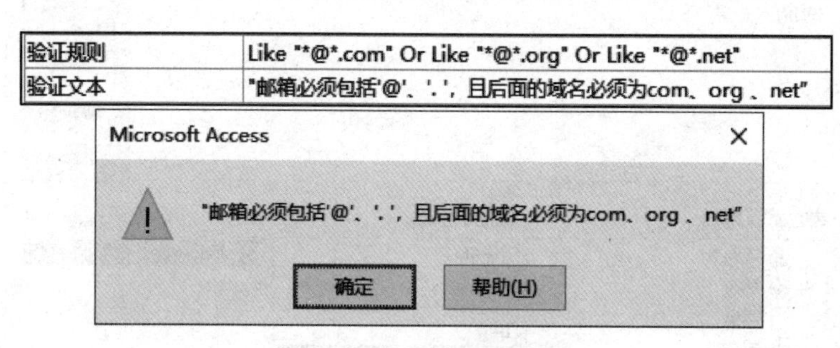

图 3.7　输入验证规则设置

6. 设置表的索引

建立索引的目的是方便快速查询，该操作是对指定的一个或多个字段数据值来检索、排序。为某一字段建立索引，不但加快了查找速度，还加速了排序及分组操作。并非所有字段都需要建立索引，索引建立得越多，占用的内存空间就越大，这样反而会减慢添加、删除和更新记录的速度。当使用多个字段组合索引时，最多不超过 10 个字段，一般对经常搜索、排序的记录添加索引。在 Access 2016 中，表的主关键字自动设置索引，而对附件、超链接、OLE 对象等数据类型的字段不能设置索引。索引属性可提供 3 项取值：

（1）“无”，表示本字段无索引；

（2）“有（有重复）”，表示本字段有索引，且各记录中的数据可以重复；

（3）“有（无重复）”，表示本字段有索引，且各记录中的数据不允许重复。

7. 添加表达式和函数

表达式是连接运算符的式子，也是各种数据、运算符、函数、控件和属性的任意组合，其运算结果为确定类型的值。表达式具有计算、判断和数据类型转换等作用。在筛选条件、验证规则、查询及测试数据时，都要用到表达式。例如查询“张”姓的用户名，在姓名下面输入表达式“Like" 张 *"”或“张 %”即可。

与其他高级编程语言一样，Access 2016 也支持使用函数。函数由事先定义好的一系列确定功能的语句组成，用于实现特定的功能并返回一个值。也可以将一些用于实现特殊计算的表达式抽象出来组成自定义函数。调用时，只需输入相应的参数即可实现相应的功能。Access 2016 系统本身内置了表达式生成器，当在表设计视图中添加“默认值”“验证规则”等属性时，单击该属性右侧按钮，即可自动打开生成器。例如设置了采购表“付款”字段为“计算”，则自动打开“表达式生成器”对话框，选择“表达式类别”→“单价 * 数量”作为计算付款值，这样在输入时自动计算付款值，如图 3.8 所示。

表达式生成器具有智能感知功能，能在输入时看到需要的选项。它还在“表达式生成器”对话框中显示有关当前表达式值的帮助。例如，如果选择 Trim 函数，表达式生成器会显示“Trim（string）返回一个字符串类型变量，该变量包含不带先导空格和尾随空格的指定字符串的副本”。此外，对于计算字段，可以创建显示计算结果的字段，计算时若需要引用同一表中的其他字段，可以使用表达式生成器创建计算，但计算类型必须在开始时设置。

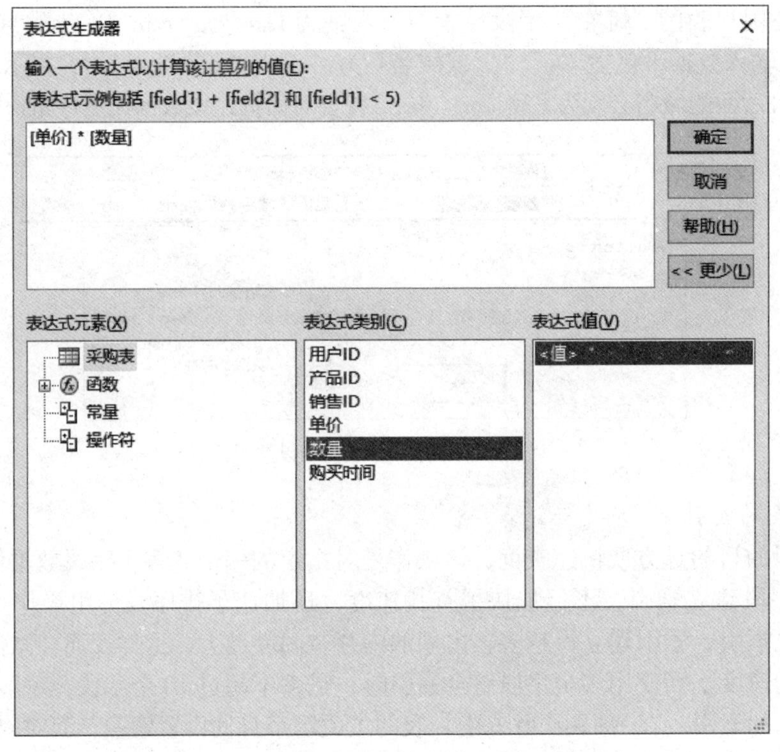

图 3.8　表达式生成器

8. 向 OLE 对象类型的字段输入数据

例如：在用户表中添加“照片”字段，并设置数据类型为“OLE 对象”，插入图片的步骤如下：

(1) 双击导航窗格的用户表，在“照片”字段中用鼠标右键单击选择“插入对象”命令，在打开的对话框中选择位图“Bitmap Images”选项，如图 3.9 所示。

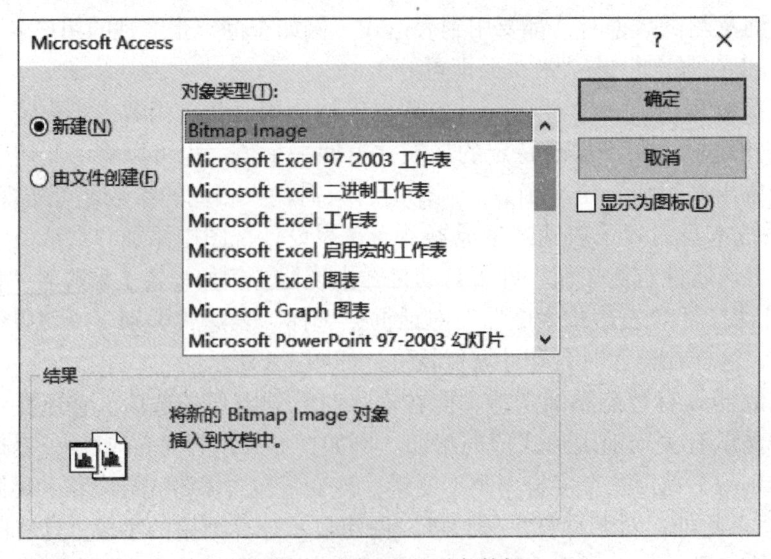

图 3.9　添加 OLE 对象数据

（2）在自动打开的画图板对话框中单击“粘贴”→“粘贴来源”按钮，选择添加的图片，单击“打开”按钮，图片即插入到数据库中，如图 3.10 所示。

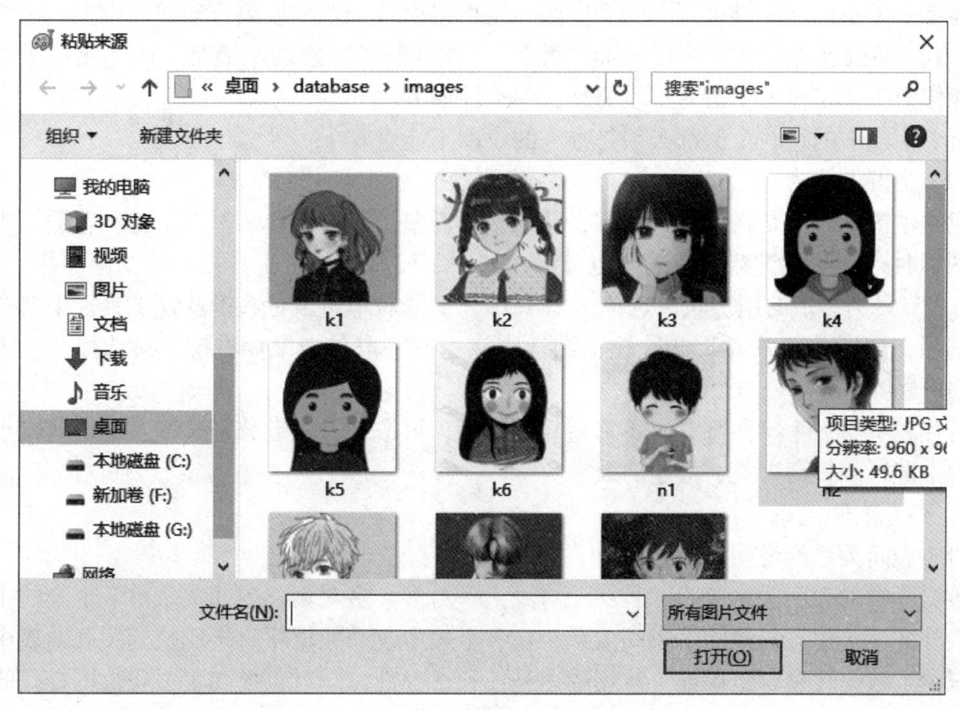

图 3.10　选择图片对象

9. 字段的其他属性

1）查阅向导

“查阅”选项卡中只有一个“显示控件”属性，它只对文本、数字和是 / 否类型字段有效。此属性为文本框（默认值）、列表框、组合框及复选框输入选择提供了方便。

例如：在用户表中添加“性别”字段，数据类型选择“短文本”，单击字段属性下面的“查阅”选项卡，设置“显示控件”为“组合框”，“行来源类型”为“值列表”，在“行来源”文本框中输入选项值“男；女”（每个选项之间用分号隔开）后保存。这样输入记录时通过下拉列表即可选定输入值，如图 3.11 所示。

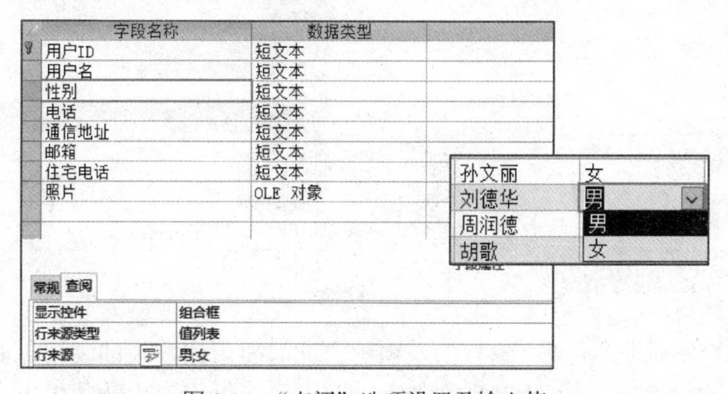

图 3.11　“查阅”选项设置及输入值

2）设置主键

主键是数据库表中用来标志唯一实体的元素，主键保证表中每个记录互不相同，每个表只能有一个主键，主键可以是一个字段，也可以由若干个字段组合而成。例如：用户表中“用户 ID”字段就可以作为主键，而“姓名”“性别”等字段均不能唯一确定用户成员，所以不能作为主键。作为主键的字段要具备的条件如下：

（1）字段中的每一个值都必须是唯一的（即不能重复）；

（2）主键不能为空。

建立主键的方法是在设计视图中，选中字段后单击鼠标右键选择“主键”选项，当出现钥匙图标时，表明主键建立成功，也可以在选中字段后，单击工具栏中的钥匙图标。例如：对于 3.3 节案例一中的用户表，选择“用户 ID”字段后单击鼠标右键或在工具栏中选择“主键”选项，如图 3.12 所示。删除主键则选中该主键字段单击鼠标右键，再选择“主键”选项，即可删除。

若在表中有多个字段都具有不可重复的特性，可按住 Ctrl 键分别选择占用空间较小的字段作为主键，以提高查找、排序的效率。

3）建立表间关系

（1）表间关系的说明。

数据库中的表间关系分为 3 种：一对一、一对多、多对多。表间关系由一个表的主键与另一表外键连接建立。建立了表间关系，在一个表中改动数据将直接反映到关联的表中，它不仅减少了数据冗余，也保证了数据的完整性和正确性，同时也提高了关联数据查找的快速性。例如：在营销管理数据库中，用户表的“用户 ID”字段是主键，在采购表中有多个用户采购，因此“用户 ID”字段是采购表的外键，同理，销售商表的“销售商 ID”字段是销售商表的主键，它又是采购表的外键。因为一个用户可以采购多个商品，而一个销售商的产品可以被多个用户采购，即采购表中的外键在表中会出现多次，则建立了用户表与采购表、销售商表与采购表两个一对多关系，借助采购表实现了用户表与销售商表的多对多关系。同理，供应商表与产品表、产品表与采购表也属于两个一对多关系。

（2）建立关系的方法。

① 单击“数据库工具”菜单，单击“关系”按钮，打开“显示表”对话框，分别选择当前数据库中的 5 个表，单击“添加”按钮，如图 3.13 所示。

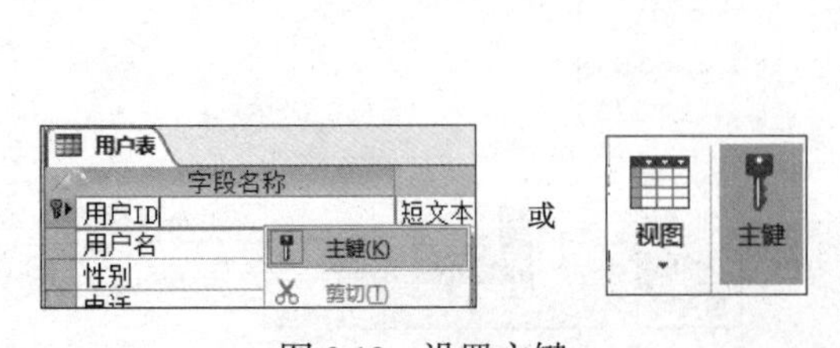

图 3.12　设置主键

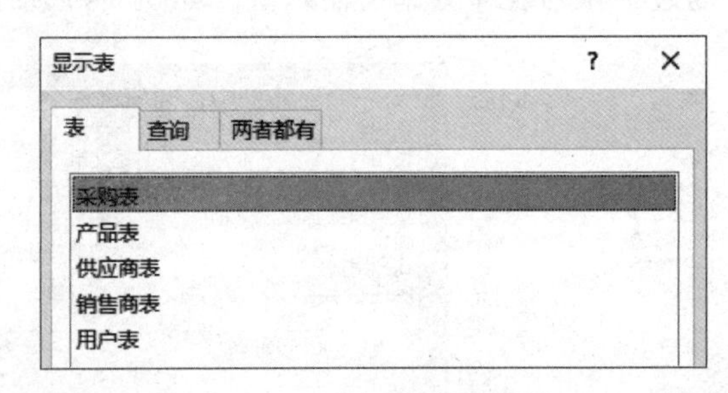

图 3.13　添加表建立关系

② 将 5 个表添加到“关系”窗口的空白处，此时要求用户表的“用户 ID”字段、销售商表的“销售商 ID”字段、产品表的“产品 ID”字段、供应商表的“供应商 ID”字段建立

主键（有钥匙图标），若此时未建立主键，可选中表后单击鼠标右键选择“表设计”选项打开表设计器建立主键，如图 3.14 所示。

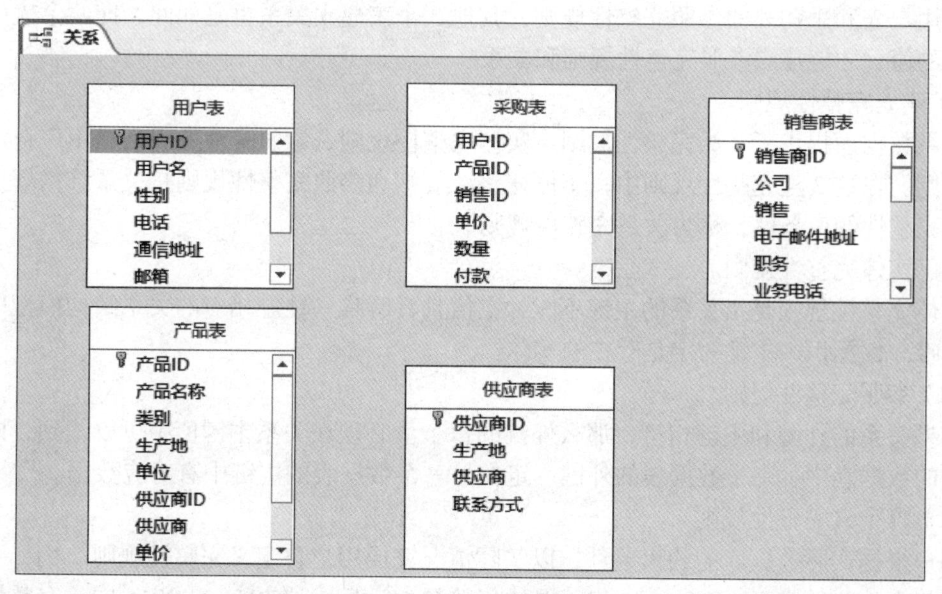

图 3.14　建立表间关系

③ 拖动用户表主键到采购表的外键（用户 ID），打开“编辑关系”对话框，选中“实施参照完整性”“级联更新相关字段”“级联删除相关记录”3 个复选框，单击“创建”按钮。同理，再拖动销售商表的主键到采购表的外键（销售商 ID），拖动产品表的主键到采购表的外键（产品 ID），拖动供应商表的主键到产品表的外键（供应商 ID），建立完整性规则，编辑关系的完整性规则对话框如图 3.15 所示。

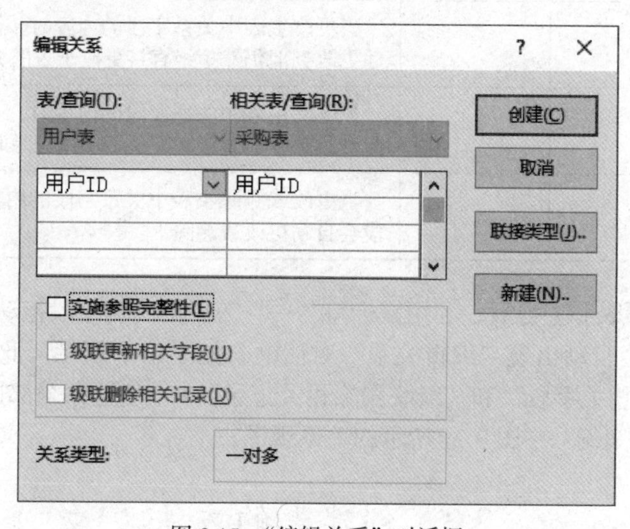

图 3.15　“编辑关系”对话框

④ 将 4 个完整性规则建立好，即可看到 3.3 节案例一中图 3.21 所示的关系视图。

说明：完整性规则是一种系统规则，Access 2016 用它来确保关系表中的记录是否有效，并且确保用户不会在无意间删除或改变重要的相关数据。要求建立关系的主键与外键字段属性（数据类型、大小）必须一致，若用户表中某个用户 ID 在采购表没有找到对应值，则无法建立用户表和采购表的参照完整性规则，其他 3 个表建立关系也是如此，即两个表中有与之对应的值，才能建立参照完整性规则和关系。

4）建立完整性规则

关系数据库提供了 3 类完整性规则：实体完整性规则、参照完整性规则、用户自定义完整性规则。在这 3 类完整性规则中，实体完整性规则和参照完整性规则是关系结构模型必须满足的完整性约束条件，称为关系完整性规则。

（1）实体完整性规则。

实体完整性规则是指关系的主键不能为空值且具有唯一性。相应的关系结构模型中以主键作为唯一性标识，主键一定是存在的实体。

（2）参照完整性规则。

如果关系的外键和主键相符，那么外键的每个值必须在关系主键值中可以找到，即两个有关联的数据表中，一个数据表的外键一定在另一个数据表的主键中有对应数据。

（3）自定义完整性规则。

用户根据实际数据库的约束条件，以实际情况完成用户自定义完整性规则。例如：某单位把中年人的年龄定义为 35 ~ 45 岁，退休年龄是 60 岁等。在 Access 2016 中，完整性规则的意义见表 3.6。

表 3.6　完整性规则的意义

复选框选项			关系字段的数据关系
参照完整性	级联更新	级联删除	
√			两表中关系字段的内容都不允许更改或删除
√	√		当更改主表中关系字段的内容时，子表的关系字段会自动更改，但仍然拒绝直接更改子表的关系字段内容
√		√	当删除主表中关系字段的内容时，子表的相关记录会一起被删除，但直接删除子表中的记录时，主表不受其影响
√	√	√	当更改或删除主表中关系字段的内容时，子表的关系字段会自动更改或删除

因此，当建立了表和主键后，利用鼠标将“一”表中的主键字段拖动到“多”表中的外键字段即可，系统会自动出现“编辑关系”对话框，如图 3.15 所示。此时，将“实施参照完整性”“级联更新相关字段”和“级联删除相关记录”3 个复选框全部选中，单击“创建”按钮，则看到 3.3 节案例一中图 3.21 所示的关系视图。

3.3　创建表的方法

创建数据库后首先创建数据库表。本章主要介绍 3 种创建表的方法：输入数据创建、使用模板和设计视图创建。

案例一、创建营销管理数据库

在这个案例中，重点讲述使用 Access 2016 制作数据库，建立表、表间关系的基本操作，同时讲述与其相关的知识点和操作技能，使用 Access 2016 建立实际数据库表。

1. 案例说明

按照数据库理论中关系模式的分解，把简单的营销管理数据库划分成第三范式，它有 5 个基本表组成，包括用户表、采购表、销售商表、产品表和供应商表，如图 3.16 ~ 图 3.20 所示。

用户表

用户ID	用户名	性别	电话	通信地址	邮箱
yh00001	王英杰	男	010-6888324	北京西城绒线胡同	wangjie@126.com
yh00002	张三那	女	021-5432423	上海友谊路18号	zhangsan@sina.com
yh00003	葛根	男	13692342344	山西太原建设路A309	gegen123@163.com
yh00004	王宝文	男	13534234234	唐山建设大街薏米路12号	wangbaobao@gmail.com
yh00005	孙文丽	女	18603434121	河北保定阳光大街1号	sunwen@sina.com

图 3.16　用户表数据

采购表

用户ID	产品ID	销售ID	单价	数量	付款	购买时间
yh00001	s001	BJ001	2200	10	22000	2019/1/10
yh00002	s001	TJ002	2200	15	33000	2019/1/10
yh00005	s001	BJ002	2200	5	11000	2019/3/15
yh00006	s001	SH003	2200	3	6600	2019/2/25
yh00009	s001	BJ001	2200	3	6600	2018/11/27
yh00010	s001	BJ001	2200	6	13200	2018/10/4

图 3.17　采购表数据

销售商表

销售商	公司	销售	电子邮件地址	职务	业务电话	移动电话	地址	城市
BJ001	北京腾达汽车公司	王学文	wang@163.com	经理	010-61234526	13311111111	北京海淀区上	北京
BJ002	北京加达汽车公司	刘芮征	liu123@126.com	销售	010-56655454	19802121212	北京丰台区	北京
BJ003	北京富力汽车公司	赵新	zhaoxin@foxmail.com	销售	010-67890123	15234567879	北京西城区	北京
SH003	上海通用汽车公司	张宜敏	zhangmin@sina.com	CEO	021-12345678	13333333333	上海虹桥区	上海
TJ002	天津魅力汽车公司	何洪丽	hongli@126.com	会计	022-67812345	12222222222	天津和平区	天津

图 3.18　销售商表数据

产品表

产品	产品名称	类别	生产地	单位	供应商ID	供应商	单价	生产时间
s001	发动机	发动机	上海	件	ps001	上海博莱特有限公司	5200	2018/3/22
s002	油泵	油箱	广州	件	ps002	广州市运通四方实业有限公司	2000	2018/3/3
s003	白金火花塞	火花塞	天津	件	ps003	天津天弘益华轴承商贸有限公司	1000	2018/4/12
s004	大孔离合器	离合器	美国	件	ps004	纽泰克气动有限公司	800	2018/3/22
s005	启动马达	马达	广州	件	ps002	广州市运通四方实业有限公司	8100	2018/5/13
s006	合金轮毂	轮毂	美国	件	ps004	纽泰克气动有限公司	5900	2018/3/22
s007	车载GPS	GPS	日本	件	ps005	福岛电子器件有限公司	3000	2018/3/22
s008	驾驶位安全气囊	安全气囊	上海	件	ps001	上海博莱特有限公司	2100	2018/12/3
s009	左小转向灯	转向灯	大连	件	ps006	大连井上机械有限公司	300	2018/6/12
s010	前风挡汽车玻璃	汽车玻璃	德国	件	ps007	伟福士国际有限公司	600	2018/3/22

图 3.19　产品表数据

供应商表

供应商ID	生产地	供应商	联系方式
ps001	上海	上海博莱特有限公司	13456790111
ps002	广州	广州市运通四方实业有限公司	19801111111
ps003	天津	天津天弘益华轴承商贸有限公司	19932444444
ps004	美国	纽泰克气动有限公司	13333333333
ps005	日本	福岛电子器件有限公司	15890111111
ps006	大连	大连井上机械有限公司	13245678909
ps007	德国	伟福士国际有限公司	15678908778

图 3.20　供应商表数据

由图 3.16 ~ 图 3.20 所建立的营销管理数据库表之间的关系如图 3.21 所示。

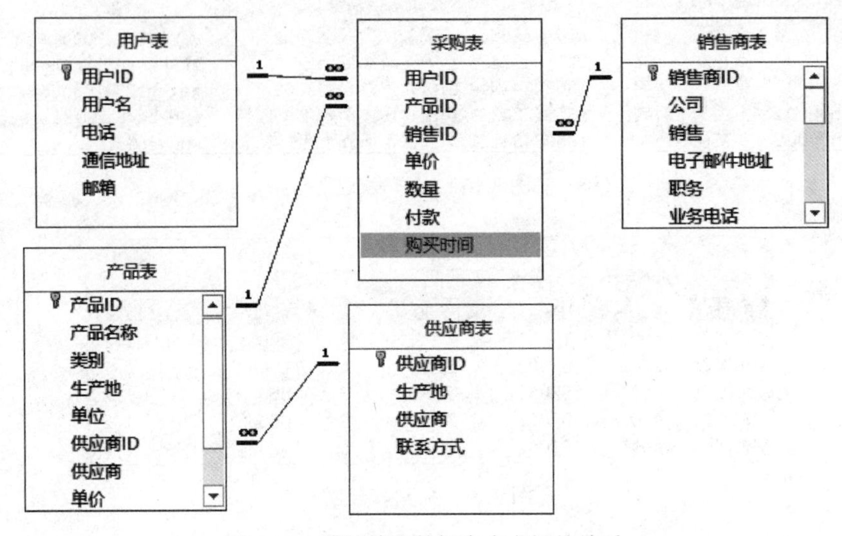

图 3.21　营销管理数据库表之间的关系

2. 知识点分析

（1）建立数据库表，添加字段名并设置字段数据类型。

（2）选择数据格式，改变字段大小。

（3）设置主键，输入掩码。

（4）设置验证规则和有效性文本。

（5）添加表行数据（添加记录）。

（6）设定表的索引及字段的其他属性。

（7）建立表间关系。

（8）向 OLE 对象类型的字段输入数据。

（9）建立表的多种方法。

3.3.1　使用空白数据库创建表

（1）在空白数据库中创建表时，输入数据库名后自动建立“表 1”，用鼠标右键单击“表 1”，选择“设计视图”选项即可建立表结构。

（2）创建表结构先要打开“另存为”对话框保存表，再输入数据，如图 3.22 所示。

（3）建立用户表结构时，字段名称要与内容对应，以中文或英文命名，以便在“字段列表”窗格中能够明确该字段的内容和意义。保存表时需要创建一个主键，若未指定，系统用自动编号 ID 作为表的主键。此时可将默认的“ID”改成“用户 ID”，数据类型默认为短文本，依次添加“用户名”“电话”“通信地址”和“邮箱”字段。

（4）数据类型最常用的是短文本，字符数据和不参加数学计算的数字均选择短文本类型，如工作证号、电话号码、身份证号等。参加计算的数据选择数字类型，需多个文字说明的数据选择长文本类型，出生日期和工作年月等日期数据选择日期 / 时间类型，工资等货币数据选择货币类型，自动编号可按照递增和递减顺序产生，照片选择 OLE 对象类型，当只有两种状态的逻辑型数据时选择是 / 否类型。字段长度仅有短文本需要修改，默认为 255 字节。该表数据类型均选择短文本类型，长度默认即可。

（5）若需要添加或删除表字段，选中表字段，单击鼠标右键选择“插入行”或“删除行”命令，如图 3.23 所示。

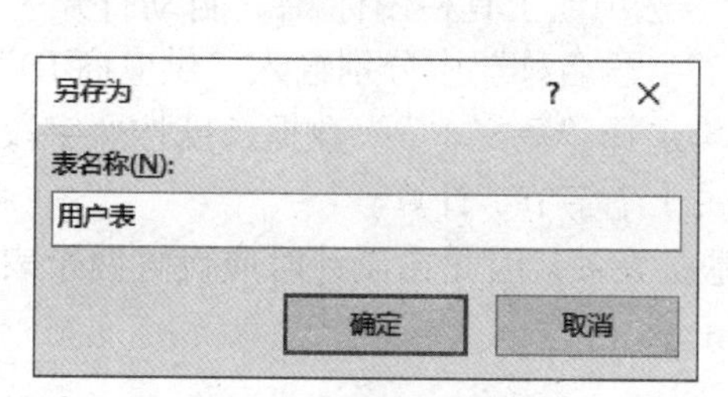

图 3.22　保存表

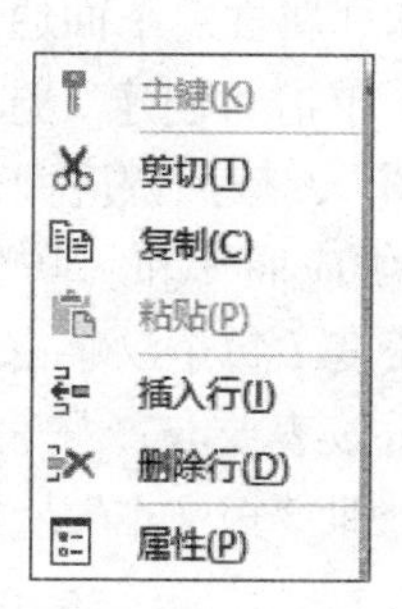

图 3.23　修改表字段

（6）若要移动列，选择对应的列标题，然后将其拖至所需的位置，也可选择多个相邻的列一起拖动到新位置。

（7）数据库表可使用 Microsoft Excel 数据导入数据库中，Access 2016 会自动创建所有字段并识别数据类型。

3.3.2　使用模板创建表

使用模板创建表是一种快速创建表的方式，Access 2016 在模板中内置了一些常见的示例表，这些表中不仅包含相关主题的字段名，且包含输出窗体和多个报表，用户可以根据需要在数据表中添加、修改和删除字段。其步骤如下：

（1）打开 Access 2016，从“建议的搜索”列表中选择“数据库”选项，显示所有模板数据库，也可按照业务分类搜索模板。

（2）若选择“营销项目”模板，关闭“营销项目主页”后，在左侧导航窗格中选择“所有 Access 对象”选项，可看到自动生成“项目”“供应商”“员工”等 5 个表结构及相应的查询、窗体和报告等。若单击“供应商”选项，可查看其表结构，如图 3.24 所示。

（3）在右侧表中添加数据记录，即可自动完成数据表相应的查询、窗体、报表。

（4）若要增加、删除模板字段，需要单击鼠标右键打开设计视图进行修改，包括字段名称、数据类型、长度属性等。

（5）完成后单击“文件”菜单下的“保存”按钮或按“Ctrl+S”组合键。

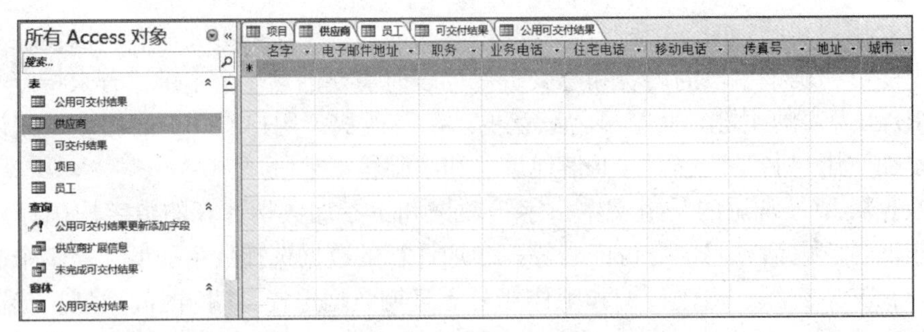

图 3.24　供应商表的结构

3.3.3　使用表设计器创建表

使用表设计器创建表是最常用的方法之一。在设计视图中，用户可以设置个性化需求的字段结构和属性。下面通过案例一详细讲述创建表的方法和步骤：

（1）单击“创建”选项卡，再单击“表设计”选项或工具栏图标，自动打开“表 1”设计视图”，按照供应商表的需求设置字段。在“字段名称”中分别输入“供应商 ID”“生产地”“供应商”和“联系方式”，“数据类型”均选择“短文本”，数据长度按照字段内容的最大长度（每个汉字占 2 个字节，字符和数字占 1 个字节）计算。

（2）该表要与产品表的“供应商 ID”字段建立关系，因此在设计时应设置两个表的属性一致，即“短文本”，长度为 5，如图 3.25 所示。

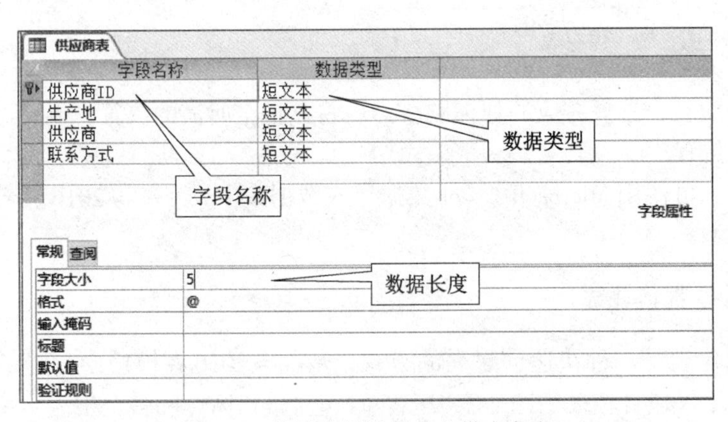

图 3.25　使用表设计器建立供应商表

（3）设置完成后保存该表，单击“文件”菜单下的“保存”按钮或按“Ctrl+S”组合键；也可直接单击“关闭”按钮再进行保存。

（4）若要添加、删除、修改字段，可随时切换到设计视图，在导航窗格中用鼠标右键单击该表，选择“设计视图”选项或选择工具栏上的相应图标，进行“插入行”“删除行”处理或直接修改内容，如图 3.23 所示。

同理按照上述方法创建采购表、销售商表、产品表和供应商表，完成图 3.16 ~ 图 3.20 所示的创建。

本章小结

本章重点讲述了数据库表、关系的建立，包括建立表的数据类型、字段属性，设置主键，设置验证规则，设置输入掩码，添加表达式，建立索引的方法和内容。通过 3 张表格详细说明了属性设置方法，包括数据类型、大小、限定条件、取值范围和格式，并对 OLE 对象字段的数据添加进行了举例说明。

通过案例一的学习，学生应掌握建立数据库表，添加数据及建立关系，设置数据库表的属性、格式、输入掩码，添加主键、索引、表达式及验证规则的操作方法。

考核要点

（1）创建表的方法和步骤；
（2）设置字段属性和格式；
（3）设置表的主键；
（4）查阅向导的规则；
（5）设置索引的方法；
（6）添加输入掩码的方法；
（7）添加不同类型数据的方法；
（8）添加完整性规则的目的和方法；
（9）数据库表关系的种类及建立关系的目的；
（10）建立表间关系的方法。

第 4 章

创建和使用查询

查询就是对数据库中的数据进行查找，形成动态数据集。查询的数据来源是表或已建立的查询，它可以对数据库中的一个或多个表的数据进行浏览、筛选、排序、检索、统计和加工等操作。把建立的查询看作一个临时表或视图，使用时依据查询条件形成符合条件的动态记录集合。查询类型主要有包括选择查询、交叉表查询、参数查询、操作查询和 SQL 查询等。

4.1 选择查询

4.1.1 创建简单选择查询

选择查询是最常见的查询类型，它不仅能对记录进行分组，还可以对记录进行汇总、计数、求平均值及求和计算。选择查询使用户按照指定条件对数据库进行检索，筛选出符合条件的记录，构成一个新的数据集，方便对所需数据进行查看和分析。

案例二 制作条件查询

在这个案例中，重点讲述使用 Access 2016 制作条件查询的过程和方法、分类统计查询的过程，帮助用户掌握 Access 2016 多种查询的使用。

1. 案例说明

图 4.1 和图 4.2 是制作好的条件查询视图。其数据源选择了营销管理数据库的用户表、采购表、销售商表、产品表和供应商表，见第 3 章的案例一。其中图 4.1 所示是查询用户“张三那”用户购买付款大于 35 000 元的产品信息。图 4.2 所示是按销售员销售额降序排列的查询结果。该案例操作过程见 4.1.2 小节。

用户表 查询

用户名	公司	销售	地址	生产地	产品名称	单价	数量	付款
张三那	天津魅力汽车公司	何洪丽	天津和平区	广州	启动马达	8100	9	72900
张三那	北京腾达汽车公司	王学文	北京海淀区上	美国	合金轮毂	5900	6	35400

图 4.1 条件查询结果

该案例的教学目标是学习加入数据源、查询条件、分类汇总、统计的设置方法。

销售商表 查询

销售	付款之合计
何洪丽	544182
王学文	266000
赵新	169900
张宜敏	125500
刘芮征	37100

图 4.2 查询统计结果

2. 知识点分析

（1）生成简单查询、复合查询的方法。

（2）设置查询数据源、查询条件。

（3）设置查询字段。

（4）设置分类汇总查询的方法。

4.1.2　设置查询条件（含表达式、函数）

选择查询是应用最广泛的查询类型，它有“查询向导”和“设计视图”两种方法。

1. 使用向导（案例二操作过程）

（1）单击“创建”→“查询向导”按钮，在打开的对话框中选择“简单查询向导”选项。

（2）从“表 / 查询”下拉列表中选择表，再选择所需字段，分别选定用户表、销售商表、供应商表、产品表和采购表中的部分字段，包括销售公司名、销售员名、地址、生产地、购买的产品名称、单价、数量和付款等，其中“>”表示选定一个字段，“>>”表示选定所有字段，所有选择的字段均放置在“选定字段”框中，如图 4.3 所示。

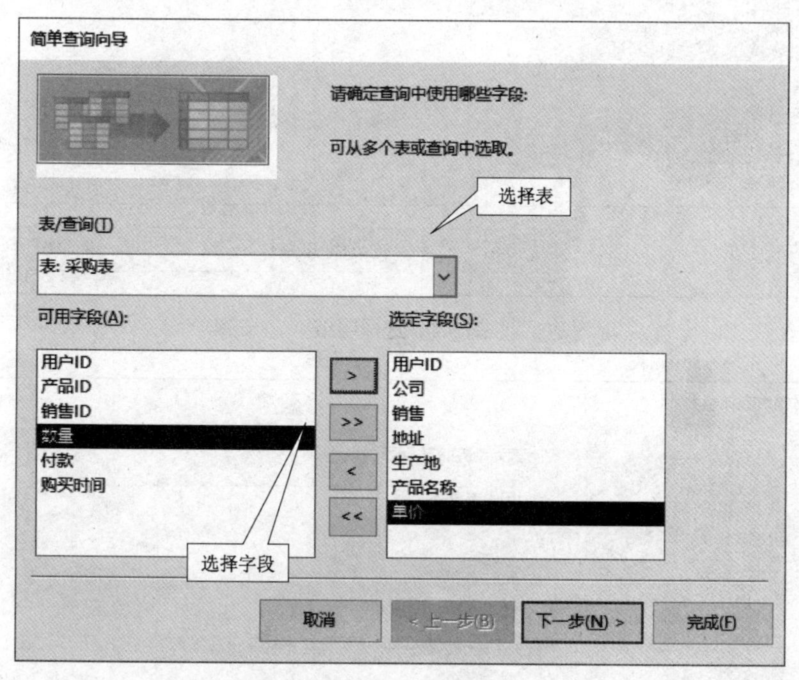

图 4.3　利用查询向导选择查询字段

（3）选定字段后，单击“下一步”按钮，可看到默认选项，如图 4.4 所示。

（4）单击“下一步”按钮，可输入查询标题或使用默认标题，如图 4.5 所示。

（5）单击“完成”按钮后，即可打开选定字段的查询列表。用鼠标右键单击查询标题名打开设计视图，在条件行“用户名”列内添加用户名“张三那”，在“付款”列中输入“>=35000”的查询条件，如图 4.6 所示。

（6）此时可看到图 4.1 所示的查询结果。

（7）按照使用查询向导的方法，添加销售商表和采购表，选择“销售名”和“付款”字段，保存后在导航窗格中单击鼠标右键查询视图名打开设计视图，选择功能区工具栏中的“汇总”选项，打开“汇总选项”对话框，在“总计”行中的“付款”列中选择“合计”命令（还可选择“付款”字段汇总、平均、最大和最小），在“排序”行中选择“降序”命令，单击“确定”按钮，如图 4.7 所示。

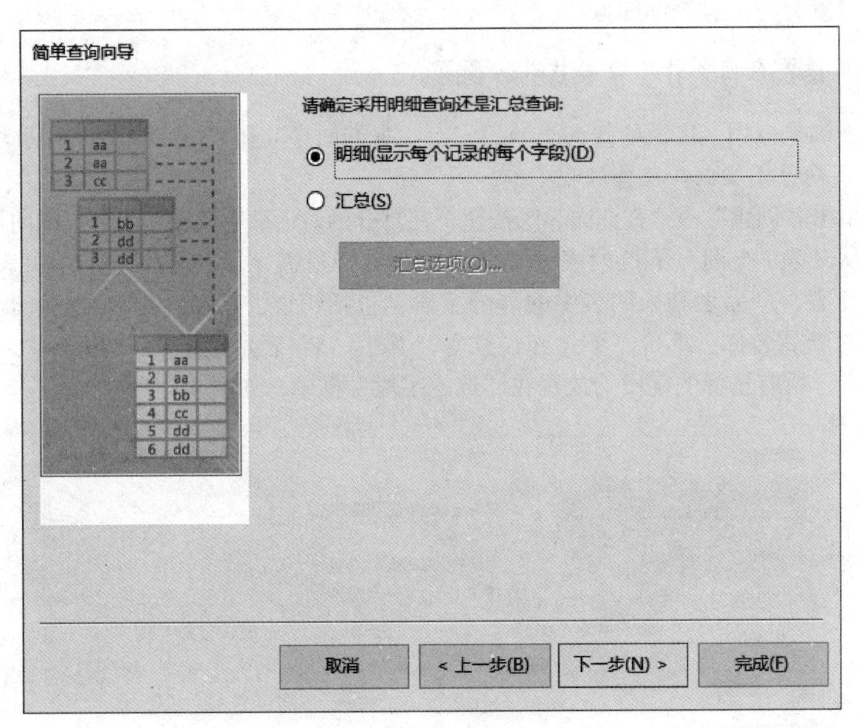

图 4.4　选择明细

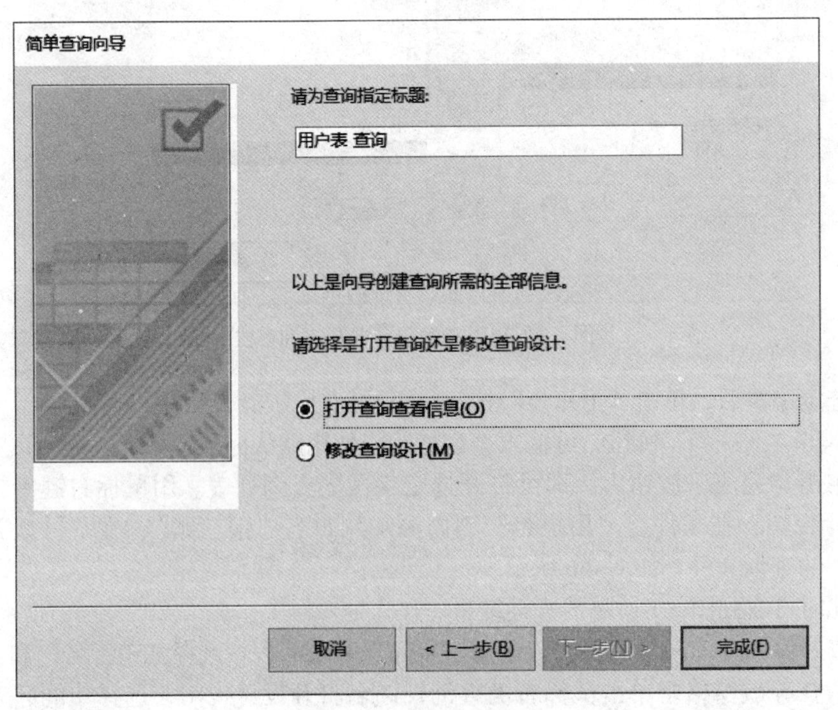

图 4.5　输入查询标题

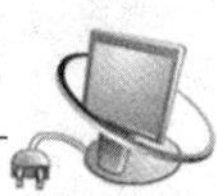

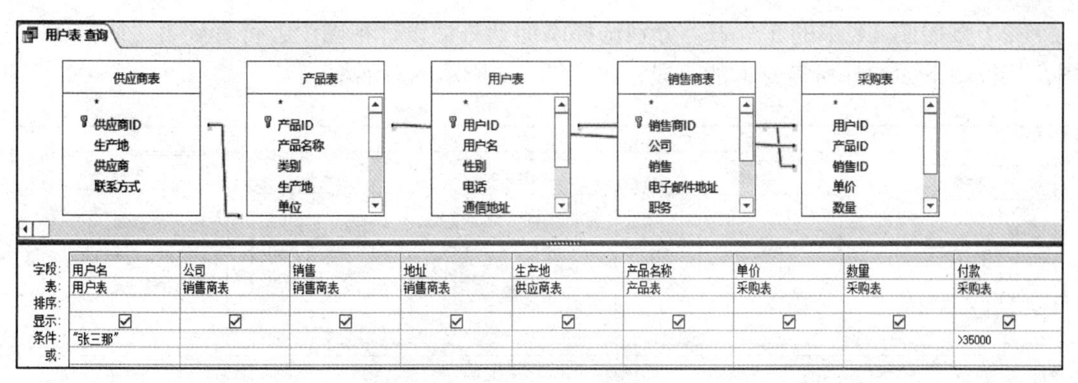

用户表 查询
供应商表
*
供应商ID
生产地
供应商
联系方式
产品表
*
产品ID
产品名称
类别
生产地
单位
用户表
*
用户ID
用户名
性别
电话
通信地址
销售商表
*
销售商ID
公司
销售
电子邮件地址
职务
采购表
*
用户ID
产品ID
销售ID
单价
数量
字段:
表:
排序:
显示:
条件:
或:
用户名
用户表
"张三那"
公司
销售商表
销售
销售商表
地址
销售商表
生产地
供应商表
产品名称
产品表
单价
采购表
数量
采购表
付款
采购表
>35000

图 4.6　输入查询条件

汇总
销售商表 查询
销售商表
*
销售商ID
公司
销售
电子邮件地址
职务
采购表
*
用户ID
产品ID
销售ID
单价
数量
字段:
表:
总计:
排序:
显示:
条件:
或:
销售
销售商表
Group By
付款之合计: 付款
采购表
合计
降序

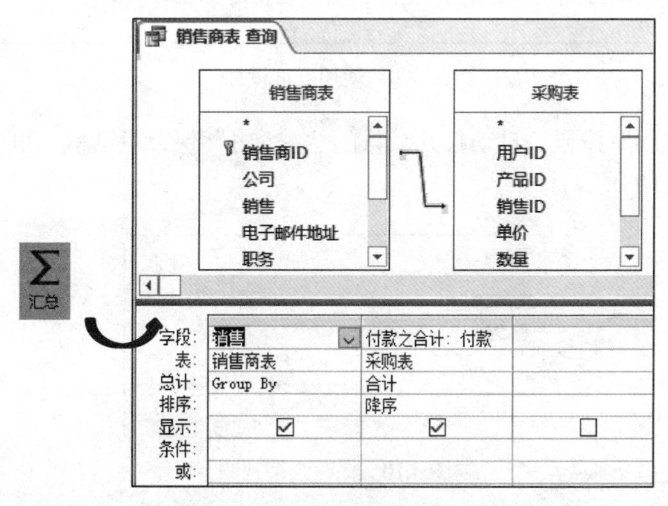

图 4.7　求表中数值字段的平均

此时即完成统计销售员销售业绩的降序排列，如图 4.2 所示。

2. 使用查询设计

直接用查询设计建立新的查询，不仅可快速理解数据库表之间的关系，还能从建立关系的多个表中任意选择字段进行查询，且形成的查询视图可以作为窗体、报表的数据源。

（1）单击“创建”→“查询设计”按钮，在打开的对话框中选定数据源，其数据源可以是表、查询或两者均有，可从打开的“显示表”选项卡中进行选择，如图 4.8 所示。

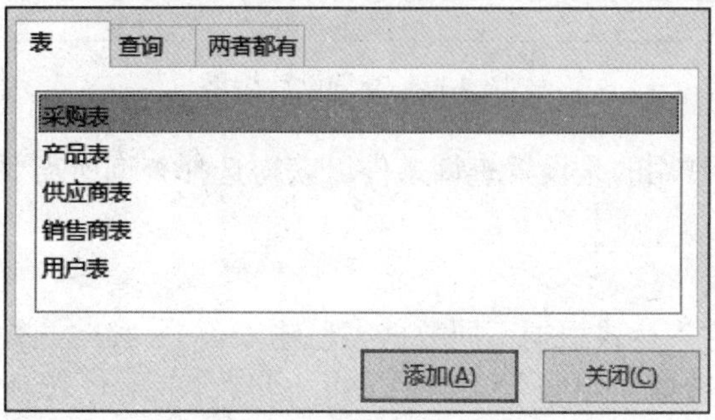

表
查询
两者都有
采购表
产品表
供应商表
销售商表
用户表
添加(A)
关闭(C)

图 4.8　选择查询数据源

（2）按照图 4.8 中的 5 个表，分别选择添加到查询设计视图中，可看到表之间的关系视图，从视图下面选择所需查询的字段，出现图 4.9 所示的对话框。

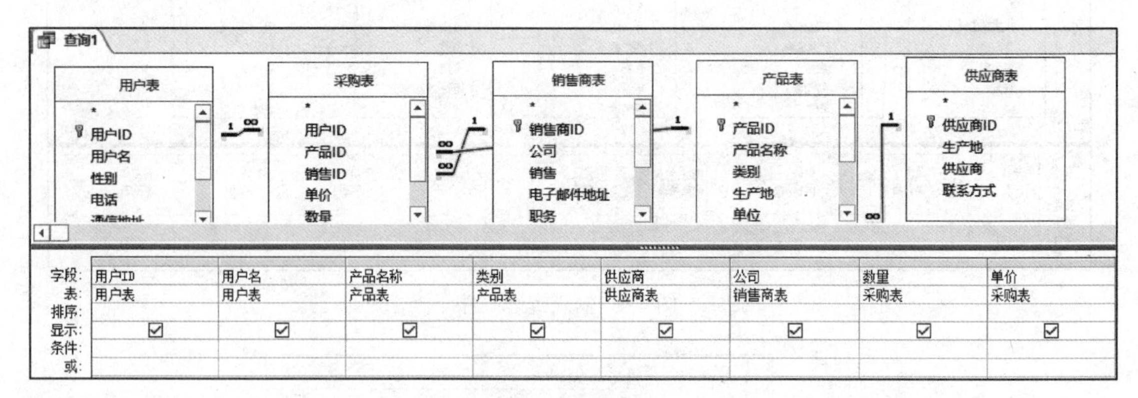

图 4.9　使用查询设计

（3）单击“关闭”按钮，自动打开默认的“查询 1”保存对话框，可修改查询视图名或使用默认，如图 4.10 所示。

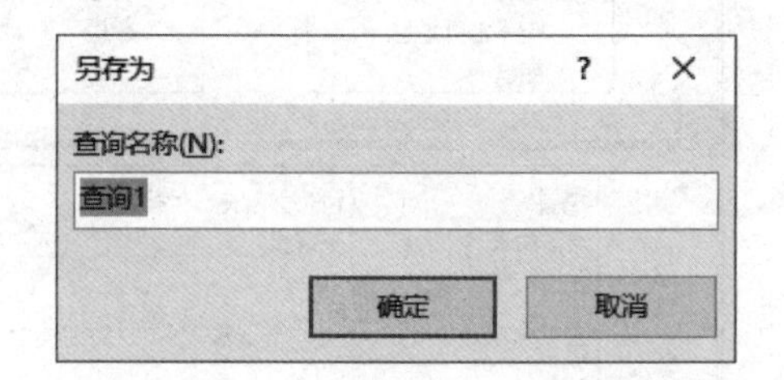

图 4.10　保存查询视图

（4）单击保存的查询视图，显示查询结果如图 4.11 所示。

查询设计

用户ID	用户名	产品名称	类别	供应商	公司	数量	单价
yh00001	王英杰	发动机	油箱	上海博莱特有限公司	北京腾达汽车公司	10	2200
yh00002	张三那	发动机	油箱	上海博莱特有限公司	天津魅力汽车公司	15	2200
yh00005	孙文丽	发动机	油箱	上海博莱特有限公司	北京加达汽车公司	5	2200
yh00006	刘德华	发动机	油箱	上海博莱特有限公司	上海通用汽车公司	3	2200
yh00009	李刚	发动机	油箱	上海博莱特有限公司	北京腾达汽车公司	3	2200
yh00010	黄石康	发动机	油箱	上海博莱特有限公司	北京腾达汽车公司	6	2200
yh00002	张三那	油泵	发动机	广州市运通四方实业有限公司	上海通用汽车公司	2	5000
yh00003	葛根	白金火花塞	火花塞	天津天弘益华轴承商贸有限公司	上海通用汽车公司	20	1000
yh00002	张三那	启动马达	马达	广州市运通四方实业有限公司	天津魅力汽车公司	9	8100

图 4.11　查询设计结果

（5）查询设计中最常用的是设置查询条件以获得选择查询所需要的数据。使用多表数据时，必须建立表间关系。

其中：

① 设置的查询条件表达式根据不同数据类型输入：

数字型：直接输入数值，例如 123，123.45。

短文本型：以双引号括起，例如 " 文理 "。

日期型：常量用符号“#”括起，例如 #2015-4-09#。

是 / 否型：常量 yes 或 true 表示“是”，使用 no 或 false 表示“否”。

② 条件表达式的常用运算符：运算符是组成条件表达式的基本元素。Access 2016 提供了算术运算、比较运算符、逻辑运算符和特殊运算符。

③ 条件表达式的常用函数：函数有数值函数、字符函数、日期 / 时间函数、统计函数和其他函数。例如：查询产品表中生产地为上海、2018 年下半年生产的产品的步骤如下：

a. 单击“创建”→“查询设计”按钮，添加产品表，在“生产地”栏中输入“上海”，在“生产时间”栏中输入“>=#2018-6-30#”，如图 4.12 所示。

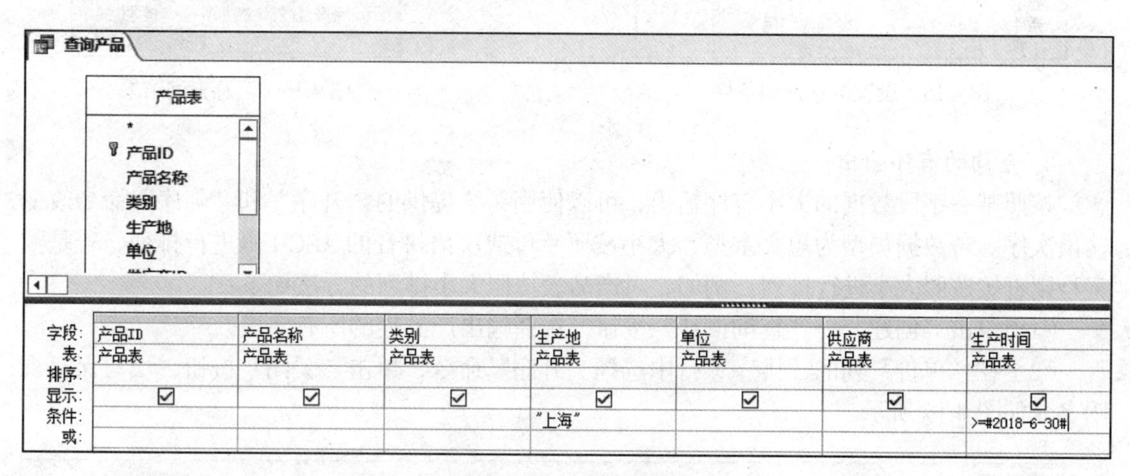

图 4.12　设置日期查询

b. 单击查询视图的结果如图 4.13 所示。

查询产品

产品	产品名称	类别	生产地	单位	供应商	生产时间
s008	驾驶位安全气囊	安全气囊	上海	件	上海博莱特有限公司	2018/12/3
s014	活塞研磨棒	活塞	上海	件	上海博莱特有限公司	2018/12/31

图 4.13　查询结果显示

3. 使用分组汇总设定查询

汇总查询包括“合计”“平均值”“最大值”“最小值”等 12 项内容，单击工具栏中的“汇总”图标即可打开，如图 4.14 所示。

针对用户表，统计男用户的人数，方法如下：

（1）单击“创建”→“查询设计”按钮，添加“用户表”，在查询视图上单击工具栏中的“汇总”按钮，出现“总计”列表。选择统计所需的“用户 ID”“性别字段”。

（2）在“用户 ID”下方“总计”列表中选择“计数”，在“性别”下方的“条件”列表中输入“男”，如图 4.15 所示。

（3）单击“关闭”按钮，利用默认“查询 1”保存。在导航窗格中双击视图名可看到查询结果，如图 4.16 所示。

图 4.14　汇总查询

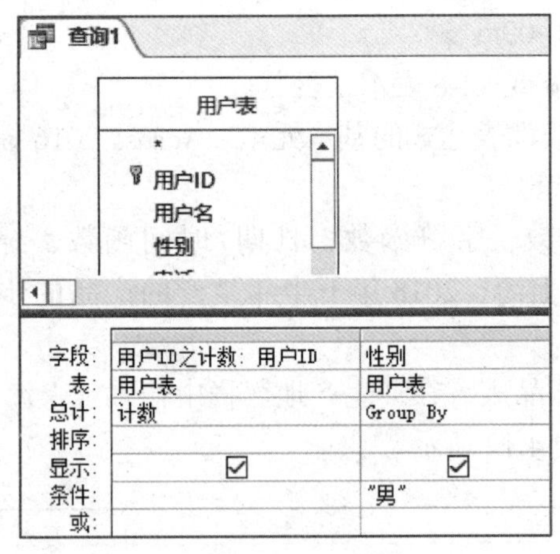

图 4.15　设置汇总查询条件

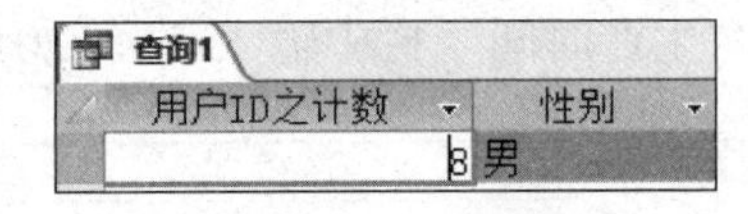

图 4.16　汇总查询结果

4. 查询的有序输出

按照某一字段数据的大小有序输出，可以使用系统提供的“升序”和“降序”命令改变输出次序。若数据类型为短文本型，大小按照字母或汉语拼音的 ASCII 码进行排列，若是数字型则直接按照大小进行排列。例如，对产品表按照大小排列的方法如下：

（1）单击“创建”→“查询设计”按钮，选择输出产品表的所有字段。

（2）在“单价”列的“排序”行中选择“升序”命令，单击“关闭”按钮，填写保存视图名，如图 4.17 所示。

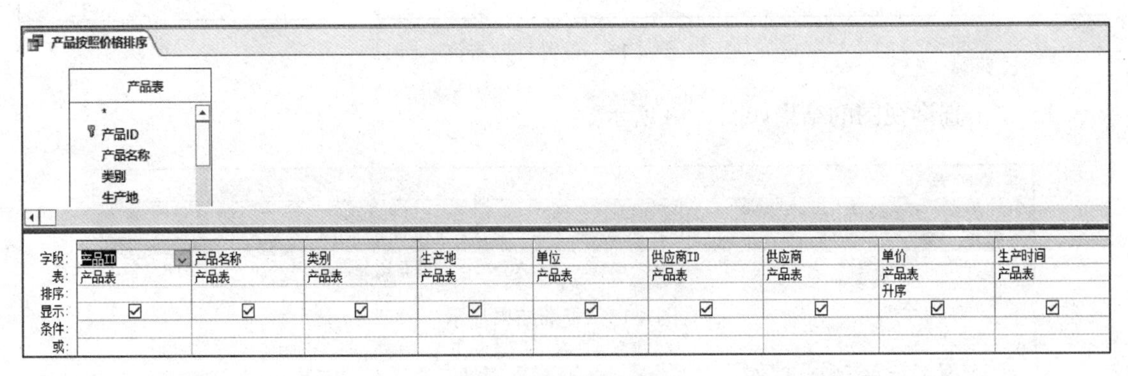

图 4.17　设置升序排列

（3）双击导航窗格的查询视图名，可看到单价按照从大到小输出，如图 4.18 所示。

产品按照价格排序

产品	产品名称	类别	生产地	单位	供应商ID	供应商	单价	生产时间
s009	左小转向灯	转向灯	大连	件	ps006	大连井上机械有限公司	300	2018/6/12
s011	三点式安全带	安全带	广州	件	ps002	广州市运通四方实业有限公司	400	2018/7/3
s014	活塞研磨棒	活塞	上海	件	ps001	上海博莱特有限公司	500	2018/12/31
s010	前风挡汽车玻璃	汽车玻璃	德国	件	ps007	伟福士国际有限公司	600	2018/3/22
s015	轮胎	轮胎	天津	件	ps003	天津天弘益华轴承商贸有限公司	800	2018/7/21
s004	大孔离合器	离合器	美国	件	ps004	纽泰克气动有限公司	800	2018/3/22
s003	白金火花塞	火花塞	天津	件	ps003	天津天弘益华轴承商贸有限公司	1000	2018/4/12

图 4.18　降序排列结果

4.2　高级选择查询

高级选择查询包括交叉表查询、参数查询和操作查询，其中操作查询包括生成表、更新、追加和删除查询四种，其目的是通过查询操纵数据库。选择查询与操作查询的区别是：选择查询可直接显示查询结果，而操作查询不直接显示查询结果，只有打开操作的目的表（更新、追加、删除、生成的表），才能看到操作查询的结果。

4.2.1　创建高级选择查询

案例三　高级选择查询

在这个案例中，重点讲述使用 Access 2016 制作交叉查询、参数查询和操作查询的方法和步骤，帮助用户掌握 Access 2016 高级选择查询的使用。

1. 案例说明

图 4.19 ~ 图 4.21 分别是制作好的交叉表查询视图、参数查询视图和操作查询视图。其数据源为营销管理系统的表。其中：图 4.19 所示交叉表查询的目的是按不同销售员、不同性别统计购买商品的数量；图 4.20 所示参数查询能够按销售员的姓名，查询销售员的销售情况；图 4.21 所示操作查询是按照择分数大于等于 80 分的学生生成的新表。该案例操作见 4.2.2 和 4.2.3 小节。

用户采购销售查询_交叉表

销售	总计 付款	男	女
何洪丽	4	2	2
刘芮征	3	2	1
王学文	5	4	1
张宜敏	8	6	2
赵新	4	4	

图 4.19　交叉表查询视图

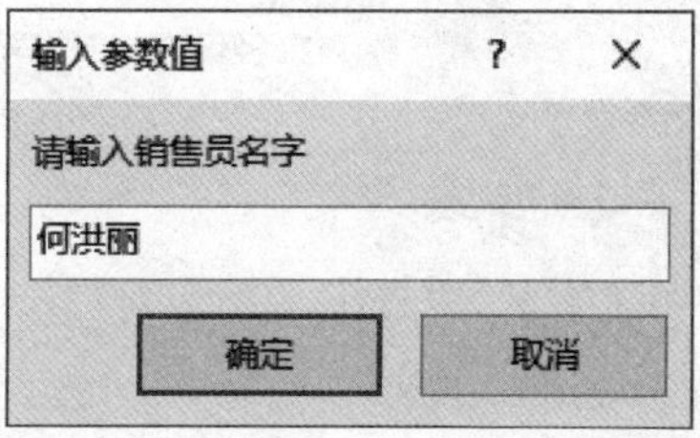

输入参数值　?　×

请输入销售员名字

何洪丽

确定　取消

销售用户

用户名	性别	公司	销售	产品名称	数量	购买时间
葛根	男	天津魅力汽车公司	何洪丽	轮胎	42	
张三那	女	天津魅力汽车公司	何洪丽	发动机	15	2019/1/10
张三那	女	天津魅力汽车公司	何洪丽	启动马达	9	2019/1/13
黄石康	男	天津魅力汽车公司	何洪丽	启动马达	54	2018/9/16

图 4.20　参数查询视图

2019年发动机销售情况

用户名	公司	销售	地址	生产地	产品名称	数量	购买时间
王英杰	北京腾达汽车	王学文	北京海淀区上	上海	发动机	10	2019/1/10
张三那	天津魅力汽车	何洪丽	天津和平区	上海	发动机	15	2019/1/10
孙文丽	北京加达汽车	刘芮征	北京丰台区	上海	发动机	5	2019/3/15
刘德华	上海通用汽车	张宜敏	上海虹桥区	上海	发动机	3	2019/2/25

图 4.21　操作查询视图

2. 知识点分析

（1）查询条件的添加方法。

（2）交叉表查询行、列及计算字段的添加方法。

（3）设置参数查询的方法。

（4）设置操作查询的步骤。

（5）查看操作查询的结果。

（6）高级查询的应用。

4.2.2　交叉表查询

交叉表查询是结构化查询的一种，它将数据表通过字段的内容进行归类，形成行、列，重新组成新的表。交叉表类似 Excel 中的数据透视表，可显示表中某个字段的汇总值，包括总和、计数和平均等。交叉表查询是显示多个表的数据，包括某个字段的总计和（合计、计数及平均），它将一个字段作为行标题，另一个字段作为列标题，还有一个字段作为计算字段。创建方法有“查询向导”和“设计视图”两种。一般先使用查询向导创建，再使用设计视图进行修改。案例三中创建交叉查询的步骤如下：

（1）单击“创建”→“查询向导”按钮，在打开的对话框中选择“交叉表查询向导”选项，然后单击“确定”按钮，如图 4.22 所示。

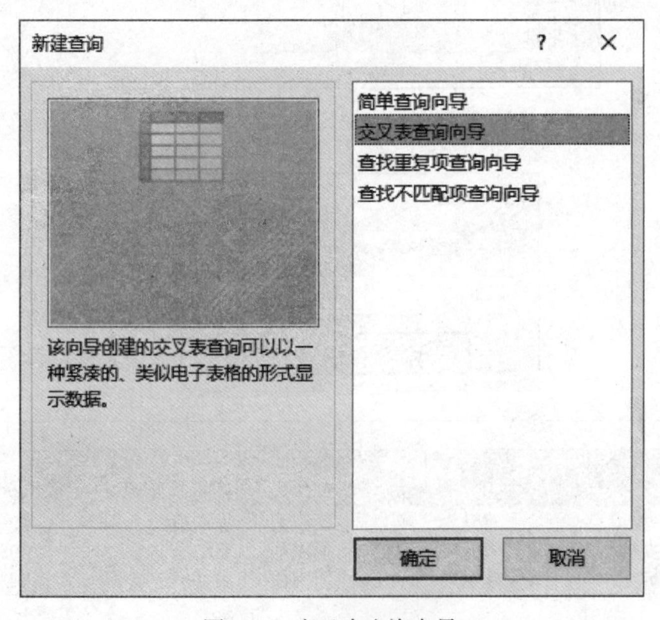

图 4.22　交叉表查询向导

（2）在“交叉表查询向导”对话框中选择数据源为“查询”，单击“确定”按钮，如图 4.23 所示。

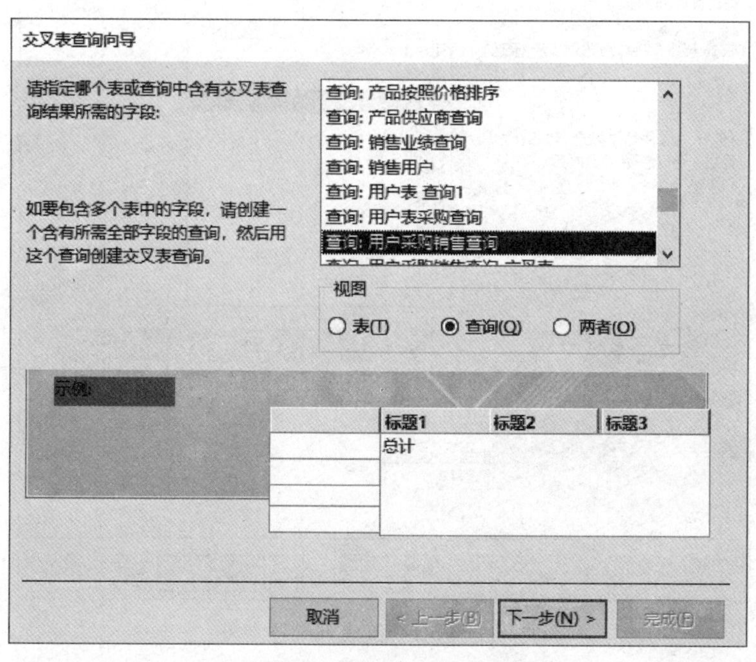

图 4.23　选择交叉查询数据源

（3）单击“下一步”按钮，选择“销售”字段作为行标题（交叉查询的行标题不能超过 3 个字段），则可看到图 4.24 所示的对话框。

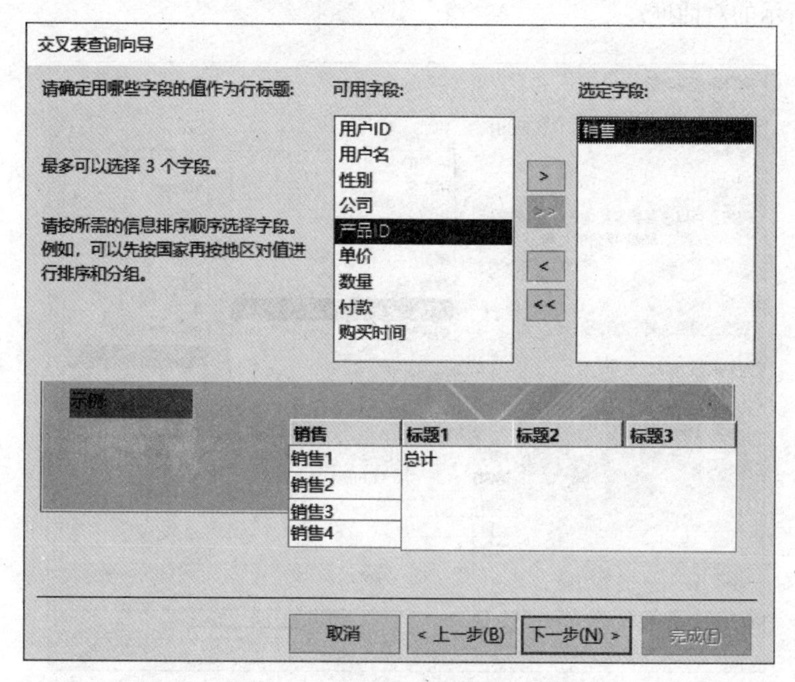

图 4.24　选择交叉表行标题字段

（4）单击“下一步”按钮，把“性别”字段作为列标题，可看到图 4.25 所示的对话框。

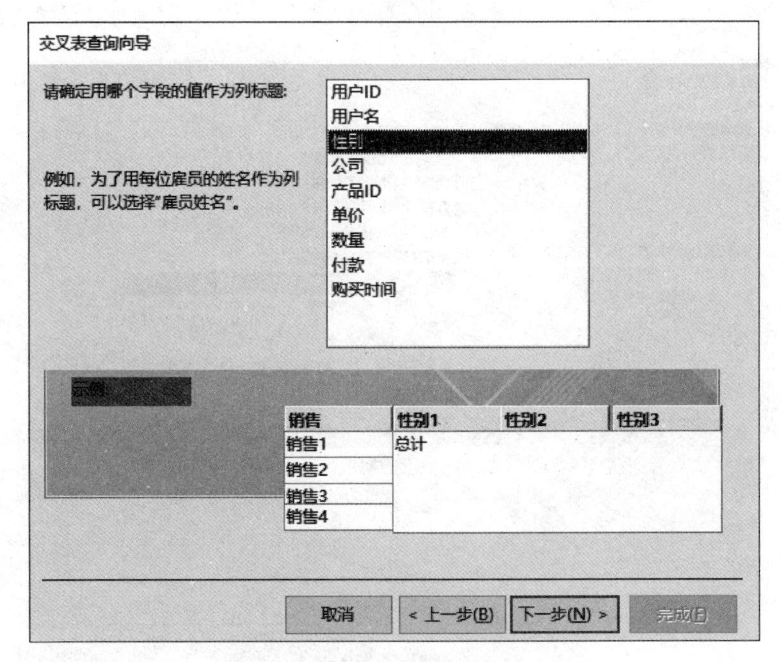

图 4.25 选择交叉表列标题字段

（5）单击“下一步”按钮，把“付款”字段作为交叉计算字段，在“函数”列表框中选择“计数”选项。当在设计视图中生成交叉表查询时，使用设计网格中的“总计”和“交叉表”行指定字段值的列标题、行标题及用于计算总计、平均、计数或其他计算的字段值，可看到图 4.26 所示的对话框。

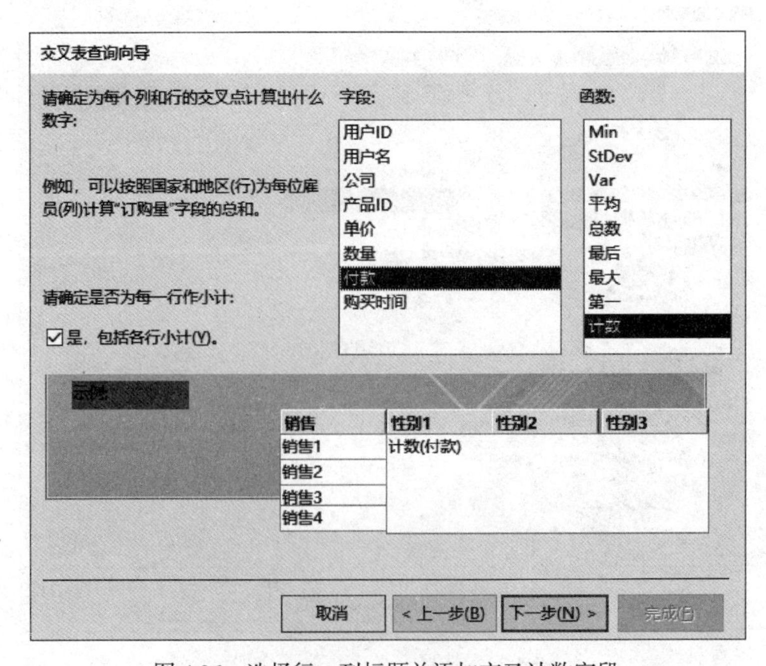

图 4.26 选择行、列标题并添加交叉计数字段

（6）单击“下一步”按钮，添加视图名保存并退出，其查询结果如图 4.19 所示。

4.2.3　参数查询

参数查询也属于条件查询，不同的是条件是在创建查询时输入的，而参数是在打开查询时输入的，这种查询更加灵活。在运行参数查询时，系统显示对话框，要求输入数据，然后将输入的数据插入指定条件的网格。使用这种查询，可以在不打开查询设计的情况下，重复使用相同的查询结构并进行修改。参数查询的创建方法与选择查询基本相同，在查询字段“条件”中输入需要查询的参数即可。

图 4.20 所示参数查询的创建方法如下：

（1）单击“创建”→“查询设计”按钮，添加用户表、采购表和销售表的选择查询作为数据源，输出“用户名”“性别”“公司”“销售”“产品名称”“数量”和“购买时间”字段。

（2）在“销售”字段下的“条件”中输入“[请输入销售员名字]”，如图 4.27 所示。

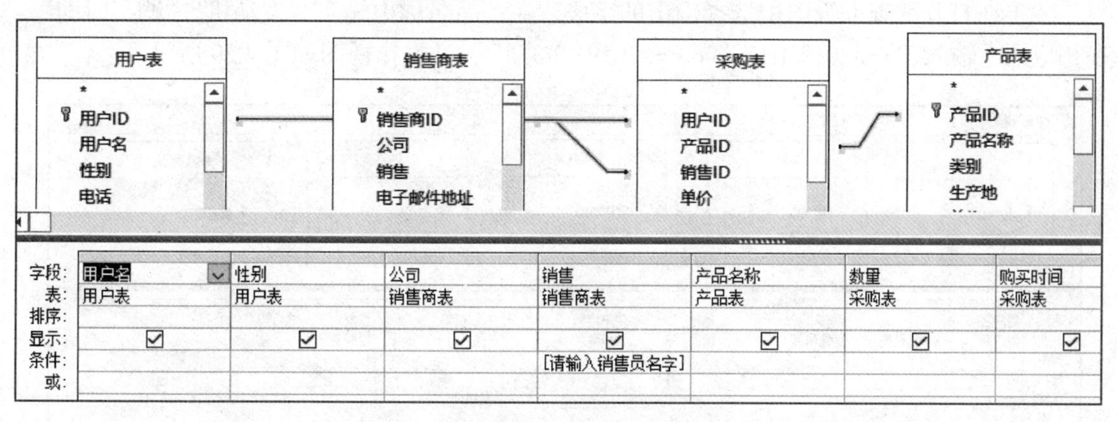

图 4.27　创建参数查询

（3）单击“关闭”按钮，保存的视图名为“按销售查询”，查询结果如图 4.20 所示。

4.2.4　操作查询

1. 什么是操作查询

条件查询都是根据特定的查询条件，从数据源中产生符合条件的动态数据集，本身并没有改变表中原有的数据，它们仅能查询数据，而不能修改数据库表的值。操作查询是在选择查询的基础上对数据源中的数据进行追加、删除、更新，并可根据查询条件创建新表，它不仅同时具备选择查询、参数查询的特性，且突出了对数据库表的操作。使用操作查询应注意：

（1）操作查询将改变表中的数据，在执行操作查询前应备份数据；

（2）操作查询的种类有生成表查询、删除查询、更新查询和追加查询 4 种，在加入了查询条件后，分别单击相应按钮，再单击“运行”按钮才能完成对表的修改操作。

（3）单击“创建”→“查询设计”按钮，即可在工具栏上看到操作查询按钮，如图 4.28 所示。

图 4.28 操作查询按钮

其中：

①生成表查询是根据一个或多个表的全部数据或部分数据创建新表，运行生成表查询即可生成一个新表。

②追加查询是从一个或多个表中将符合条件的记录添加到一个或多个表的尾部。

③删除查询是从一个或多个表中删除一组符合条件的记录。

④更新查询是对一个或多个表中符合条件的一组记录作更新。

2. 创建生成表查询

如果经常需要从多个表中提取数据，可以采用建立查询的方法，但最好的方法是使用生成表查询，它可以从多个表提取数据生成一个新表永久保存。创建生成表查询的方法与选择查询相似。查询用户表中在 2019 年购买发动机的用户情况，并将该信息生成一个新表的步骤如下：

（1）单击“创建”→“查询设计”按钮，在打开的对话框中选择“用户表”“采购表”“销售表”“产品表”和“供应商表”。

（2）在打开的查询视图中选择输出的字段，在产品名称中输入“发动机”“购买时间”，在相应列上输入“>=#2019/1/1# And <=#2019/12/31#”，其操作视图如图 4.29 所示。

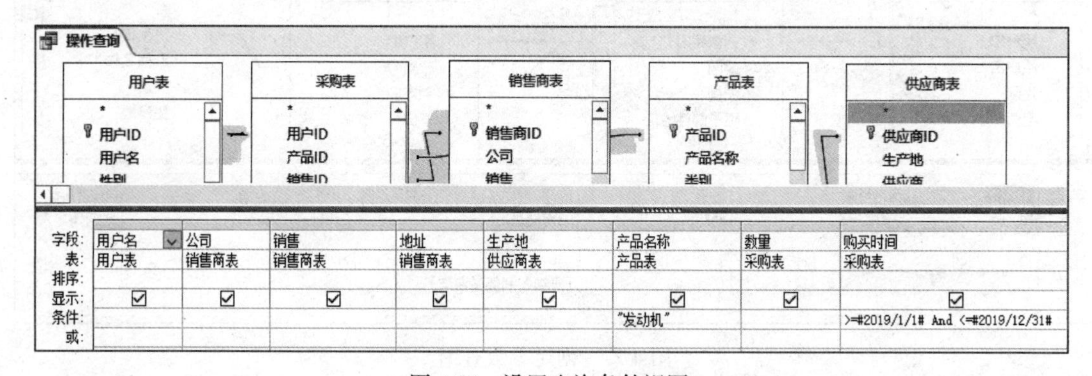

图 4.29 设置查询条件视图

（3）单击“生成表”按钮，填写表名称“2019 年发动机销售情况”，则保存生成表如图 4.30 所示。

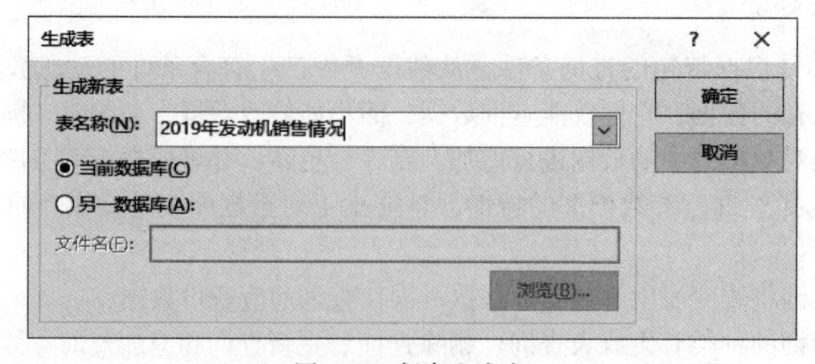

图 4.30 保存生成表

（4）单击“确定”按钮，再单击图 4.28 中的“运行”按钮，弹出图 4.31 所示的对话框。

（5）单击“是”按钮，再单击“关闭”按钮以保存该生成表查询视图。此时，在导航窗格中增加了名为“2019 年发动机销售情况”的表。双击该表的结果如图 4.21 所示。

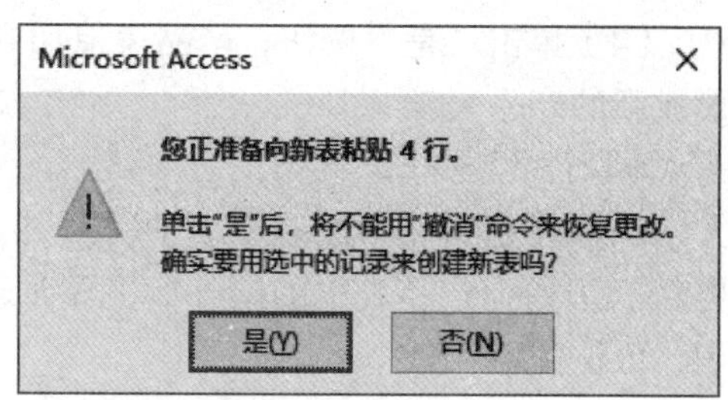

图 4.31　形成查询生成表

3. 追加查询

追加查询可将一组记录从一个源表（或查询）添加到另一个目标表中。通常，源表和目标表位于同一数据库中，也可以将其他数据库中的数据追加到当前数据库表中，但追加的表字段必须与当前表中字段匹配，若将文本追加到数值字段将不能成功操作。一旦追加到表中，结果无法撤销，因此应小心操作。

追加查询常用于两个字段相同的表，例如有两个产品表——产品表和产品表 2，如图 4.32 所示。

产品表

产品	产品名称	类别	生产地	单位	供应商ID	供应商	单价	生产时间
s001	发动机	发动机	上海	件	ps001	上海博莱特有限公司	5200	2018/3/22
s002	油泵	油箱	广州	件	ps002	广州市运通四方实业有限公司	2000	2018/3/3
s003	白金火花塞	火花塞	天津	件	ps003	天津天弘益华轴承商贸有限公司	1000	2018/4/12
s004	大孔离合器	离合器	美国	件	ps004	纽泰克气动有限公司	800	2018/3/22
s005	启动马达	马达	广州	件	ps002	广州市运通四方实业有限公司	8100	2018/5/13

产品表2

产品	产品名称	类别	生产地	单位	供应商ID	供应商	单价	生产时间
s0016	发动机	发动机	长春	件	ps0016	长春第一机床厂	5000	2019/6/21
s0020	油泵	油箱	长春	件	ps0020	长春第一机床厂	2000	2019/5/13

图 4.32　产品表和产品表 2

将产品表追加到产品表 2 后面，创建过程：

（1）单击“创建”→“查询设计”按钮，在打开的对话框中选择“产品表”，在下面的字段中选择“产品表.*”。

（2）单击工具栏中的“追加”按钮，在“表名称”文本框中输入“产品表 2”或从下拉列表中选择“产品表 2”，如图 4.33 所示。

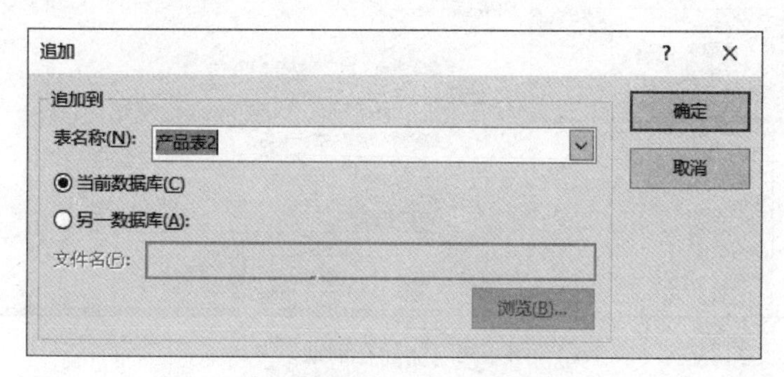

图 4.33　输入追加查询数据

（3）单击“确定”按钮，再单击工具栏中的“运行”按钮，此时弹出追加数据记录个数对话框，如图 4.34 所示。

（4）单击“是”按钮，产品表追加到产品表 2 后面，形成新的产品表 2。

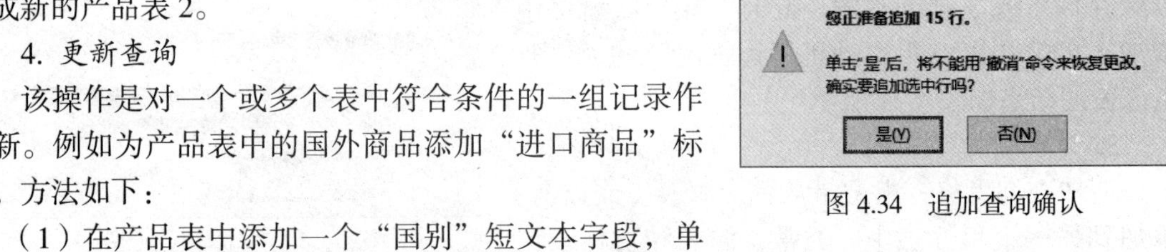

图 4.34　追加查询确认

4. 更新查询

该操作是对一个或多个表中符合条件的一组记录作更新。例如为产品表中的国外商品添加“进口商品”标识，方法如下：

（1）在产品表中添加一个“国别”短文本字段，单击“创建”→“查询设计”按钮，添加产品表，选择“生产地”和“国别”字段，再单击工具栏中的“更新”按钮，添加更新条件“Like" 美国 *"Or Like" 日本 *"Or Like" 德国 *"”，输入“进口商品”，然后单击“运行”按钮，如图 4.35 所示。

字段:	生产地	国别
表:	产品表	产品表
更新到:		"进口商品"
条件:	Like "美国*" Or Like "日本*" Or Like "德国*"	
或:		

图 4.35　更新表数据

（2）单击“是”按钮，再打开更新的产品表，可观察更新结果。

说明：更新查询数据源必须是一个表或在一个表上建立的查询，而不能为多表查询。

5. 删除查询

删除查询是从一个或多个表中删除一组符合条件的记录。此过程将从表中删除整行或者可以一次删除大量记录。

例如，在产品表中删除“进口商品”记录的方法如下：

（1）单击“创建”→“查询设计”按钮，添加产品表。在“国别”字段中加入删除条件“进口商品”，若删除表中所有记录，则不需要添加删除条件。

（2）单击工具栏中的“删除”按钮，再单击“运行”按钮，如图 4.36 所示。

（3）在导航窗格中双击删除的表，即可看到删除记录的情况。

图 4.36　删除查询结果

4.3　SQL 查询

结构化查询语言（Structured Query Language，SQL）是数据库系统中常用的查询语言，它包括数据定义、查询、操纵和控制 4 种功能。SQL 查询是使用一些特定语句实现的查询，系统中查询向导和查询设计的实质是用 SQL 语句编写的命令，它可实现传递查询、数据定义查询和联合查询。

4.3.1　SQL 的基本规则与查询语句格式

1. SQL 的基本规则

（1）SQL 可用于定义、查询、更新、管理关系数据库系统。

（2）SQL 是一种非过程语言，易学易用，语句由近似自然语言的英语单词组成。

（3）SQL 语言不涉及数据库内部细节，通用性好。

（4）SQL 不能设计出与用户交互的图形界面，需用窗体或报表设计界面，通过对象事件添加或者在查询设计器中嵌入 SQL 命令。

（5）SQL 命令的所有子句既可以写在同一行上，也可以分行书写；大、小写字母的含义相同；命令用分号“；”结束（也可以不写）。

2. SQL 的查询语句格式

```
SELECT ALL/DISTINCT 字段 1 AS 新字段名 1，字段 2 AS 新字段名 2...
  [INTO 新表名 ]
FROM 表或视图 ( 多个用逗号分隔 )
 [WHERE < 条件表达式 >]
        [GROUP BY < 分组表达式 > ]
          [HAVING < 条件表达式 > ]
             [ORDER BY　字段列表 [ASC|DESC ] ]
```

其中：

（1）DISTINCT：表示输出无重复记录，即计算时取消指定列中重复的值。

（2）ALL：计算所有的值。

（3）AS：表示要重命名的字段名。

（4）FROM：添加数据源（表或查询视图），若有多个数据源，用逗号隔开。

（5）WHERE：添加条件语句。AND 为“与”条件，OR 为“或”条件。

（6）ORDER BY：按照字段名排序，若有多个字段，用逗号隔开，按照先后顺序排序。ASC 为升序，DESC 为降序，缺省为升序。

说明：仅 FROM 是必选项，其他均为可选项。若要显示数据表中的所有字段，使用下面的语句：

```
SELECT * FROM 数据表名
```

4.3.2 创建 SQL 查询

1. 创建 SQL 查询的步骤

（1）单击“创建”→“查询设计”按钮，并关闭弹出的“显示表”对话框，此时可以单击“关闭”按钮，再选择“查询”菜单中的“SQL 视图”命令，如图 4.37 所示。

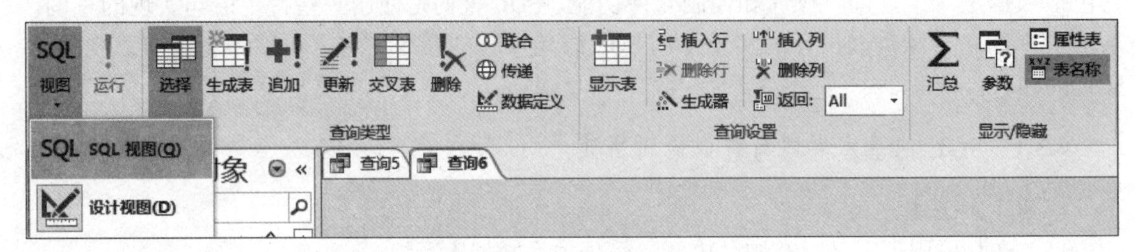

图 4.37　创建 SQL 语句

（2）在弹出的“SQL 视图”编辑器框中输入 SQL 语句，再单击工具栏中的运行按钮即可执行。

2. 简单 SQL 语句

例如：使用 SQL 语句查询用户表的部分数据，如图 4.38 所示。

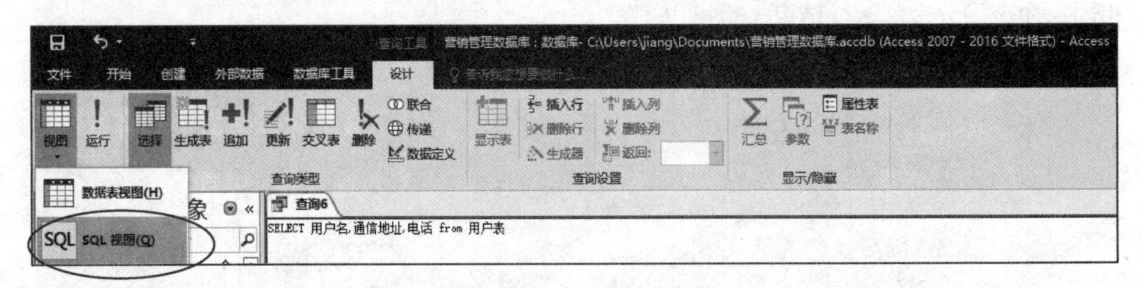

图 4.38　简单 SQL 语句的使用

单击工具栏中的“运行”按钮，查询结果如图 4.39 所示。

查询6

用户名	通信地址	电话
王英杰	北京西城绒线胡同	010-6888324
张三那	上海友谊路18号	021-5432423
葛根	山西太原建设路A309	13692342344
王宝文	唐山建设大街薏米路12号	13534234234
孙文丽	河北保定阳光大街1号	18603434121
刘德华	北京海淀区老虎洞胡同34号	13334536098
周润德	天津河西区乾得利大街	13112324763

图 4.39　SQL 语句查询结果

例 4.1　查询产品表中的所有记录集。

SQL 语句为：

```
SELECT * FROM 产品表
```

说明：

（1）“*”表示查询所有字段，若选择部分字段，字段名之间用逗号“,”隔开。

（2）数据源表或查询必须在当前数据库中存在。

（3）当数据源表中的数据更新时，查询的执行结果也自动更新。

3. 限定记录集筛选条件

在 SELECT 语句的各子句中，WHERE 子句使用频率最高。该子句指明查询的条件。在 WHERE 子句中可使用各种关系（比较）运算符表示筛选记录的条件，生成记录集，如图 4.40 所示。

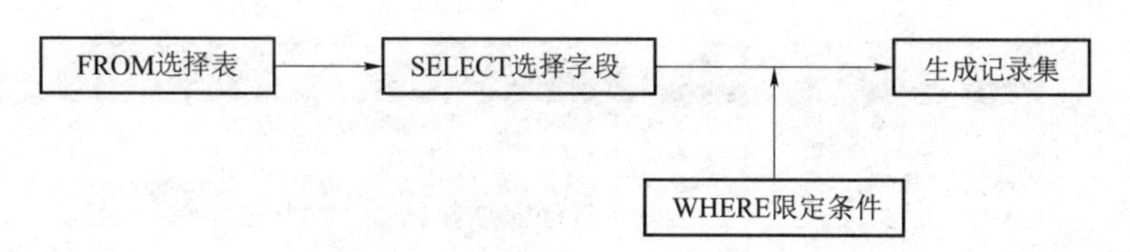

图 4.40　生成记录集的过程

例 4.2　查询产品表中所有在上海生产的产品记录集。

SQL 语句为：

```
SELECT * FROM 产品表 WHERE 生产地 = “上海”
```

例 4.3　获取产品表中在上海生产的、单价在 2 000 元以上的产品的名称、生产地、供应商和单价。

SQL 语句为：

```
SELECT 产品名称 , 生产地 , 供应商 , 单价 FROM 产品表
WHERE 生产地 =" 上海 " AND 单价 >=2000;
```

查询结果如图 4.41 所示。

产品名称	生产地	供应商	单价
发动机	上海	上海博莱特有限公司	5200
驾驶位安全气囊	上海	上海博莱特有限公司	2100

图 4.41　例 4.3 的查询结果

例 4.4　查找用户表中所有姓王的男性记录。

SQL 语句为：

```
SELECT *FROM 用户表 WHERE 用户名 LIKE " 王 *" AND 性别 =" 男 "
```

查询结果如图 4.42 所示。

用户ID	用户名	性别	电话	通信地址	邮箱
yh00001	王英杰	男	010-6888324	北京西城绒线胡同	wangjie@126.com
yh00004	王宝文	男	13534234234	唐山建设大街薏米路12号	wangbaobao@gmail.com

图 4.42　例 4.4 的查询结果

说明：在 WHERE 子句中使用 LIKE 运算符可实现模糊查询（不能确定查询的具体内容，例如按姓查找）。SQL 语句中 LIKE 运算符的通配符是“%”，可代表任何字符，字符数不限。LIKE 中的“*”表示与任何个数的数字和字母匹配。

例 4.5 查询用户表中 ID 号尾数不为 0 ~ 4 的用户记录集。

SQL 语句为：

```
SELECT  *  FROM 用户表  WHERE 用户 ID  LIKE '*[!0-4]'
```

查询结果如图 4.43 所示。

用户ID	用户名	性别	电话	通信地址	邮箱
yh00005	孙文丽	女	18603434121	河北保定阳光大街1号	sunwen@sina.com
yh00006	刘德华	男	13334536098	北京海淀区老虎洞胡同34号	liuliu@163.com
yh00007	周润德	男	13112324763	天津河西区乾得利大街	32456778@qq.com
yh00008	胡歌	男	13512345671	秦皇岛北戴河区刘庄	4356789800@qq.com
yh00009	李刚	男	12345678910	广州市珠海大道21号	12874332@qq.com

图 4.43　例 4.5 的查询结果

例 4.6 查询产品表中单价为 2 000 ~ 6 000 元的产品。

SQL 语句为：

```
SELECT  * FROM  产品表  WHERE  单价 BETWEEN 2000 AND 6000
```

例 4.7 输出产品表中 2018 年下半年的产品名称、生产地、供应商和生产时间信息。

SQL 语句为：

```
SELECT 产品名称, 生产地, 供应商, 生产时间
FROM 产品表 WHERE 生产时间 >#2018-6-30# and 生产时间 <#2018-12-31#
```

查询结果如图 4.44 所示。

产品名称	生产地	供应商	生产时间
驾驶位安全气囊	上海	上海博莱特有限公司	2018/12/3
三点式安全带	广州	广州市运通四方实业有限公司	2018/7/3
儿童座椅	大连	大连井上机械有限公司	2018/10/2
轮胎	天津	天津天弘益华轴承商贸有限公司	2018/7/21

图 4.44　例 4.7 的查询结果

4. 用 ORDER BY 子句将记录排序输出

ORDER BY 子句可将查询的结果按照一个或多个属性列升序或降序排列。

例 4.8 输出产品表中单价大于 5 000 元的产品的所有记录，并按产品生产时间降序排列。

SQL 语句为：

```
SELECT * FROM 产品表 WHERE 单价 >5000 ORDER BY 生产时间
```

例 4.9 输出产品表中单价最高的前 2 个产品名称。

SQL 语句为：

```
SELECT TOP 2 * FROM 产品表 ORDER BY 单价 DESC
```

例 4.10　在多表形成的查询中，输出 2019 年用户购买情况。

SQL 语句为：

```
SELECT * FROM 用户采购销售查询 WHERE YEAR( 购买时间 )=2019
```

5. SELECT 嵌套查询

嵌套查询就是查询语句条件中还包括查询，也称子查询，子查询可以多层嵌套，系统执行时从内层到外层进行。

例 4.11　查询比销售员赵新销售量还高的销售员信息。

SQL 语句为：

```
SELECT 销售, 付款之合计 FROM 销售业绩查询
```

WHERE 付款之合计 >（SELECT 付款之合计　FROM 销售业绩查询 WHERE 销售 =" 赵新 "）查询结果如图 4.45 所示。

销售	付款之合计
何洪丽	544182
张宜敏	83500

图 4.45　例 4.11 的查询结果

例 4.12　查询和销售员王学文同在一个城市的销售员信息。

```
SELECT * FROM 销售商表
WHERE 城市 =(SELECT 城市 FROM 销售商表 WHERE 销售 =" 王学文 ");
```

6. 基于多记录源的查询

多记录源的查询也称为多表组合查询。该查询要求多个表必须建立关系，即数据库中的表之间必须建立关系。

例 4.13　要求输出销售数据库中所有用户采购及销售商的信息。

SQL 语句为：

```
SELECT 用户名 , 公司 , 销售 , 产品 ID, 数量 FROM 用户表 , 采购表 , 销售商表
```

WHERE 用户表 . 用户 ID= 采购表 . 用户 ID　AND 采购表 . 销售 ID= 销售商表 . 销售商 ID 查询结果如图 4.46 所示。

用户名	公司	销售	产品ID	数量
孙文丽	上海通用汽车公司	张宜敏	s015	32
葛根	天津魅力汽车公司	何洪丽	s015	42
王英杰	北京腾达汽车公司	王学文	s001	10
张三那	上海通用汽车公司	张宜敏	s002	2
葛根	上海通用汽车公司	张宜敏	s003	20
张三那	天津魅力汽车公司	何洪丽	s001	15
张三那	天津魅力汽车公司	何洪丽	s005	9
王宝文	上海通用汽车公司	张宜敏	s008	12
王宝文	北京加达汽车公司	刘芮征	s009	7
孙文丽	北京加达汽车公司	刘芮征	s001	5
刘德华	上海通用汽车公司	张宜敏	s001	3
周润德	上海通用汽车公司	张宜敏	s012	1
胡歌	北京富力汽车公司	赵新	s015	50
李刚	北京腾达汽车公司	王学文	s001	3
李刚	上海通用汽车公司	张宜敏	s008	5
李刚	北京富力汽车公司	赵新	s009	1
黄石康	北京腾达汽车公司	王学文	s001	6
黄石康	天津魅力汽车公司	何洪丽	s005	54
王英杰	北京富力汽车公司	赵新	s015	12

图 4.46　例 4.13 的查询结果

说明：多表查询中若字段名不能在一个表中唯一确定，必须添加表名加以区别。

例 4.14 要求输出销售数据库中所有用户采购“上海通用汽车公司”产品的信息，并按照数量降序排列。

SQL 语句为：

```
SELECT 用户名 , 公司 , 销售 , 产品 ID, 数量 FROM 用户表 , 采购表 , 销售商表
WHERE 用户表 . 用户 ID= 采购表 . 用户 ID  AND 采购表 . 销售 ID= 销售商表 . 销售商 ID AND 公司 =" 上海通用汽车公司 "  ORDER BY 数量 DESC
```

查询结果如图 4.47 所示。

用户名	公司	销售	产品ID	数量
孙文丽	上海通用汽车公司	张宜敏	s015	32
葛根	上海通用汽车公司	张宜敏	s003	20
王宝文	上海通用汽车公司	张宜敏	s008	12
李刚	上海通用汽车公司	张宜敏	s008	5
刘德华	上海通用汽车公司	张宜敏	s001	3
张三那	上海通用汽车公司	张宜敏	s002	2
周润德	上海通用汽车公司	张宜敏	s012	1

图 4.47 例 4.14 的查询结果

例 4.15 要求输出销售数据库中用户李刚采购“上海通用汽车公司”产品的数量信息。

SQL 语句为：

```
SELECT 用户名 , 公司 , 销售 , 产品 ID, 数量 FROM 用户表 , 采购表 , 销售商表
WHERE 用户表 . 用户 ID= 采购表 . 用户 ID  AND 采购表 . 销售 ID= 销售商表 . 销售商 ID AND 公司 =" 上海通用汽车公司 "  AND 用户名 =" 李刚 "
```

查询结果如图 4.48 所示。

用户名	公司	销售	产品ID	数量
李刚	上海通用汽车公司	张宜敏	s008	5

图 4.48 例 4.15 的查询结果

7. 聚集函数的使用

（1）COUNT（DISTINCT/ALL）列名：统计一列中值的个数；

（2）SUM（DISTINCT/ALL）列名：计算一列值的总和；

（3）AVG（DISTINCT/ALL）列名：计算一列值的平均值；

（4）MAX（DISTINCT/ALL）列名：计算一列值的最大值；

（5）MIN（DISTINCT/ALL）列名：计算一列值的最小值。

例 4.16 统计用户购买人数超过 3 人的产品的数量，并按产品数量降序排列。

SQL 语句为：

```
SELECT 产品 ID, COUNT( 用户 ID) AS 购买数量 FROM 采购表 GROUP BY 产品 ID
HAVING COUNT(*)>3 ORDER BY COUNT(*) DESC
```

查询结果如图 4.49 所示。

产品ID	购买数量
s001	6
s015	4

图 4.49 例 4.16 的查询结果

例 4.17　求发动机产品的购买总量。

SQL 语句为：

```
SELECT SUM(数量) AS 发动机购买总量 FROM 采购表,产品表
WHERE 采购表.产品 ID= 产品表.产品 ID AND 产品名称 =" 发动机 "
```

查询结果如图 4.50 所示。

发动机购买总量
42

图 4.50　例 4.17 的查询结果

例 4.18　输出产品表中价格最高和最低的产品。

SQL 语句为：

```
SELECT  MAX（单价）AS 最高价产品, MIN（单价） AS 最低价产品 FROM  产品表
```

查询结果如图 4.51 所示。

最高价产品	最低价产品
8100	300

图 4.51　例 4.18 的查询结果

例 4.19　查询用户王英杰没有买过的商品。

SQL 语句为：

```
SELECT 用户名,产品名称,采购表.单价,数量,生产地,供应商 FROM 用户表,采购表,产品表 WHERE 用户表.用户 ID= 采购表.用户 ID AND 采购表.产品 ID= 产品表.产品 ID AND 用户名 =" 王英杰 "
```

查询结果如图 4.52 所示。

用户名	产品名称	单价	数量	生产地	供应商
王英杰	发动机	2200	10	上海	上海博莱特有限公司
王英杰	轮胎	800	12	天津	天津天弘益华轴承商贸有限公司

图 4.52　例 4.19 的查询结果

8. HAVING<条件表达式>

HAVING 子句必须和 GROUP BY 配合使用，其作用和 WHERE 子句一样，为所需要的组指定约束条件。不同的是：

（1）WHERE<条件表达式>是在 GROUP　BY 分组之前起作用，而 HAVING<条件表达式>是在 GROUP　BY 分组之后起作用，所以在 HAVING<条件表达式>中可以使用聚集函数，WHERE 子句中不能出现聚集函数。

（2）WHERE 子句与 HAVING 子句的区别在于作用对象不同。WHERE 子句作用于基本表或视图，从表中选择满足条件的元组。HAVING 子句作用于 GROUP　BY 分组，从分组中选择满足条件的组。

例 4.20　对采购表中单价大于 5 000 元的产品进行汇总。

SQL 语句为：

```
SELECT 产品 ID, SUM( 单价 ) AS 按照产品汇总 FROM 采购表
GROUP BY 产品 ID HAVING SUM( 单价 )>=5000
```

汇总结果如图 4.53 所示。

产品ID	按照产品汇总
s001	13200
s002	5000
s005	16200
s012	8000

图 4.53　例 4.20 的汇总结果

例 4.21　查询至少有 4 个客户选择的商品。

SQL 语句为：

```
SELECT 产品 ID　FROM 采购表　GROUP BY 产品 ID　HAVING COUNT(*)>=4
```

9. 生成表查询语句

生成表查询是将 SELECT 命令执行的结果形成一个表保存在数据库中。其 SQL 代码是在 SELECT 命令的字段名列表后加上子句 INTO< 新表名 >。

例 4.22　将所有购买发动机的用户 ID、用户名、产品 ID、产品名称、数量、生产地、供应商存入一个新表“用户采购发动机统计”，要求全部信息按数量降序排列。

SQL 语句为：

```
    SELECT 用户表 . 用户 ID, 用户名 , 产品表 . 产品 ID, 产品名称 , 数量 , 生产地 , 供应商
INTO 用户购买产品 FROM　用户表 , 采购表 , 产品表
    WHERE 用户表 . 用户 ID= 采购表 . 用户 ID AND 采购表 . 产品 ID= 产品表 . 产品 ID AND
产品名称 =" 发动机 " ORDER BY 数量 DESC
```

执行结果及生成的新表如图 4.54 所示。

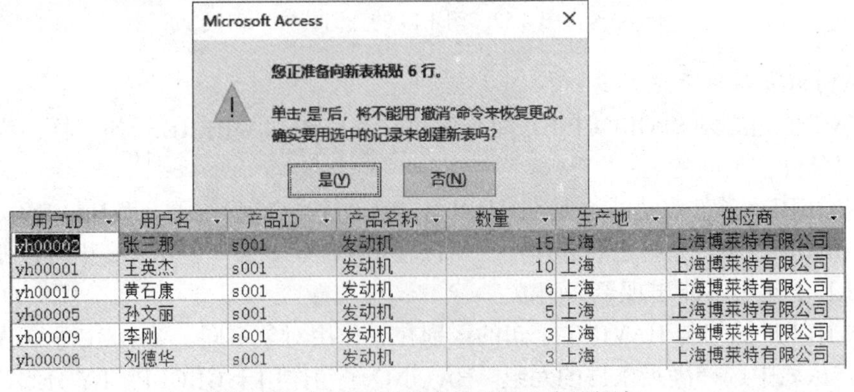

用户ID	用户名	产品ID	产品名称	数量	生产地	供应商
yh00002	张三那	s001	发动机	15	上海	上海博莱特有限公司
yh00001	王英杰	s001	发动机	10	上海	上海博莱特有限公司
yh00010	黄石康	s001	发动机	6	上海	上海博莱特有限公司
yh00005	孙文丽	s001	发动机	5	上海	上海博莱特有限公司
yh00009	李刚	s001	发动机	3	上海	上海博莱特有限公司
yh00006	刘德华	s001	发动机	3	上海	上海博莱特有限公司

图 4.54　例 4.22 的执行结果及生成的新表

10. 追加查询语句

追加查询将表中符合条件的记录添加到另一个表中。

例 4.23　将产品表 2 中所有单价大于 5 000 元的记录追加到已有的产品表中。

SQL 语句为：

```
INSERT INTO 产品表 ( 产品 ID, 产品名称 , 类别 , 生产地 , 供应商 , 单价 , 生产时间 )
SELECT 产品 ID, 产品名称 , 类别 , 生产地 , 供应商 , 单价 , 生产时间 FROM 产品表 2
WHERE 单价 >=5000;
```

说明：该操作相当于在产品表中插入了产品表 2 中单价大于等于 5 000 元的所有记录。

11. 更新查询语句

更新查询根据某种规则批量修改表中的数据。

例 4.24　将产品表中的单价按照涨价 5% 进行更新。

SQL 语句为：

```
UPDATE 产品表 SET 单价 = 单价 *1.05
```

例 4.25　在产品表中添加一个名为“国别”的短文本字段，在表中生产地在国内的产品的“国别”字段中填入“国产商品”，对生产地在美国、日本、德国的产品加入“进口商品”标识。

SQL 语句为：

```
UPDATE 产品表　SET 国别 =" 国产商品 "　WHERE 生产地 NOT LIKE " 美国 " OR 生产地 NOT LiKE " 日本 *" OR 生产地 NOT LIKE " 德国 *"
UPDATE 产品表 SET 国别 =" 进口商品 "　WHERE 生产地 LIKE " 美国 *" OR 生产地 LIKE " 日本 *" OR 生产地 LIKE " 德国 *"
```

例 4.25 的更新结果如图 4.55 所示。

产品ID	产品名称	类别	生产地	单位	供应商ID	供应商	单价	生产时间	产品展示	国别
s001	发动机	发动机	上海	件	psC01	上海博莱特有限公司	5200	2018/3/22	itmap Image	国产商品
s0016	发动机	发动机	长春	件	ps0016	长春第一机床厂	5000	2019/6/21	itmap Image	国产商品
s002	油泵	油箱	广州	件	ps002	广州市运通四方实业有限公	2000	2018/3/3	itmap Image	国产商品
s0020	油泵	油箱	长春	件	ps0020	长春第一机床厂	2000	2019/5/13	itmap Image	国产商品
s003	白金火花塞	火花塞	天津	件	ps003	天津天弘益华轴承商贸有阝	1000	2018/4/12	itmap Image	国产商品
s004	大孔离合器	离合器	美国	件	ps004	纽泰克气动有限公司	800	2018/3/22	itmap Image	进口商品
s005	启动马达	马达	广州	件	ps002	广州市运通四方实业有限公	8100	2018/5/13	itmap Image	国产商品
s006	合金轮毂	轮毂	美国	件	ps004	纽泰克气动有限公司	5900	2018/3/22	itmap Image	进口商品
s007	车载GPS	GPS	日本	件	ps005	福岛电子器件有限公司	3000	2018/3/22	itmap Image	进口商品

图 4.55　例 4.25 的更新结果

12. 删除查询语句

删除查询按规则一次删除表中所有符合条件的记录或所有记录。

例 4.26　将产品表中的进口商品记录删除。

SQL 语句为：

```
DELETE　FROM 产品表　WHERE 国别 =" 进口商品 "
```

本章小结

本章重点讲述了 Access 2016 的查询方式，包括选择查询、交叉表查询、参数查询、操作查询和 SQL 查询。前两节通过两个案例分别讲述了选择查询和高级选择查询的基本操作步骤及不同查询的输出。最后一节 SQL 查询中列举了 26 个小例程说明了查询语句 SELECT 的用法，包括简单查询、条件查询、嵌套查询、多条件查询、操作查询及聚合函数的使用方法。学生不仅能掌握 Access 2016 的基本查询功能，还能掌握不同查询的操作步骤及 SQL 语句的用法。

考核要点

（1）Access 2016 的主要查询方式；
（2）选择查询的内容；
（3）参数查询的内容；
（4）交叉表查询的内容；
（5）操作查询的内容；
（6）添加查询条件及不同查询的操作步骤；
（7）查看查询结果的方法；
（8）SQL 查询语句的用法。

第5章 创建和使用窗体

5.1 窗体类型和视图

窗体是 Access 2016 数据库的对象之一，主要用于显示、收集和处理数据的人机交互界面。利用窗体可以显示、输入、修改和删除数据库的信息。窗体的功能如下：

（1）输出数据：在窗体中可显示多个表、查询数据，并可进行添加、删除、修改等操作。

（2）输入数据：窗体可作为向数据库中输入信息的交互界面，完成数据库的修改，且可在窗体中显示输入错误的警告和解释信息。

（3）控制应用程序流程：利用 VBA 自动化编程语言编写程序、函数和过程，通过命令按钮改变应用程序的流向。

5.1.1 窗体类型

Access 2016 中窗体分为单窗体、数据表窗体、分割窗体、导航窗体、多项目窗体和交互式窗体。

（1）单窗体是一个窗体中显示一条记录；

（2）数据表窗体是在一个窗体上按照表格显示多条记录；

（3）分割窗体是将单一窗体和数据表窗体结合在一起；

（4）导航窗体是一个包含导航控件的窗体，用于在窗体和报表之间进行切换；

（5）多项目窗体是一个窗口中显示若干条记录；

（6）交互式窗体界面上加入了“确定”和“取消”按钮以便于提交。

5.1.2 窗体视图与窗体结构

1. 窗体视图

窗体视图包括窗体视图、布局视图和设计视图 3 种类型。

（1）窗体视图：用于查看窗体的效果；

（2）布局视图：用于修改窗体在视图中的显示效果。

（3）设计视图：用于编辑窗体中需要显示的对象元素，包括文本框、样式、多种控件、图片及绑定数据源。此外，还能通过编辑窗体的页眉、页脚做出多种效果的显示界面。

2. 窗体结构

窗体结构包括 5 部分，单击“创建”→“窗体设计”按钮，在空白处单击鼠标右键选择“页面页眉 / 页脚”和“窗体页眉 / 页脚”选项，可看到窗体的所有部分，如图 5.1 所示。

（1）窗体页眉：出现在运行中的窗体顶部，其内容不因记录内容的变化而改变。

（2）页面页眉：出现在每个窗体打印页上方，运行时屏幕上不显示页面页眉内容。

（3）主体：在窗体设计视图中必须包含的部分，应用程序主要针对主体设计用户界面。

（4）页面页脚：出现在每个窗体打印页下方，运行时屏幕上不显示页面页脚内容。

（5）窗体页脚：出现在运行中的窗体最底部。

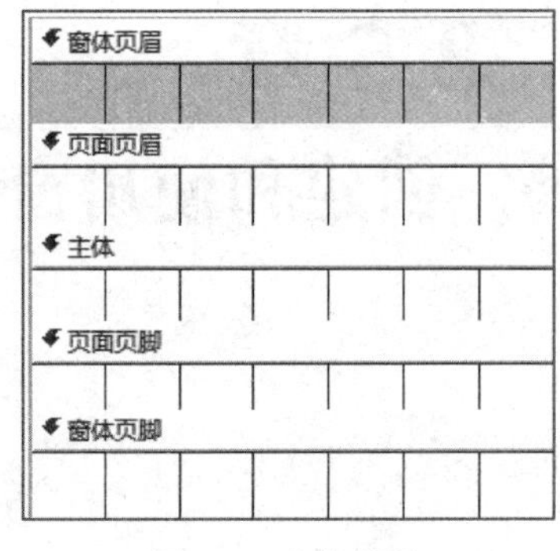

图 5.1　窗体结构

5.2　案例应用

案例四　使用窗体设计制作汽车零件销售管理界面

本案例介绍利用 Access 2016 窗体向导制作窗体的过程和方法、掌握添加数据库数据及修饰窗体外观的方法、使用窗体展示数据库表交互界面的方法。

1. 案例说明

图 5.2 所示是使用窗体向导制作的汽车零件信息展示界面，图 5.3 所示是使用空白窗体制作的发动机购买展示界面。这两种方法操作简单、使用方便，是初学者制作窗体比较快捷的方法。其详细操作见 5.4.1 和 5.4.2 节。

2. 知识点分析

（1）窗体与数据库表的连接方法。

（2）使用标签设置窗体标题。

（3）在窗体中修改图片缩放模式。

（4）修改窗体外观的方法。

（5）窗体视图的使用方法。

3. 案例展示

（1）使用窗体向导创建窗体，如图 5.2 所示。

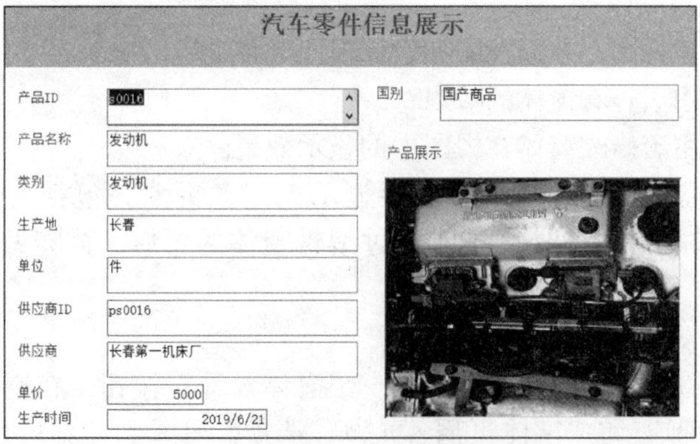

汽车零件信息展示

产品ID　s0010
产品名称　发动机
类别　发动机
生产地　长春
单位　件
供应商ID　ps0016
供应商　长春第一机床厂
单价　5000
生产时间　2019/6/21
国别　国产商品
产品展示

图 5.2　使用窗体向导制作的汽车零件信息展示界面

（2）使用空白窗体创建窗体，如图 5.3 所示。

2019年发动机购买情况

用户名 王英杰
公司 北京腾达汽车公司
销售 王学文
地址 北京海淀区上地
生产地 上海
产品名: 发动机
数量 10
购买时| 2019/1/10

图 5.3　使用空白窗体制作的发动机购买展示界面

案例五　使用窗体设计用户情况登记卡片

本案例重点介绍使用窗体设计视图新建窗体的方法，添加按钮、背景、图片对象，选择图片模式的操作步骤，进一步介绍窗体控件的使用方法。

1. 案例说明

图 5.4 所示是制作好的用户情况登记卡片窗体，数据源使用用户表，通过窗体选项卡和“前一项记录”“下一项记录”等命令按钮完成相应功能，实现用户情况的查看显示。详细操作见 5.4.3 节的“案例五的操作步骤”。

2. 知识点分析

（1）设置窗体与数据库表的绑定与输出。

（2）选项组控件的使用方法。

（3）导航按钮的使用。

（4）窗体图片的添加。

（5）修饰窗体控件的外观。

3. 案例展示

使用用户表制作的用户情况登记卡片窗体如图 5.4 所示。

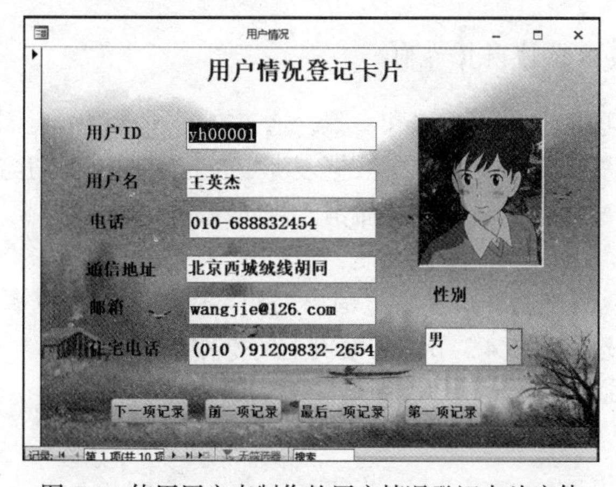

图 5.4　使用用户表制作的用户情况登记卡片窗体

案例六　使用窗体设计管理员登录界面

本案例通过制作窗体界面使用的控件，介绍文本框的密码设置、未绑定对象框的使用方法。第 9 章的 9.5 节案例十四说明了判断登录的代码编程方法。

1. 案例说明

图 5.5 所示是制作好的管理员登录界面，通过管理员登录界面，进入综合管理，由导航可打开更多管理窗体。详细操作见 5.4.3 节的“案例六的操作步骤”。

2. 知识点分析

（1）文本框、密码框的添加和使用。

（2）图像控件和未绑定对象框的使用。

（3）矩形框的使用。

（4）普通按钮的使用。

3. 案例展示

管理员登录界面如图 5.5 所示。

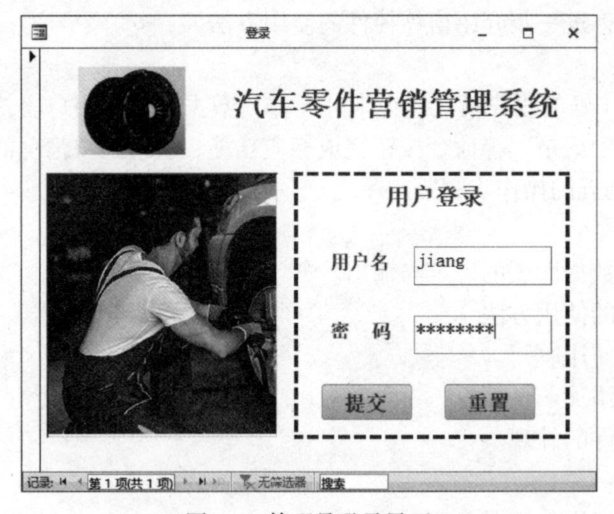

图 5.5　管理员登录界面

案例七　使用选项卡设计窗体界面

本案例重点介绍选项卡的使用方法和步骤，通过在不同选项卡上添加数据表，说明表及查询数据源按选项卡的展示方法，窗体与数据表绑定、记录操作按钮与数据库表连接的操作步骤，进一步介绍根据窗体添加、保存、撤销、删除记录的方法。

1. 案例说明

图 5.6 ~ 图 5.9 选择用户表、产品表、销售表和供应商表作数据源，通过选项卡查看不同表的记录。详细操作过程见 5.4.3 节的“案例七的操作步骤”。

2. 知识点分析

（1）选项卡的排列。

（2）选项卡的使用方法。

（3）记录导航按钮的使用。

（4）修饰窗体的外观及布局。

3. 案例展示

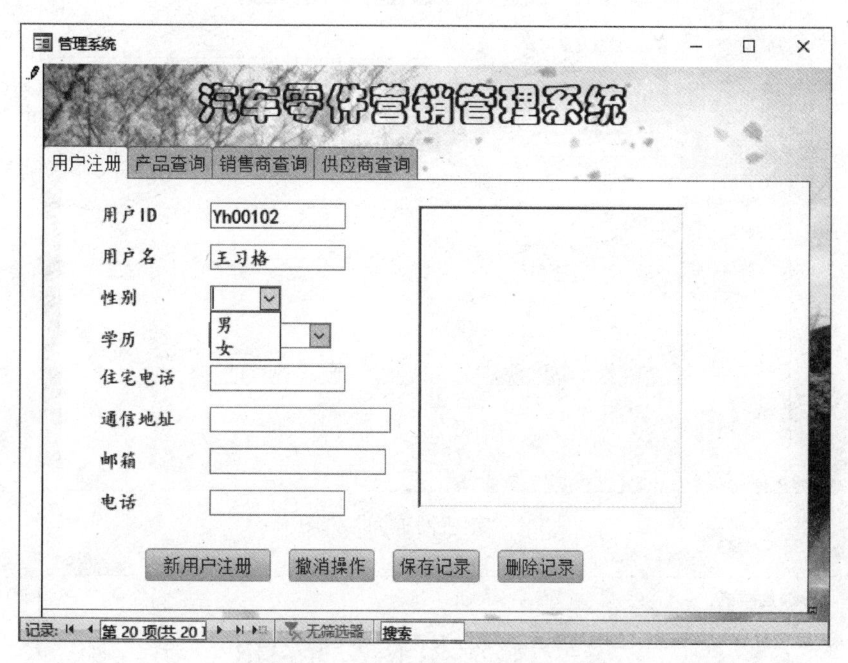

图 5.6 “用户注册”选项卡

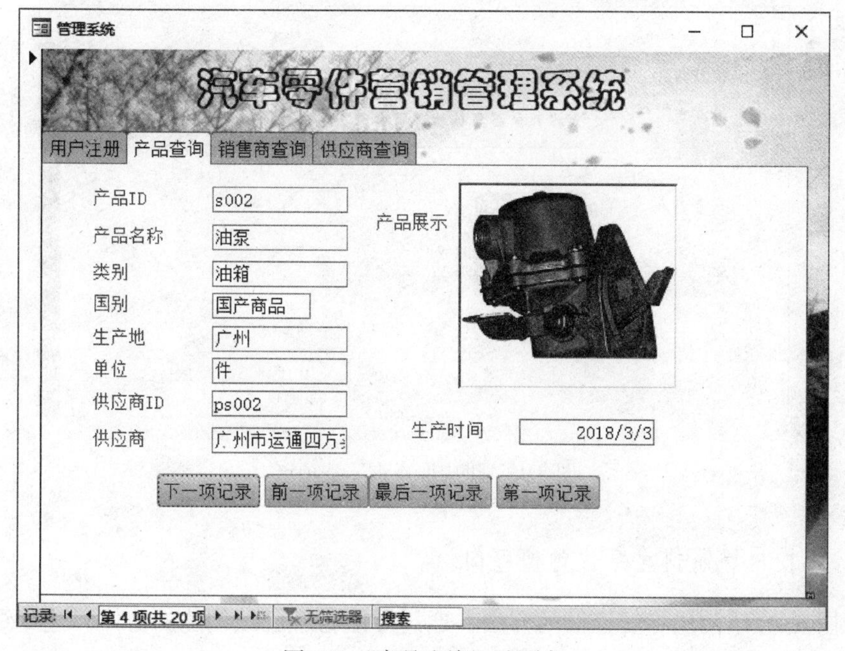

图 5.7 “产品查询”选项卡

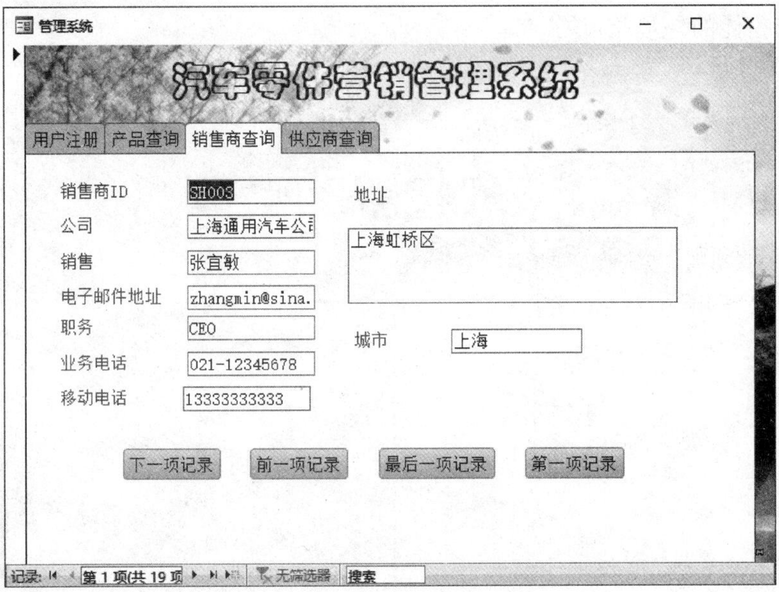

图 5.8 “销售商查询”选项卡

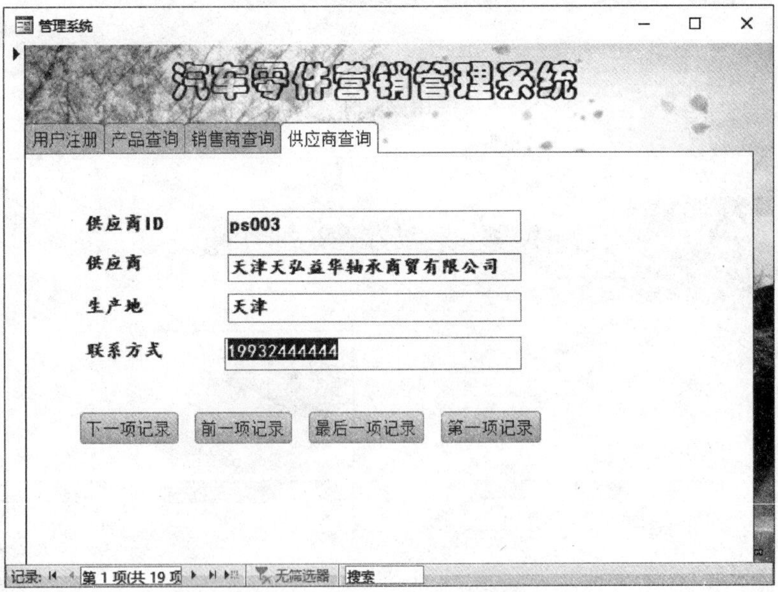

图 5.9 “供应商查询”选项卡

案例八 使用导航创建综合管理界面

本案例重点介绍使用导航控件的方法，通过导航管理已经创建的窗体，达到综合管理数据库的目的。

1. 案例说明

图 5.10 ~ 图 5.13 所示为针对营销管理数据库设计的窗体，包括“用户注册”“产品展

示”“销售商展示”和“供应商展示”，使用导航进行综合管理，详细操作过程见 5.4.3 节的“案例八的操作步骤”。

2. 知识点分析

（1）导航控件的使用。

（2）窗体综合管理的设计方法。

3. 案例展示

针对营销管理数据库设计的窗体如图 5.10 ~ 图 5.13 所示。

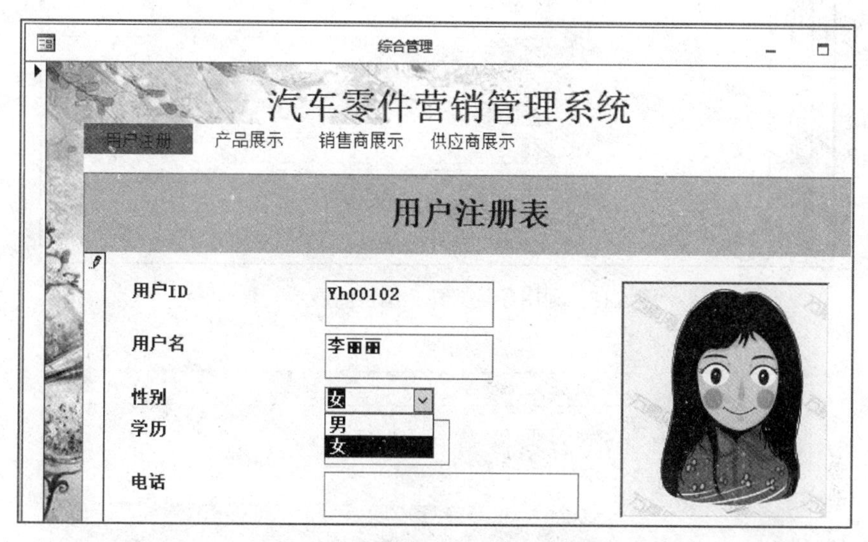

图 5.10　利用导航选择“用户注册”界面

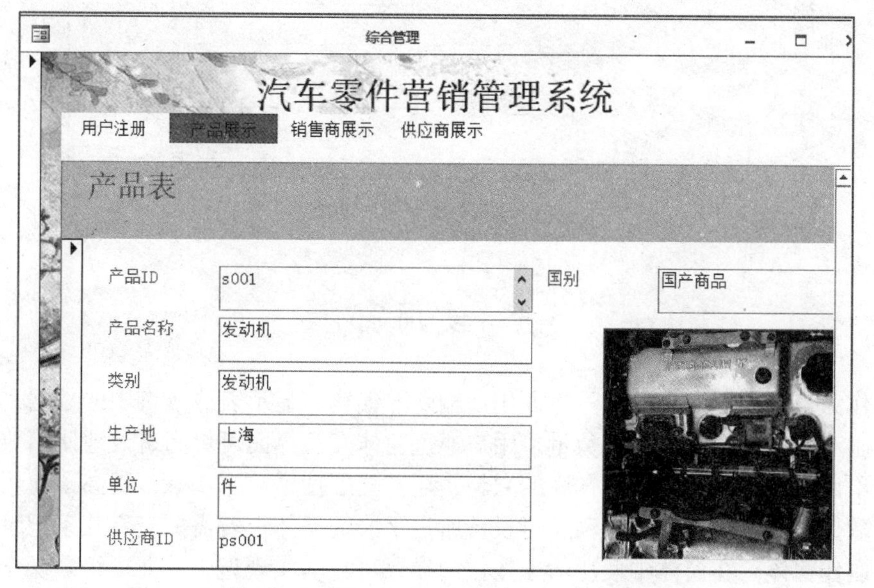

图 5.11　利用导航选择“产品展示”界面

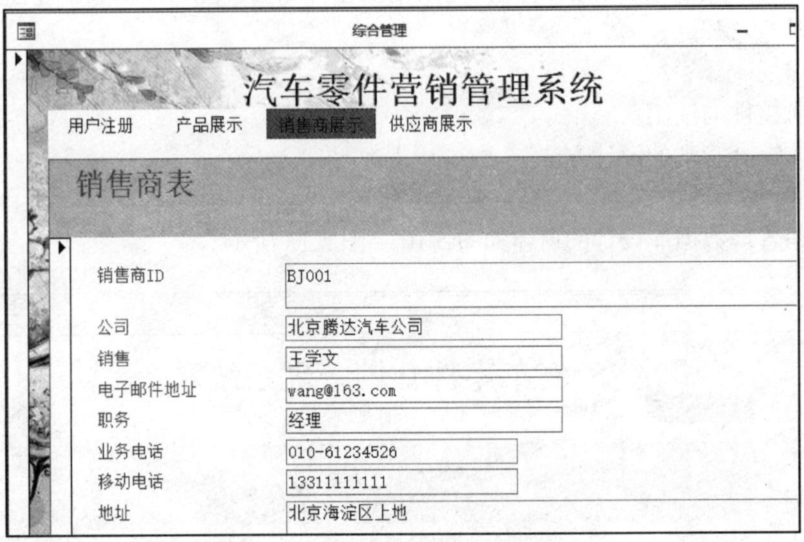

图 5.12　利用导航选择“销售商展示”界面

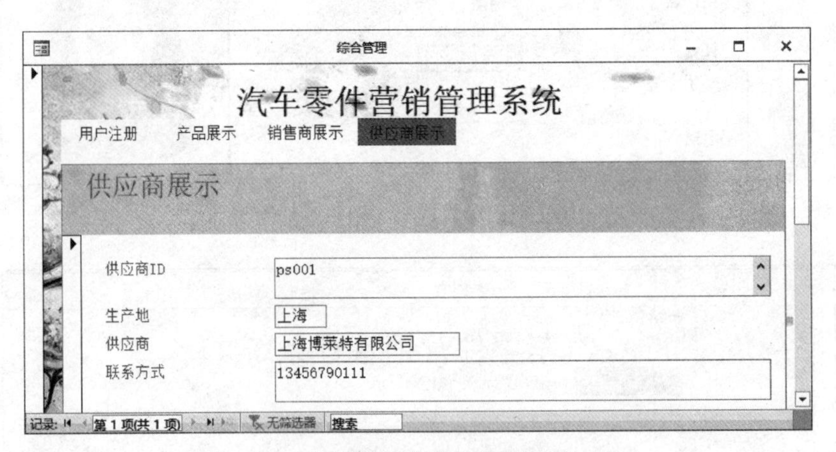

图 5.13　利用导航选择“供应商展示”界面

5.3　使用窗体

窗体作为一个数据库对象，一方面用于输入、编辑、显示表或查询中的数据，另一方面使用于控制对数据的访问权限和数量。用户通过窗体交互界面可更为有效地使用数据库。窗体的外观不仅增加了用户使用数据库的兴趣，还省略了搜索数据步骤、提高了使用效率。如从大量的数据中查看某几个数据项，可设计所需字段的窗体；若需要查看几条记录，可根据查询条件制作窗体。在窗体中使用命令按钮向导，可自动实现记录导航、记录操作、窗体操作和其他操作。

窗体具有文本框、组合框、列表、选项组、选项卡等控件，每个控件不仅可与不同表中的字段、查询、宏或与其他打开的窗体控件相关联，还可用于表中数据的读 / 写操作。对窗

体控件的操作取决于基础数据源设置的数据类型、字段设置的属性、控件设置的属性等。窗体设计工具栏如图 5.14 所示。

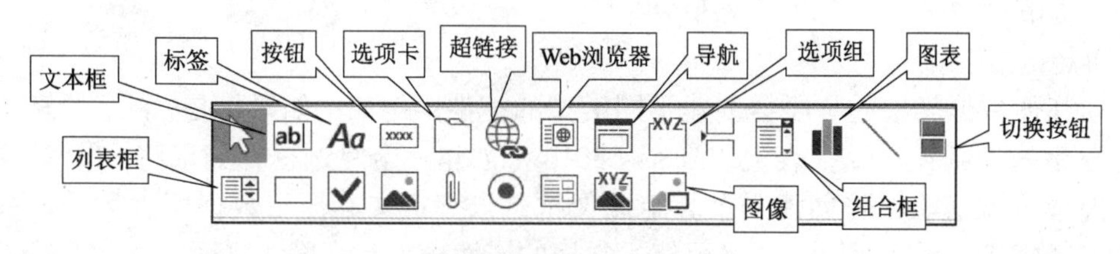

图 5.14　窗体设计工具栏

5.3.1　标签控件

标签常用于在窗体、报表中显示标题、说明性文本或简短的提示，它不显示字段或表达式的数值。由于标签不与数据库绑定，当从一个记录移到另一个记录时，其值都不会改变。Access 2016 自动为命令按钮外的控件添加标签，名称以“Label+ 数字”命名。可在设计视图属性中修改名称、颜色等。

例如，在窗体中添加标题标签方法如下：

（1）单击“创建”→“窗体设计”按钮，在打开的窗体设计视图中，选择工具栏中的标签控件，输入标题内容。

（2）选定标签，单击“开始”选项卡或单击鼠标右键选择“属性”选项，可修改字体、大小、颜色、背景色、边框等。

（3）属性中的“特殊效果”选项有 6 种效果可以选择，默认值是“平面”。选择“用户登录”标签的“凸起”效果如图 5.15 所示。

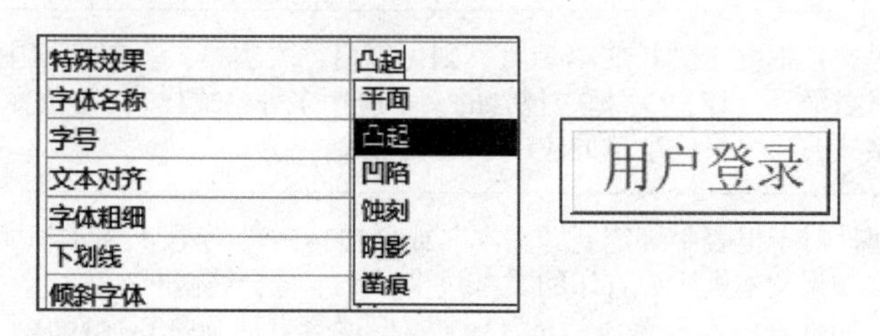

图 5.15　设置标签属性

5.3.2　文本框控件

1. 文本框控件的使用

文本框是在窗体和报表中用来查看和编辑数据的交互控件，它既可以单独使用，也可以绑定数据库表字段，用于显示多种不同类型的数据。在窗体中，若绑定了数据库表字段，该文本框中输入的数据可更新字段中的内容并反映在表中。创建绑定文本框的一种快速方法是将字段从“字段列表”窗格拖动到窗体或报表上，Access 2016 能自动为下列数据类型的字段创建绑定文本框：

（1）短文本；

（2）长文本；

（3）数字；

（4）日期 / 时间；

（5）货币；

（6）超链接。

拖动其他数据类型的字段会创建不同类型的控件。例如：如果将是 / 否字段从“字段列表”窗格拖动到窗体或报表上，Access 2016 将创建一个复选框；如果将 OLE 对象字段拖动到窗体或报表上，将创建一个绑定图像框。未绑定文本框与数据库表无关，系统均以“Text+ 数字”命名，用 Value 表示值，常用的属性设置有高度、宽度、格式及输入掩码等，用来显示计算结果或接受用户输入的数据，如计算器窗体上输入数字及显示结果的文本框。

2. 文本框属性

文本框属性设定包括“格式”“数据”“事件”“其他”和“全部”选项卡，常用文本框属性见表 5.1。

表 5.1　常用文本框属性

属性名	说　明
名称	通过名称判断包含什么数据，也可在其他文本框中使用的表达式中引用该文本框。一般文本框名是“Text+ 数字”
控件来源	此属性决定了文本框是绑定文本框、未绑定文本框还是计算文本框。如果“控件来源”属性框中的值是表中字段的名称，则说明文本框绑定到该字段。如果“控件来源”属性框中的值为空白，则说明文本框是未绑定文本框。如果“控件来源”属性框中的值是表达式，则说明文本框是计算文本框
文本格式	如果文本框绑定到长文本字段，则可以将“文本格式”属性框中的值设置为“格式文本”。这样，可以向文本框中包含的文本应用多种格式样式。例如，可以为一个单词应用加粗格式，而为另一个单词应用下划线格式。
可以扩大	此属性对于报表中绑定到“文本”或“1234567”字段的文本框尤其有用。默认设置为“否”。如果文本框中要打印的文本过多，文本将会被截断（剪切）。然而，如果将“可以扩大”属性框的值设置为“是”，文本框就会自动调整其垂直大小，以便打印或以预览的方式显示它包含的所有数据

3. 向窗体中添加绑定文本框

（1）在导航窗格中用鼠标右键单击窗体视图，选择“设计视图”选项，在“格式”选项卡的“控件”组中，单击“添加现有字段”按钮或双击工具栏图标。

（2）在“字段列表”窗格中，展开包含要绑定到文本框字段的表。将字段从“字段列表”窗格拖动到窗体中。

（3）在窗体空白处单击鼠标右键，将“窗体”属性的记录源设定为表或查询，再把工具栏中的文本框拖动到窗体，选中文本框后单击鼠标右键选择“属性”→“控件来源”选项，从右侧下拉列表中单击绑定的字段或查询视图字段名。例如，将用户表添加到窗体中，选择绑定“用户名”字段的方法如图 5.16 所示。

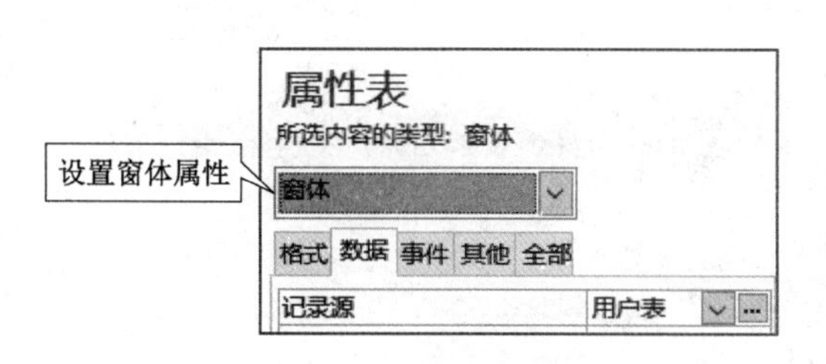

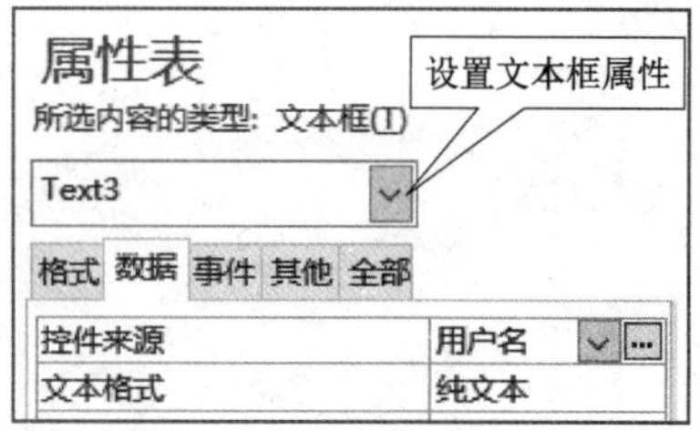

图 5.16　在窗体添加记录源（选择绑定“用户名”字段）

（4）当拖动文本框到窗体时，可立即打开“文本框向导”对话框，此时可选择文本框的字体、字号、字形和对齐方式，如图 5.17 所示。

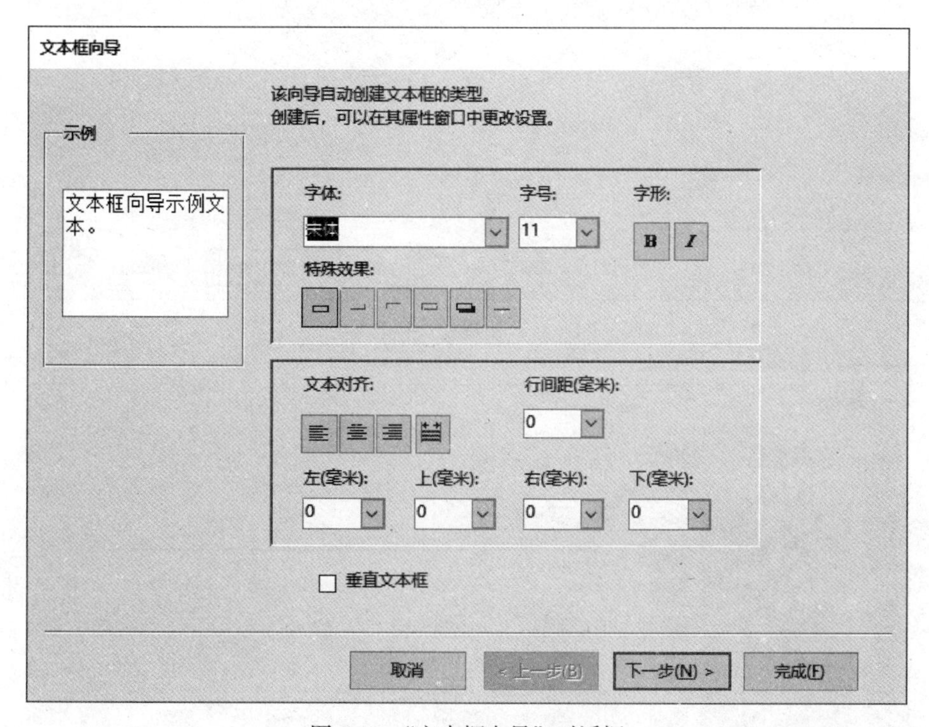

图 5.17　“文本框向导”对话框

（5）单击“取消”按钮直接修改文本框标签或单击“下一步”按钮选择输入法模式，如图 5.18 所示。

（6）单击“下一步”按钮可输入文本框的名称，缺省为“Text+ 数字”，如图 5.19 所示。

4. 向窗体中添加未绑定文本框

（1）在导航窗格中用鼠标右键单击窗体视图名，选择“设计视图”选项，再在“设计”选项卡的“控件”组中单击“文本框”按钮。

（2）将鼠标定位在窗体中放置文本框的位置，Access 2016 会在文本框的左侧放置一个标签，且在标签和文本框之间留有一定空间，重新调整标签和文本框的位置，拖动标签或者文本框左上角的实心黑方框可以进行移动。

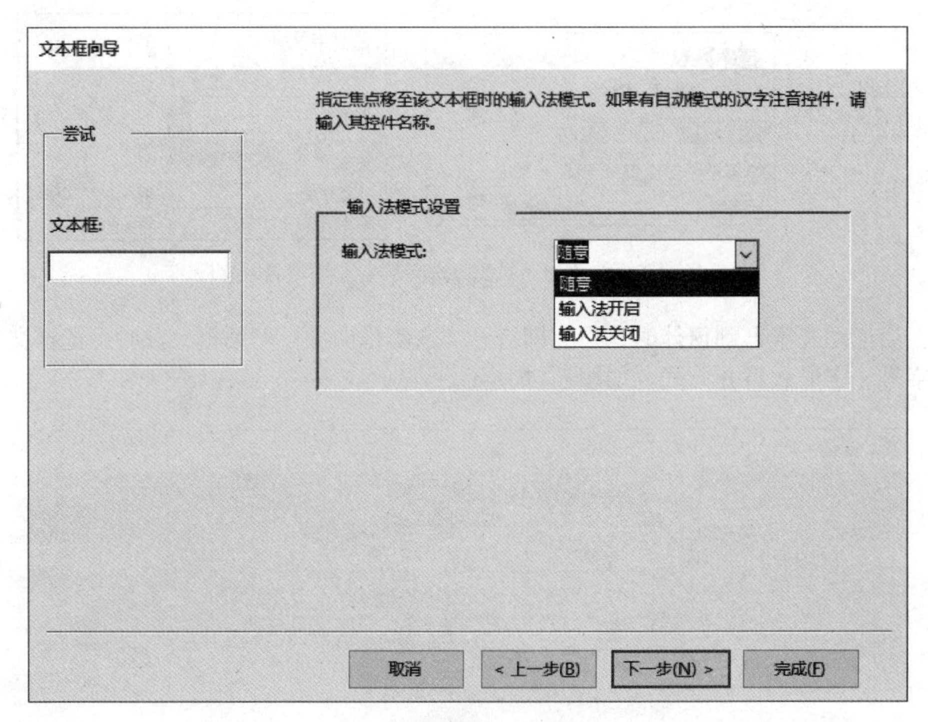

图 5.18　选择输入法模式

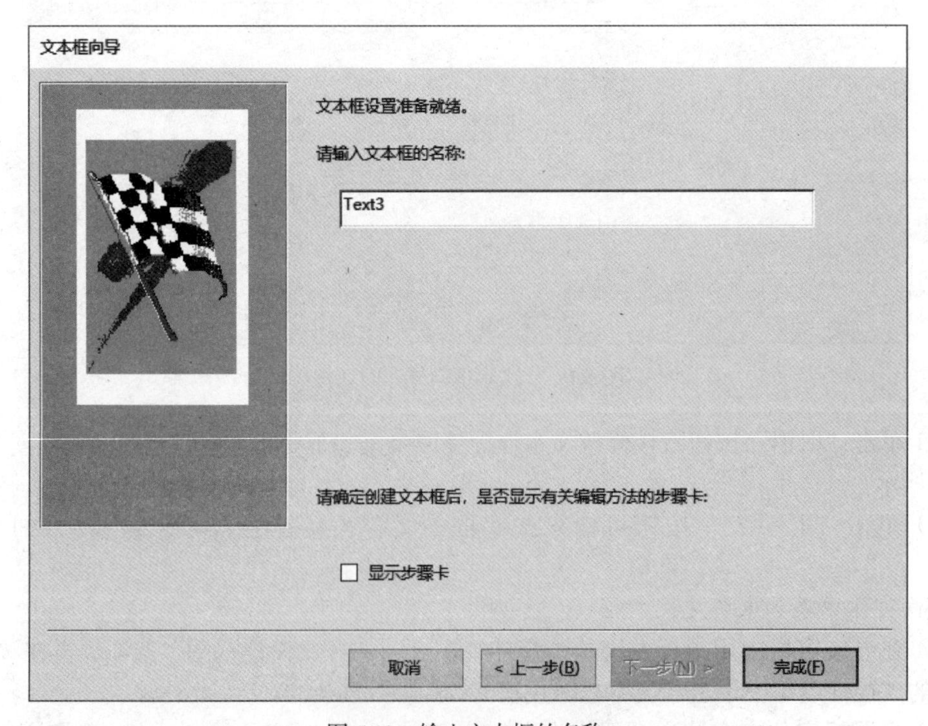

图 5.19　输入文本框的名称

（3）另一种创建未绑定文本框的方法是：将字段从“字段列表”窗格拖动到窗体或报表上，先创建一个绑定文本框，然后删除其“控件来源”属性中的值。如果在设计视图中执行

此操作，文本框将显示“未绑定”而不是字段名称。在布局视图中，文本框将不再显示数据。

5.3.3　按钮控件

命令按钮是用于调用 Visual Basic 函数、运行事件过程或运行宏的一种控件，窗体上的命令按钮能启动一个或一组操作。例如，“添加记录”“保存记录”“撤销”等操作可以用单个按钮或命令组完成。Access 2016 在工具栏上提供了“按钮”命令，单击即可拖动到窗体或报表上。此外，Access 2016 还提供了 30 多种不同类型的命令按钮向导，能自动创建按钮和事件过程，如“下一项记录”“前一项记录”“第一条记录”“最后一条记录”等。若不能自动出现导航对话框，单击窗体设计工具右下角的“其他”按钮，选择“使用控件向导”命令即可，如图 5.20 所示。

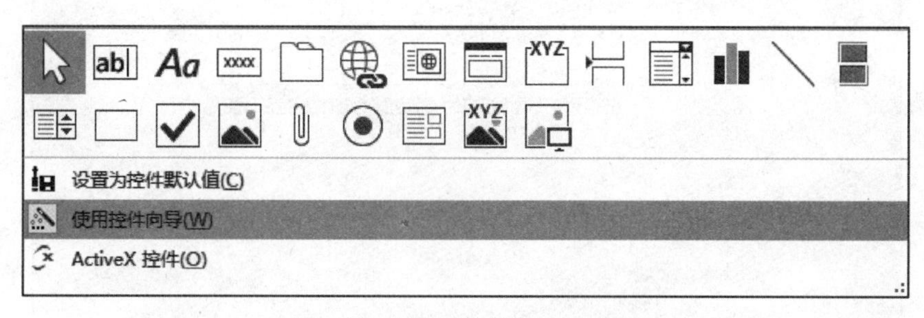

图 5.20　“使用控件向导”命令

说明：按钮向导操作步骤见 5.4.3 节。

5.3.4　组合框和列表框控件

组合框和列表框都可向用户提供数组选项列表，用于选择或保存多个数据。若数据表、窗体或报表中选择的数据内容固定，可以利用组合框或列表框表示。例如个人基本情况表中的性别、学历、职业、政治面貌、血型等数据，内容是相对固定的，一般选择组合框或列表框以方便用户操作。列表框的值只能用于选择而不能输入新值，其中的行数是由数组值决定的，若数组中包含的行数超过控件中显示的行数，则列表框将自动显示一个滚动条。组合框既可以选择，也可用于输入文本，但对数组的值只能显示一行，可以单击右侧的箭头显示多行。组合框和列表框的值均由数组的值决定，多用于选择数组项，其显示属性的特殊效果有 6 种形式，默认效果是“凹陷”。例如“学历选择”组合框及其特殊效果如图 5.21 所示。

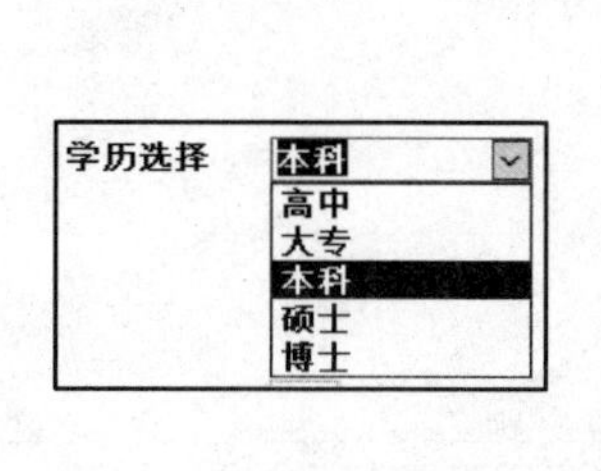

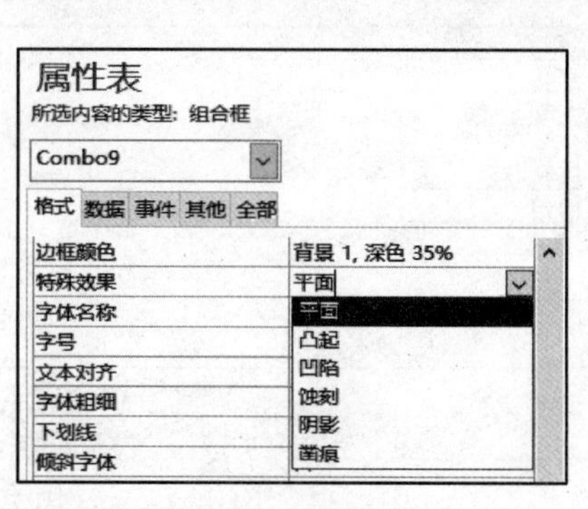

图 5.21　“学历选择”组合框及其特殊效果

在窗体中添加“学历选择”组合框的方法如下：

（1）单击“创建”→“窗体设计”按钮，将用户表作为窗体的数据源，单击工具栏上的组合框图标，打开“组合框向导”对话框，如图 5.22 所示。选择“自行键入所需的值”选项，单击“下一步”按钮。

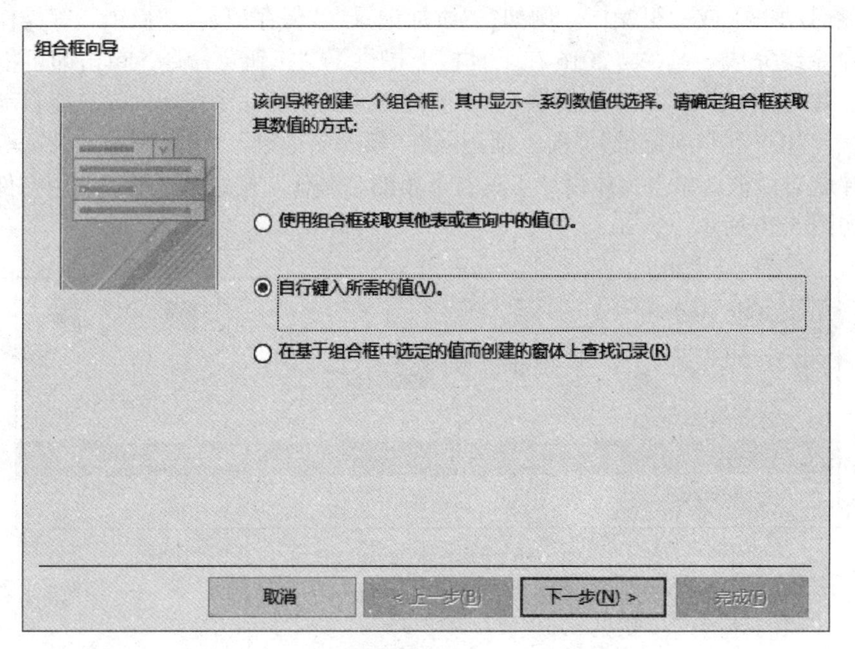

图 5.22 “组合框向导”对话框

（2）在“第一列”下面输入固定选项值，单击“下一步”按钮，如图 5.23 所示。

组合框向导

请确定在组合框中显示哪些值。输入列表中所需的列数，然后在每个单元格中键入所需的值。

若要调整列的宽度，可将其右边缘拖到所需宽度，或双击列标题的右边缘以获取合适的宽度。

列数(C): 1

第 1 列
高中
大专
本科
硕士
博士

取消　< 上一步(B)　下一步(N) >　完成(F)

图 5.23 输入固定选项值

（3）在“将该数值保存在这个字段中”选项右侧的下拉列表中选择“学历”，单击“下一步”按钮，如图 5.24 所示。

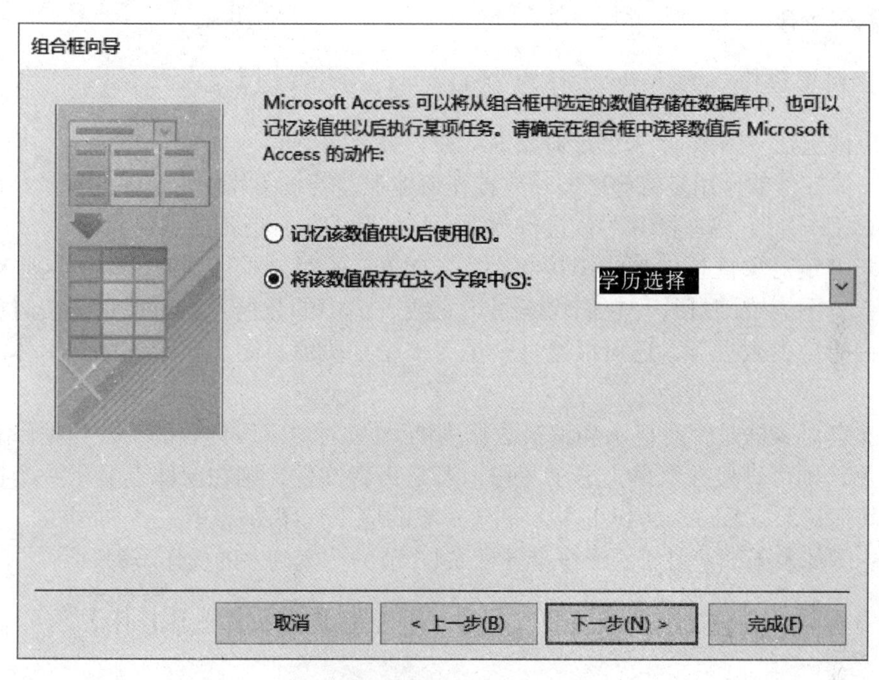

图 5.24　添加组合框数据

（4）在出现“请为组合框指定标签”文本框中输入组合框名称或使用缺省值，单击“完成”按钮，如图 5.25 所示。

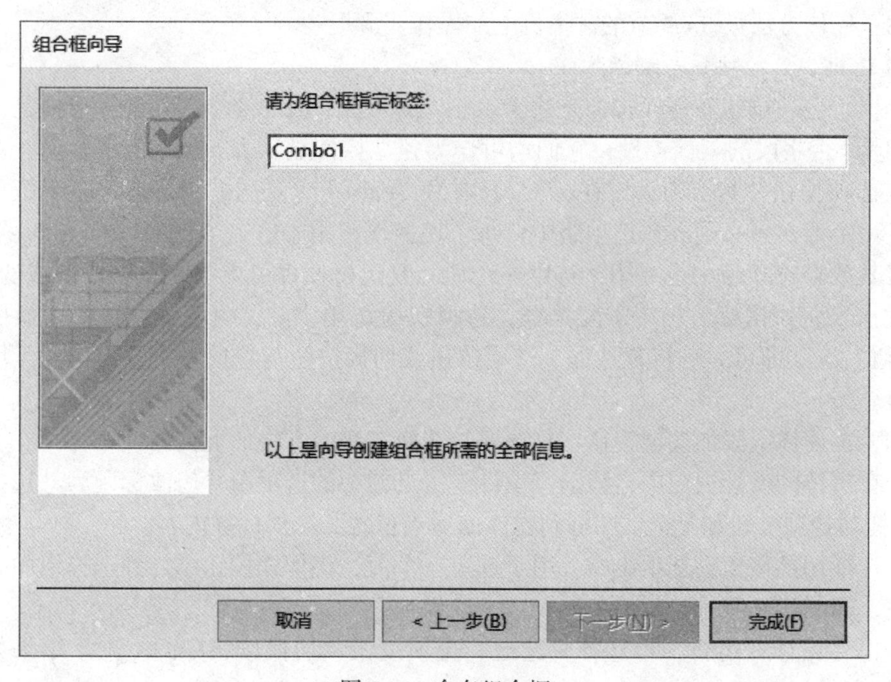

图 5.25　命名组合框

（5）在窗体中使用该组合框的效果如图 5.21 所示。

说明：组合框融合了文本框和列表框的功能，用户既可在组合框中输入文本，也可直接从下拉列表中选择项目。

5.3.5 图像控件

图像控件包括“图像”“未绑定对象框”和“绑定对象框”。

（1）图像控件的作用是将静态图片放置在窗体上，若将图片作为窗体的背景，需要选择窗体属性的“图片”。这些图片可以进行剪裁、拉伸和缩放，但不能编辑。

（2）未绑定对象框控件是将链接和嵌入（OLE）的对象添加到窗体上，这些对象包括图片、声音、图表或幻灯片，它们均不属于表或查询中的数据。当对象是图表时，可将图表作为查询指定的数据源，还可以通过一个或多个字段值将图表显示链接到窗体的当前记录中。

（3）绑定对象框是针对显示和编辑数据表的 OLE 对象字段设置的。若数据库表中 OLE 对象是图片，则可直接在窗体上显示图像，若是声音文件，则在窗体上显示一个扬声器图标。对于其他对象，Access 2016 将显示创建对象的应用程序图标。

说明：图像及未绑定对象的操作步骤见 5.4.3 节的“案例六的操作步骤”。

5.3.6 选项卡控件（含切换按钮、选项按钮、选项组和复选框控件）

1. 选项卡

选项卡控件能在窗体上创建一系列选项卡页面，每个页面都可以包含用于显示信息的其他控件。采用多页显示不同的信息模式，相当于扩展了信息显示页。当单击不同的选项卡时，将显示该选项卡上包含的控件。

说明：操作方法见 5.4.3 节的“案例七的操作步骤”。

2. 复选框、选项按钮与切换按钮

复选框、选项按钮与切换按钮是用于表示“是 / 否”值的控件，其中复选框是窗体或报表中添加是 / 否字段的默认控件，它们均可作为独立控件显示表、查询的逻辑值。若选择了复选框或选项按钮，其值则为“True”，否则为“False”，复选框用于选定多个值，选项按钮只选定一个值，但必须放在选项组中；每个切换按钮用于选定“True”和“False”两种状态，若将其放在选项组中也可用于选定一个值。复选框控件可更改为选项按钮或切换按钮，要执行此操作，用鼠标右键单击复选框，选择快捷菜单中的“更改为”→“切换按钮”或“选项按钮”选项即可。若将复选框、选项按钮或切换按钮与数据库字段绑定，可用来设置字段新值。

例如，在窗体上添加选项按钮、复选框和切换按钮的方法如下：

（1）在窗体的设计视图中，拖动“设计”工具栏中的选项组并修改标题为“选择用户类型”，再拖动选项按钮和复选框图标到窗体的适当位置并添加标签内容。

（2）选择切换按钮到选项组中，用于选定一个值，将切换按钮添加到选择组中并修改按钮的标签，如图 5.26 所示。

（3）保存窗体并运行，可选择复选框、选项按钮和切换按钮中的一项。结果如图 5.27 所示。

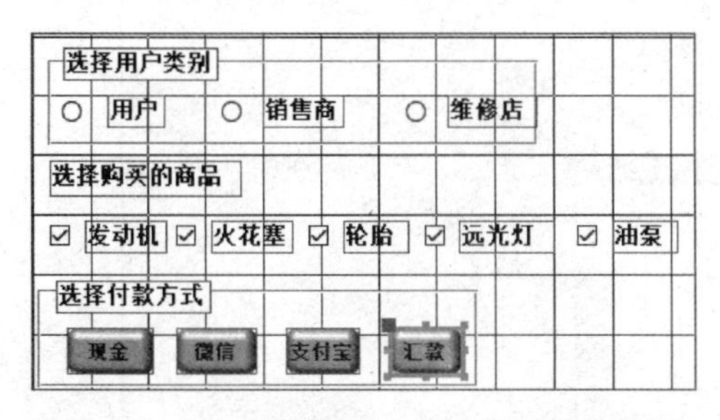

图 5.26 添加选项按钮、复选框及切换按钮

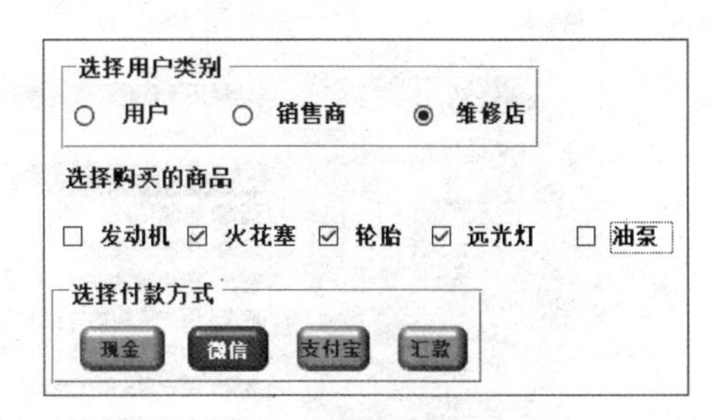

图 5.27 保存窗体并运行

5.3.7 导航控件

导航控件能方便地在同一个窗体中打开不同的子窗体，这使多个窗体之间的切换更容易。

在窗体上选中导航控件，能按照水平布局直接创建导航按钮，通过导航按钮可直接将数据库已经建立的窗体汇集在一起，形成一个应用系统。制作方法如下：

（1）单击“创建”→“窗体设计”按钮，打开新建窗体，选择“导航控件”图标，将导航控件放入窗体中，如图 5.28 所示。

图 5.28 导航控件的添加

（2）在“新增”导航控件处双击，输入已创建的窗体名称自动绑定同名窗体，若输入的名称不存在同名窗体，需要单击“未绑定”处输入窗体名称才能进行导航，按向右方向键，在出现的“新增”导航控件中添加导航项即可。

5.3.8 图表控件

图表控件可在窗体上使用图表形式显示记录、汇总数据，通过选择相应的数据源（表、查询）即可创建图表窗体，操作步骤如下：

（1）在新建的窗体设计视图中，选择工具栏中的“图表”图标，打开“图表向导”对话框选择数据源，包括已建立的表和查询，如选择“查询：销售业绩查询”选项，单击“下一步”按钮，如图 5.29 所示。

（2）在弹出的对话框中选择图表数据，如图 5.30 所示。

（3）单击“下一步”按钮，选择图表类型，如选择柱形圆柱图，单击“下一步”按钮，指定数据在图表中的布局方式，拖动界面右侧显示的字段到示例图表中，也可按照缺省选择，如图 5.31 所示。

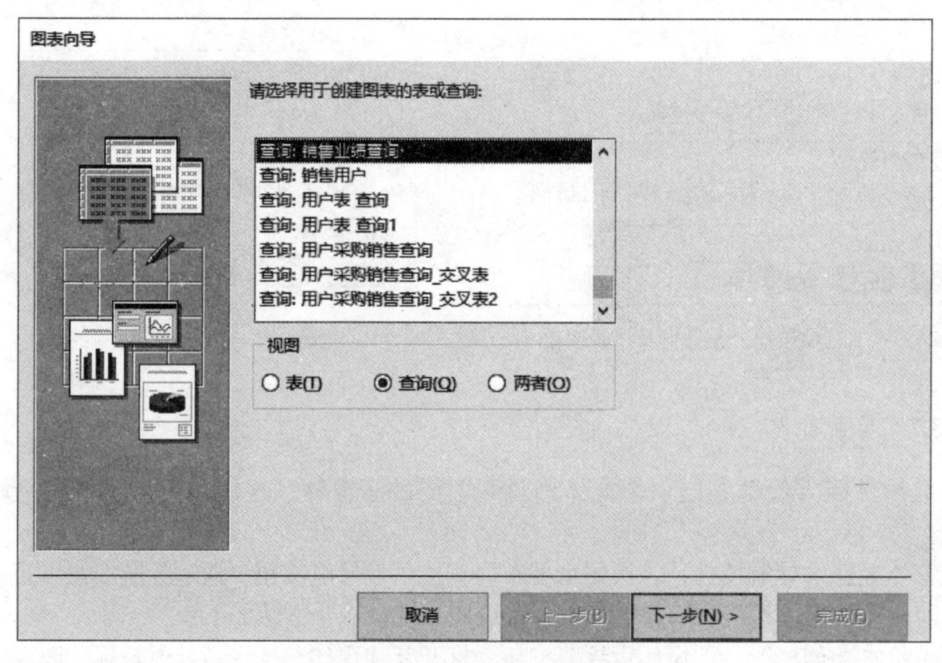

图 5.29 “图表向导”对话框

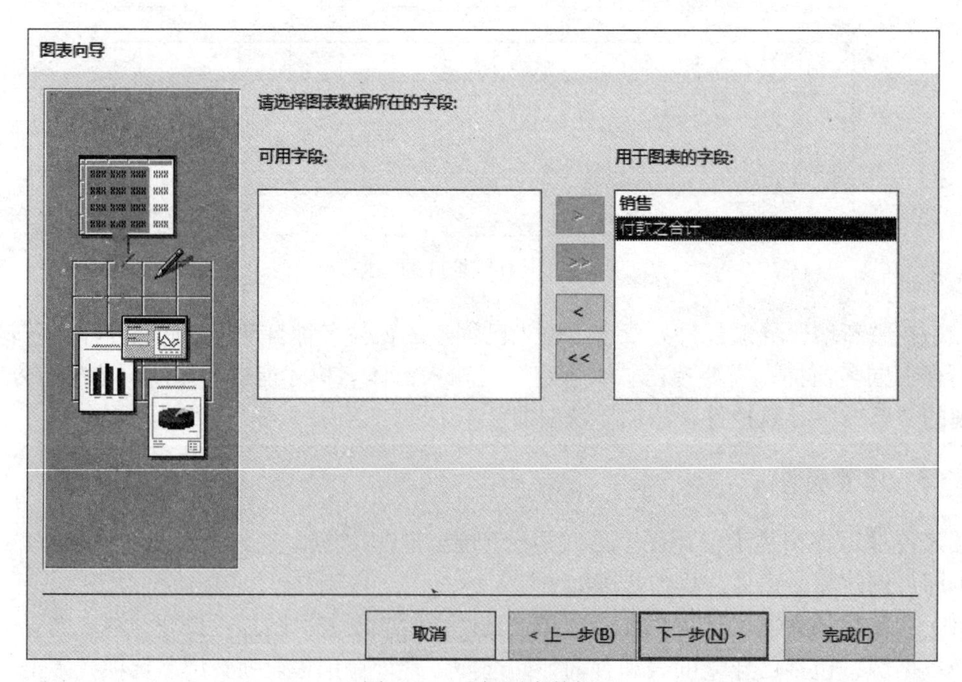

图 5.30 选择图表数据

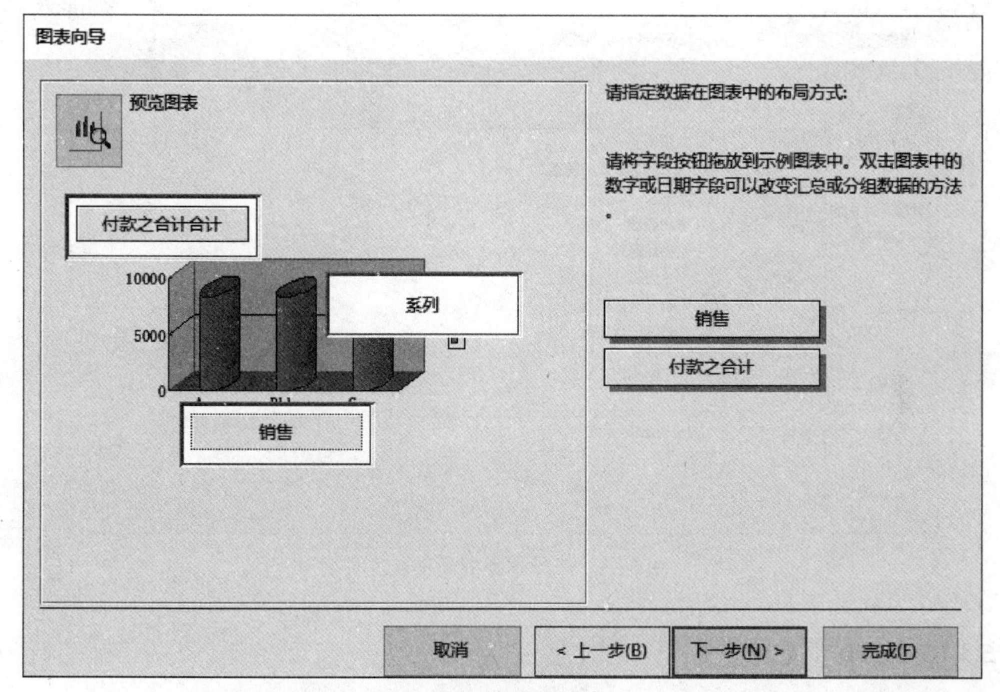

图 5.31　选择布局方式

（4）单击“下一步”按钮，在弹出的对话框的“请指定图表的标题”文本框中输入图表名称，单击“完成”按钮。保存后双击，效果如图 5.32 所示。

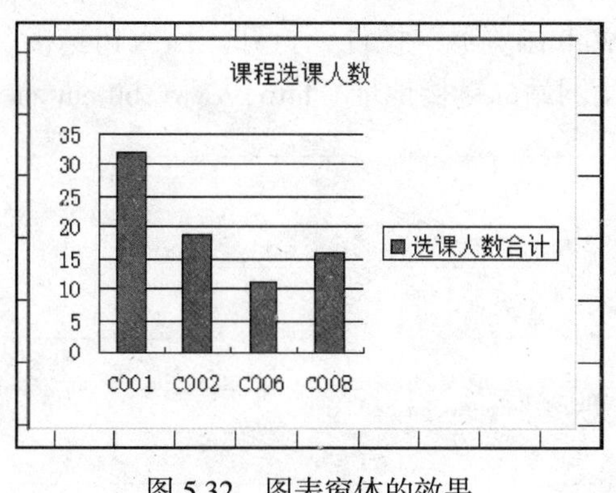

图 5.32　图表窗体的效果

5.3.9　超链接控件

超链接控件添加到窗体上包含一个链接地址，该链接地址可指向“现有文件或网页”“此数据库中的对象”“电子邮件地址”和“超链接生成器”，选择超链接控件即可在窗体上打开“插入超链接”对话框，默认打开当前文件夹的内容，如图 5.33 所示。其中“超链接生成器”的使用与 Web 浏览器控件一致，见 5.3.10 节。

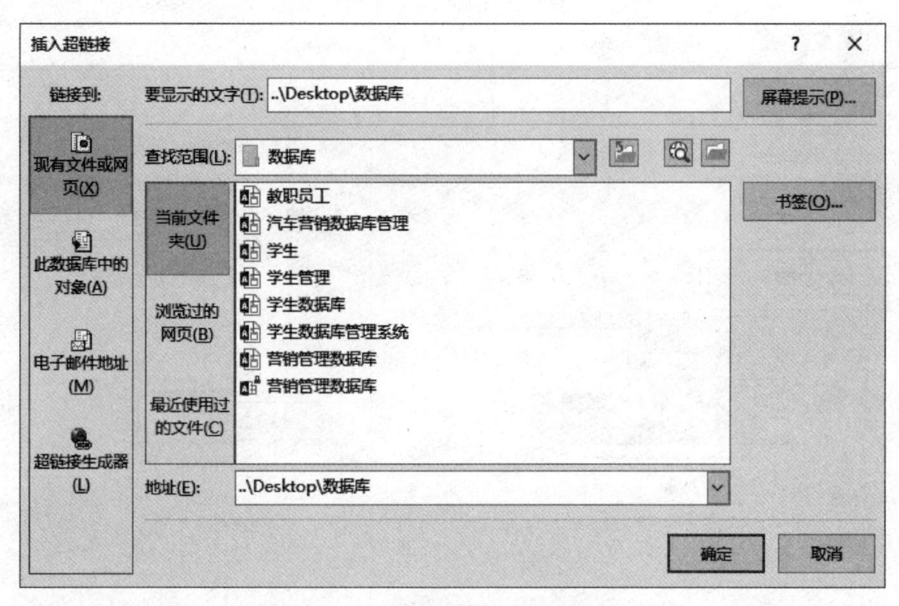

图 5.33　选择本地的超链接文件

5.3.10　Web 浏览器控件

Web 浏览器是一个用于文档检索和显示的客户应用程序，通过“超链接生成器”与“现有文件或网页”在窗体上显示链接的信息，既可以超链接互联网中的 HTML 页面地址、电子邮件地址，也可以链接本地的数据库、Word 文档、图像及其他信息。

使用 Web 浏览器的步骤如下：

（1）在窗体上单击“Web 浏览器”控件，打开“插入超链接”对话框，在“基本 URL”文本框中输入北京理工大学网站的链接地址“http：//www.bit.edu.cn”，如图 5.34 所示。

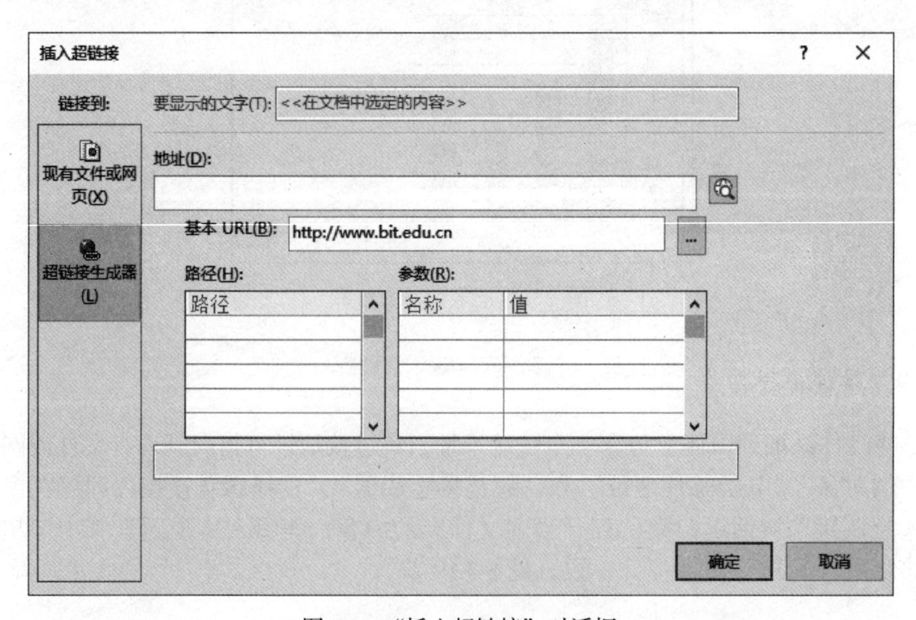

图 5.34　“插入超链接”对话框

（2）单击“确定”按钮即可在窗体上出现链接的地址及显示框，拖动框的大小以确保显示的位置，如图 5.35 所示。

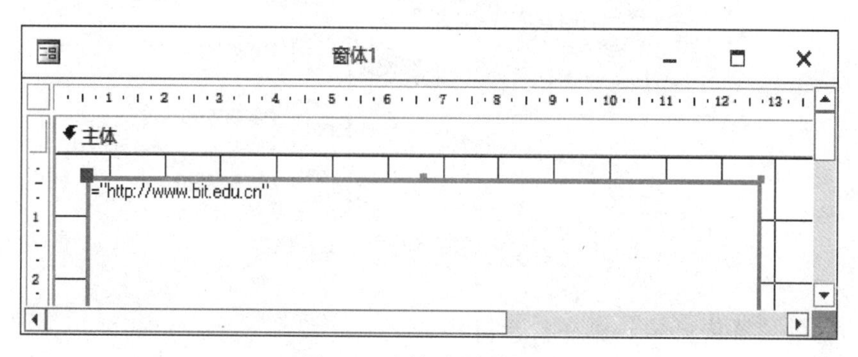

图 5.35　添加超链接地址

（3）关闭并保存窗体视图，双击即可从窗体上看到对应链接的地址主页，如图 5.36 所示。

图 5.36　超链接结果

5.4　创建窗体

窗体中的信息主要有两类：一类是设计者在窗体中附加的提示信息，这些信息对数据表中的每条记录都是相同的，不随记录而变化；另一类是处理表或查询的记录，当记录变化时，这些信息也随之变化。创建窗体有多种方法，单击“新建”选项卡，可以使用“窗体”“窗体设计”“空白窗体”“窗体向导”“导航”及“其他窗体”等命令创建，其中，在“其他窗体”下拉列表中，包含“多个项目”“数据表”“分割窗体”“模式对话框”等子窗体内容。创建窗体的命令工具栏如图 5.37 所示。

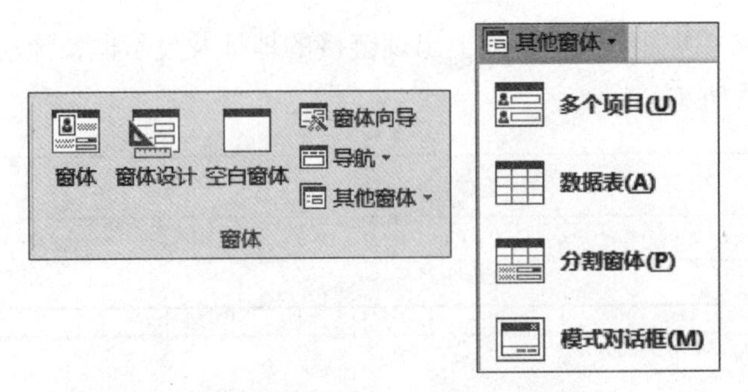

图 5.37　创建窗体的命令工具栏

5.4.1　使用“窗体向导”命令创建窗体

1. 使用“窗体向导”命令创建多个数据源窗体的步骤

（1）单击“创建”→“窗体向导”按钮，选择窗体中显示的表或查询数据源，再选择字段，打开“窗体向导”对话框。

（2）从“表 / 查询”下拉列表中选择数据源表或查询，在“可用字段”框中选择窗体中显示的表或查询字段，通过“>”按钮选定某字段，通过“>>”按钮选择数据源中的所有字段。

（3）选择表或查询数据源字段后，按照“下一步”的提示进行选择即可完成。

2. 案例四的操作步骤

（1）单击“创建”→“窗体向导”按钮，选择已经建立的产品表信息，单击“>>”按钮选择所有字段，弹出图 5.38 所示的对话框。

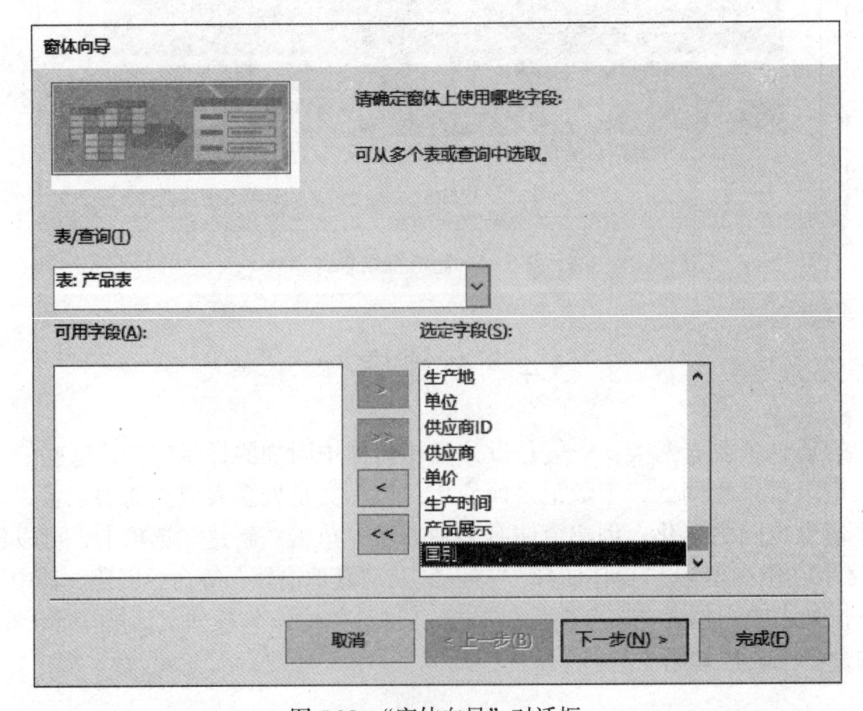

图 5.38　“窗体向导”对话框

（2）单击“下一步”按钮，选择窗体布局为“纵栏表”，如图 5.39 所示。

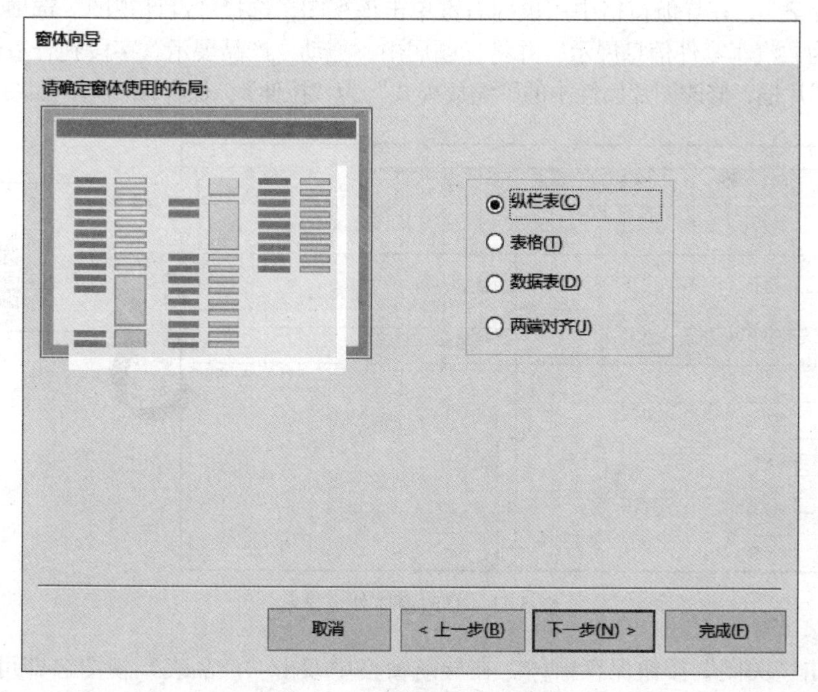

图 5.39　选择纵栏表窗体布局

（3）单击“下一步”按钮，指定保存的窗体视图名，缺省为使用数据库表名“产品表”，如图 5.40 所示。

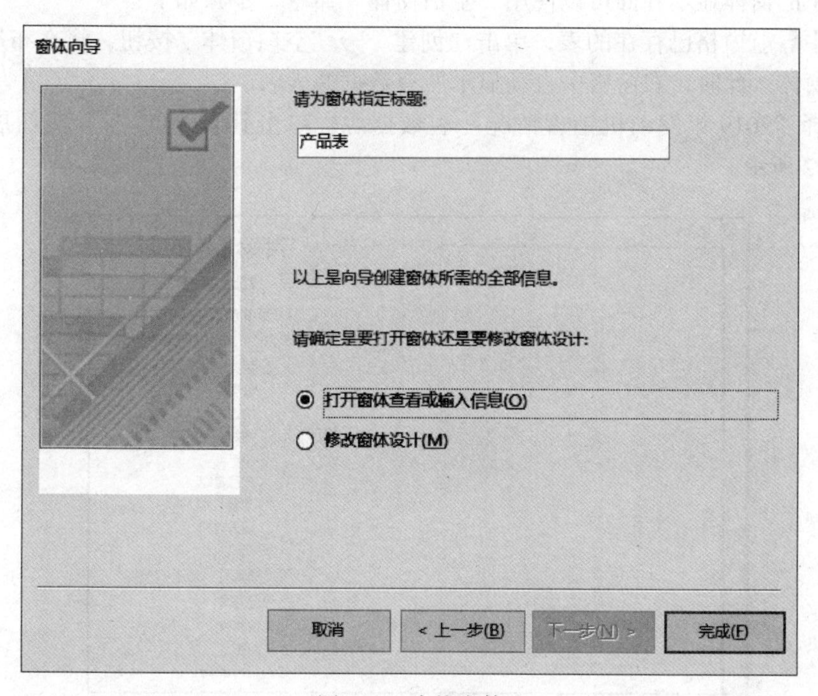

图 5.40　表格窗体

（4）单击“完成”按钮，可看到创建的窗体，此时单击“关闭”按钮，系统自动保存窗体视图名“产品表”，在导航窗格中用鼠标右键单击该视图，选择“设计视图”选项，此时，修改窗体标题为“汽车零件信息展示”并将标题居中，拖动“产品展示”字段到合适位置并用鼠标右键单击图片框，修改图片属性中的“缩放模式”为“拉伸”，保存该视图，如图 5.41 所示。

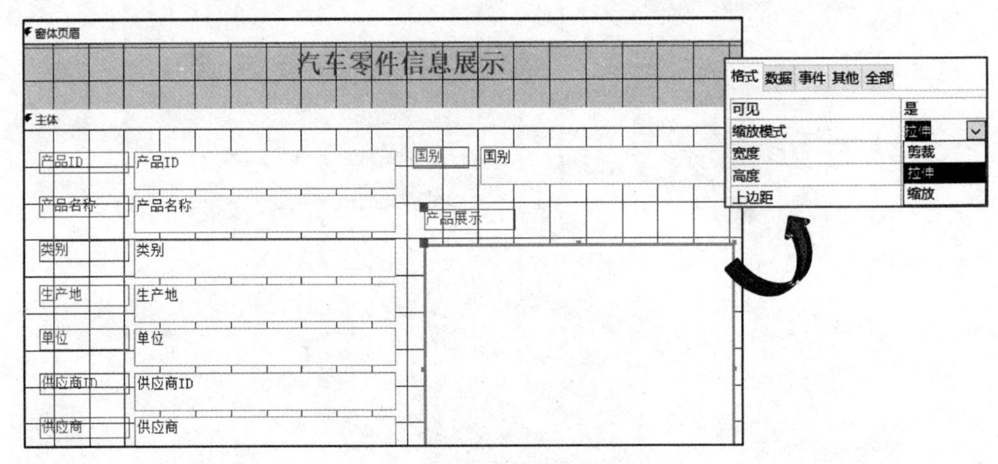

图 5.41　修改窗体外观显示

（5）单击“关闭”按钮保存窗体，在导航窗格中双击“产品表”视图名即可看到图 5.2 所示的结果。

5.4.2　使用“空白窗体”命令创建窗体

制作简单的窗体显示界面可以使用“空白窗体”命令，步骤如下：

（1）选中导航窗格已存在的表，单击“创建”→“空白窗体”按钮，将在布局视图中打开一个空白窗体。此时，右窗格中自动显示所有数据源表名。

（2）选择“2019 年发动机销售情况”表数据源，单击其右侧的“+”按钮展开字段列表，如图 5.42 所示。

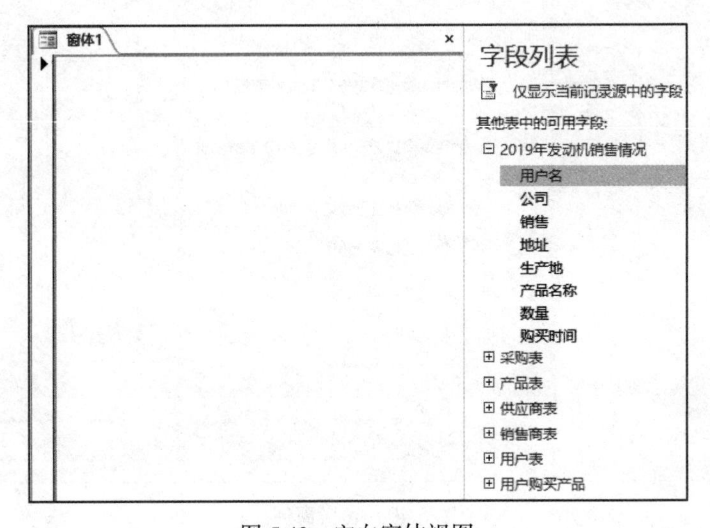

图 5.42　空白窗体视图

（3）选中字段双击或拖动到窗体的空白处，窗体自动按列布局，如图 5.43 所示。若分列布局可在空白处单击，再拖动字段到右侧位置即可。

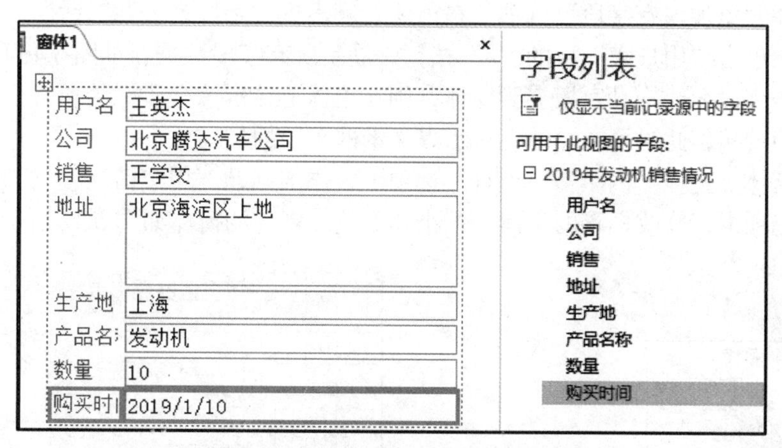

图 5.43　在空白窗体上拖动字段结果

（4）单击“关闭”按钮进行保存，在导航窗格中用鼠标右键单击保存的窗体视图名“窗体 1”，选择“设计视图”选项，单击工具栏中的“设计”标签，添加标题文字并修改字体，如图 5.44 所示。

（5）单击“关闭”按钮进行保存，在导航窗格双击即可看到图 5.3 所示的结果。

5.4.3　使用“窗体设计”命令创建窗体

“窗体设计”命令提供了更为方便的窗体设计方法，使用该方法可以按照自己的设计想法进行布局，是最常用的窗体设计方法。该方法主要是使用窗体的设计视图自行添加数据和布局，用其他方法制作窗体时均可使用该方法修改。因此，在窗体设计时可向窗体添加更多类型的控件，例如添加背景图片，选项组合框控件、按钮、单选和复选按钮以及绑定对象等，还可以在文本框中编辑控件来源，调整窗体控件的大小、颜色和字体等。该方法能更改某些无法在布局视图中更改的窗体属性。

1. 案例五的操作步骤

（1）单击“创建”→“窗体设计”按钮，打开窗体“主体”，如图 5.45 所示。

2019年发动机购买情况
用户名　用户名
公司　公司
销售　销售
地址　地址
生产地　生产地
产品名称　产品名称
数量　数量
购买时间　购买时间

图 5.44　在空白窗体上修改标题文字

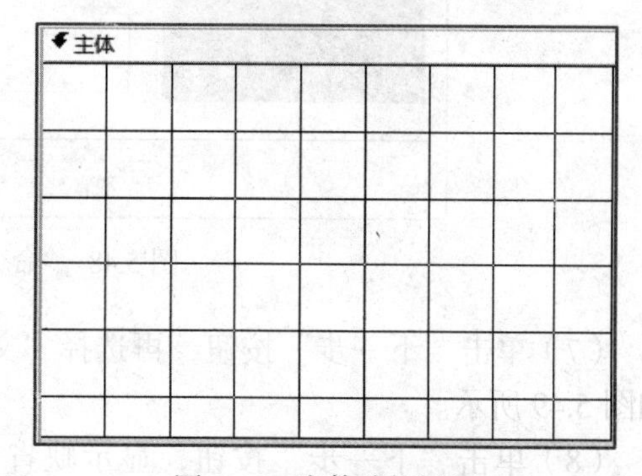

图 5.45　窗体编辑视图

（2）单击“设计”选项卡，在打开的“窗体设计工具”中选择控件，可加入标签、文本框、按钮等。

（3）选择“添加现有字段”选项，在窗体右侧出现“字段列表”对话框，在其下面出现数据库列表。单击“用户表”后的“+”按钮，展示所有字段数据，如图 5.46 所示。

（4）双击字段名或拖动字段名到窗体，则在窗体上显示该字段标签和值，即完成了数据库表与窗体的链接，此时可在窗体上显示以文本框布局的数据。

（5）在窗体“主体”内单击“设计”选项卡，添加标题“用户情况登记卡片”标签，单击“开始”选项卡，修改标签的字体、大小和颜色。创建的窗体如图 5.47 所示。

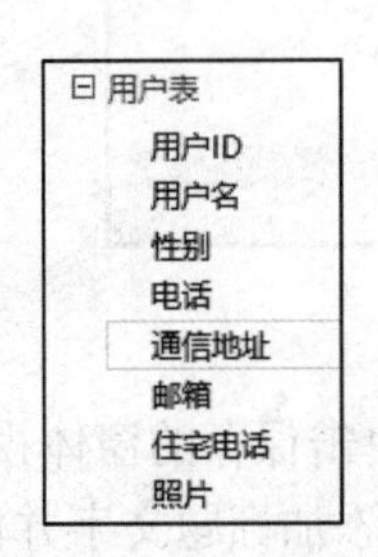

图 5.46 用户表数据字段

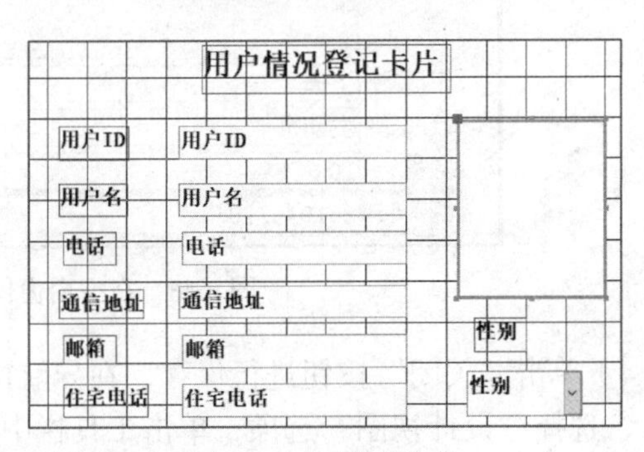

图 5.47 创建的窗体

（6）拖动命令按钮到窗体，打开“命令按钮向导”对话框，选择“记录导航”和“转至下一项记录”选项，如图 5.48 所示。

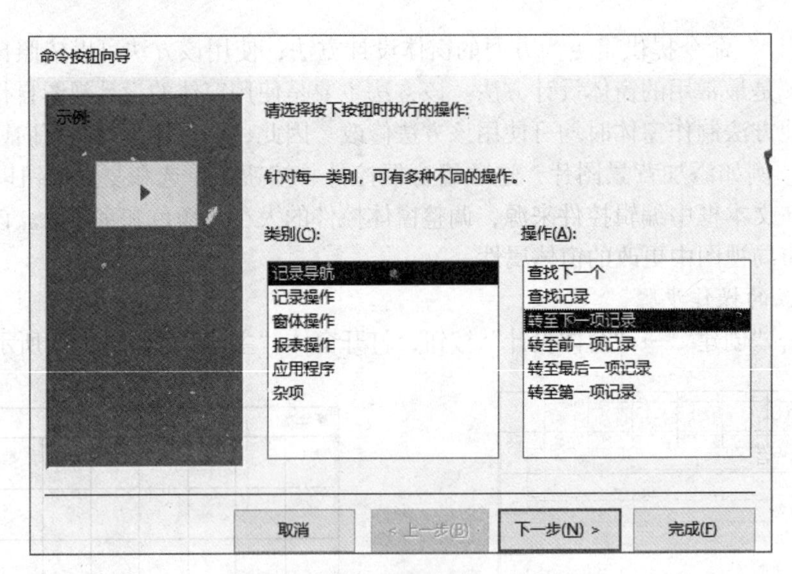

图 5.48 “命令按钮向导”对话框

（7）单击“下一步”按钮，再选择“文本”选项，完成的窗体上“下一项记录”按钮，如图 5.49 所示。

（8）单击“下一步”按钮，显示缺省命令按钮的名字“Command1”，再选择“完成”导航按钮。

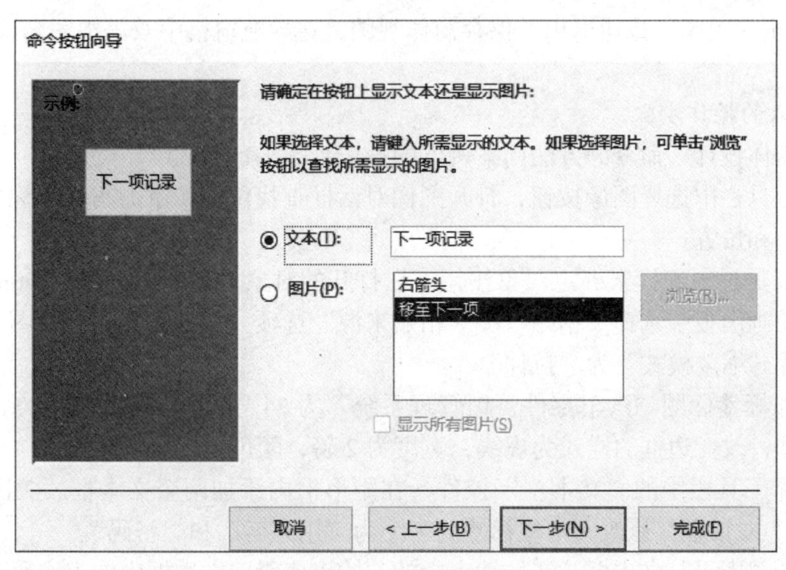

图 5.49　添加按钮导航

（9）同理，按照上述方法拖动 3 次命令按钮，分别选择“转至前一项记录”“转至最后一项记录”“转至第一项记录”选项，如图 5.50 所示。

（10）单击工具栏的属性表或用鼠标右键单击“属性”打开对话框，从“所选内容的类型”下拉列表中选择“窗体”选项，再单击“格式”选项卡的“图片”选项右侧的“…”按钮，找到图片所在位置（“bg.jpg”）。选择“图片缩放方式”（“剪辑”“拉伸”“缩放”），其中：“剪辑”会剪切图片，“拉伸”将图片按窗体大小显示，“缩放”按照图片全景显示，缺省为“剪辑”，这里选择“拉伸”，如图 5.51 所示。

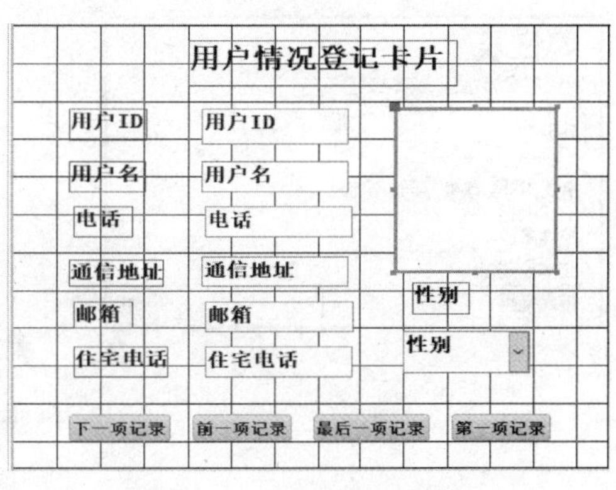

图 5.50　添加 4 个导航按钮

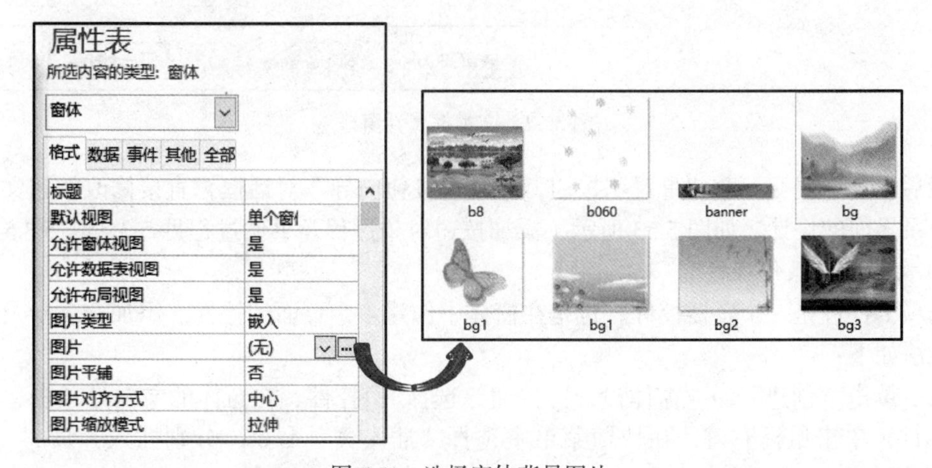

图 5.51　选择窗体背景图片

（11）单击“关闭”按钮退出并保存窗体视图，在导航窗格中双击视图名即可看到图 5.4 所示结果。

2. 案例六的操作步骤

使用“窗体设计”命令的方法同案例五的操作步骤（1）、（2），然后：

（1）在工具栏中选择图像按钮，打开图像对话框查找位置，添加图片到标题左上角，调整图片的大小和位置。

（2）在工具栏中选择未绑定对象按钮，在打开的对象对话框中选择“Bitmap Image”选项，在打开的画图板中选择“粘贴”→“粘贴来源”选项，找到图片并调整图片的大小和位置，设置图片“缩放模式”为“拉伸”。

（3）添加标签标题“汽车零件营销管理系统”为 24 号字（宋体、蓝色），在右下侧添加一个矩形框，改变边框的样式为虚线，宽度为 2 磅，颜色为红色。

（4）选择工具栏中的“文本框”控件，在矩形框内添加两个文本框。关闭自动打开的“文本框向导”对话框，修改文本框标签的名字为“用户名”和“密码”。

（5）单击“密码”文本框，在属性表中的“输入掩码”文本框中输入密码，或双击右侧的“…”按钮，打开“输入掩码向导”对话框，选择“密码”选项，如图 5.52 所示。

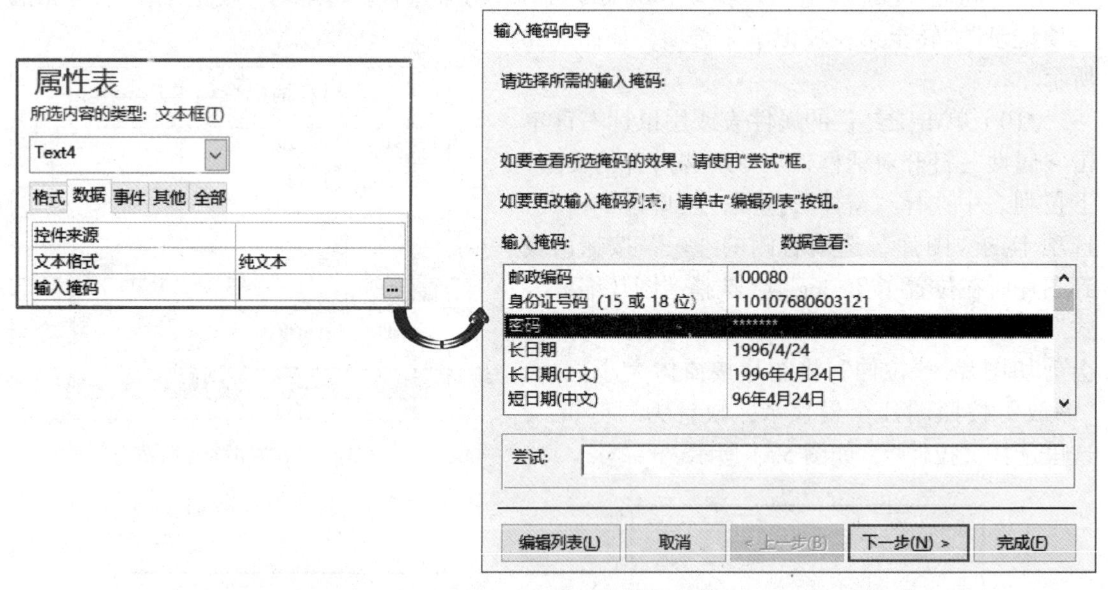

图 5.52　文本框属性窗口

最后添加“提交”和“重置”按钮，关闭“按钮向导”对话框，直接修改按钮文字即可完成登录界面的设计，如图 5.53 所示（添加按钮对象过程及事件过程见 5.3.2 ~ 5.3.5 节）。

3. 案例七的操作步骤

选项卡控件是一个容器控件，也是在窗体中创建多个页面的控件。添加选项卡及导航按钮的方法如下：

（1）单击“创建”→“窗体设计”按钮，选择 控件，在窗体的空白处单击，添加选项卡控件，单击鼠标右键，在快捷菜单中选择“插入页”命令，分别插入“页 3”和“页 4”，如图 5.54 所示。

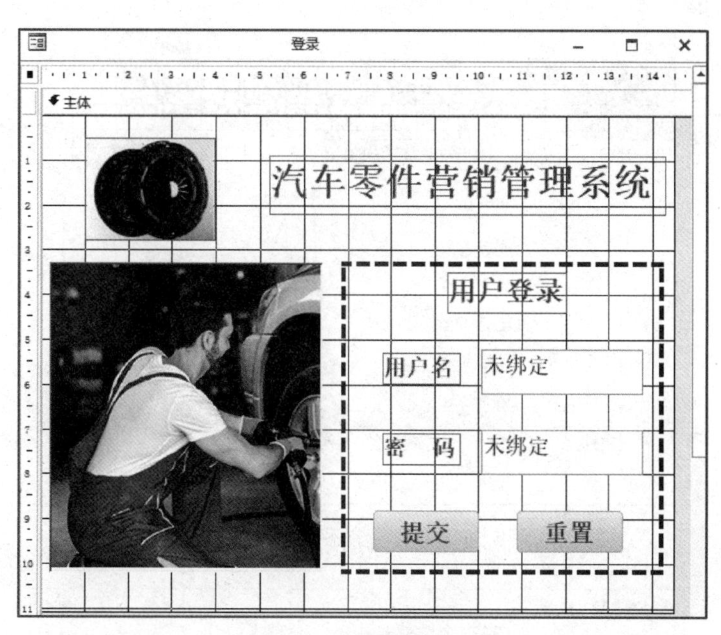

图 5.53　登录框窗体视图

（2）单击鼠标右键选择“属性”选项，将“页 1”～“页 4”的名称分别改为“用户注册”“产品查询”“销售商查询”和“供应商查询”，如图 5.55 所示。

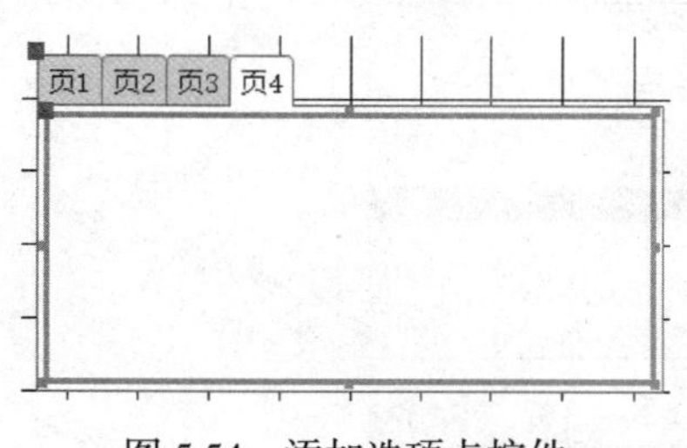

图 5.54　添加选项卡控件

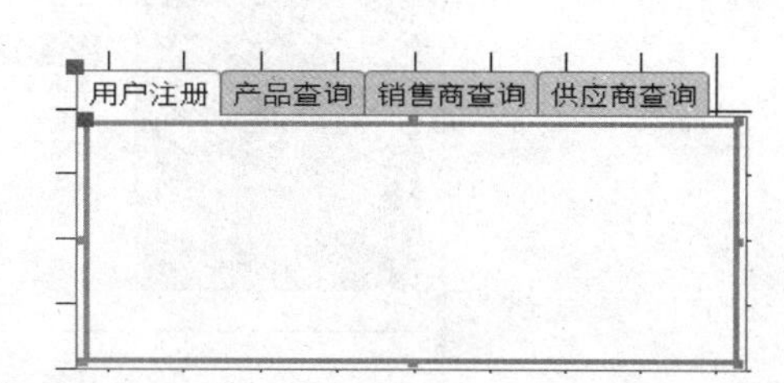

图 5.55　修改选项卡名称

（3）调整选项卡控件到合适位置，添加窗口标题标签“汽车零件营销管理系统”，并调整字体为“华文彩云”、大小为 26 号。选择窗体属性，添加“图片”背景，再单击“用户注册”选项卡。

（4）选择工具栏中的“添加现有字段”命令，从右侧打开的“字段列表”中选择“用户表”字段并拖动到选项卡中，如图 5.56 所示。

（5）单击工具栏中的“设计”→“命令按钮”按钮，打开“命令按钮向导”对话框，选择“记录操作”→“添加新记录”选项，单击“下一步”按钮，如图 5.57 所示。

（6）选择“文本”的按钮，修改“新用户注册”，单击“完成”按钮，如图 5.58 所示。

（7）增加“撤销记录”“保存记录”和“删除记录”按钮，完成“用户注册”页的设计。

（8）分别单击“产品查询”“销售商查询”和“供应商查询”选项卡，按照步骤（4）～（6）添加产品表、销售商表和供应商表数据源，并拖动到相应的选项卡，调整到合适的位置，再按照案例五的步骤添加导航按钮即可，如图 5.7 ～图 5.9 所示。

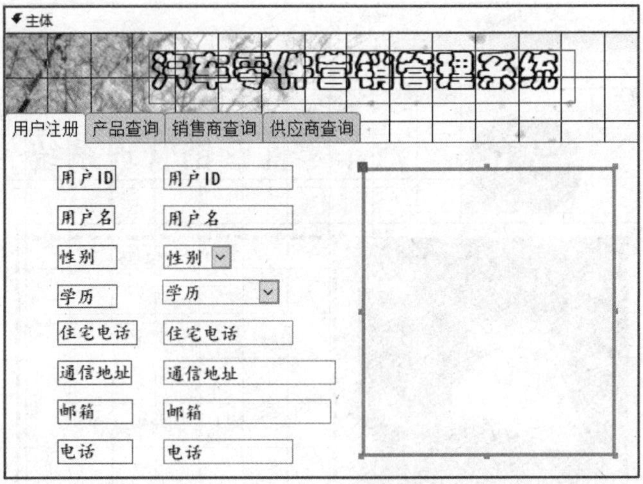

图 5.56　为选项卡添加用户表信息

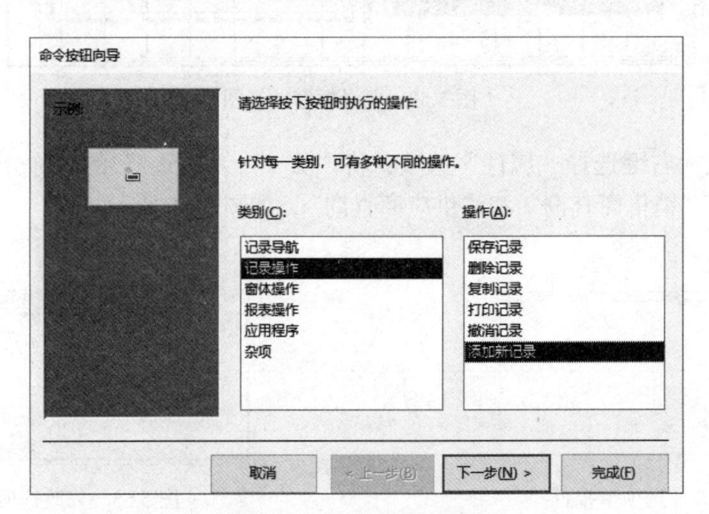

图 5.57　添加新记录按钮

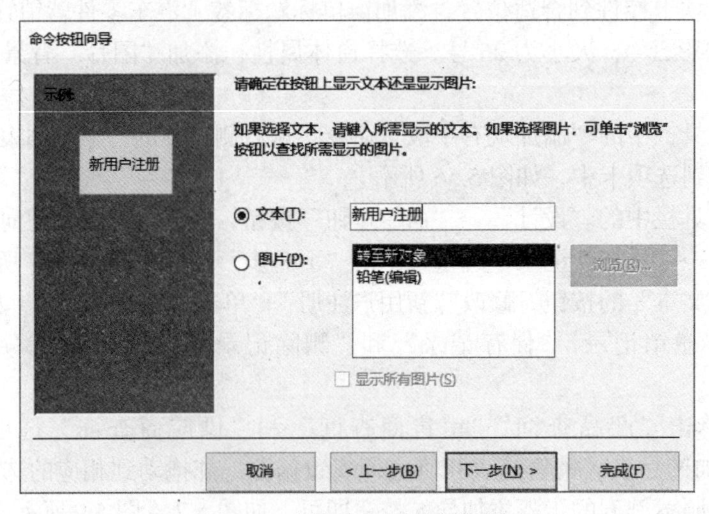

图 5.58　添加新记录按钮标题

4. 案例八的操作步骤

（1）单击“创建”→“窗体设计”按钮，打开新建窗体，选择“导航控件”图标，将导航控件放入窗体中，如图 5.59 所示。

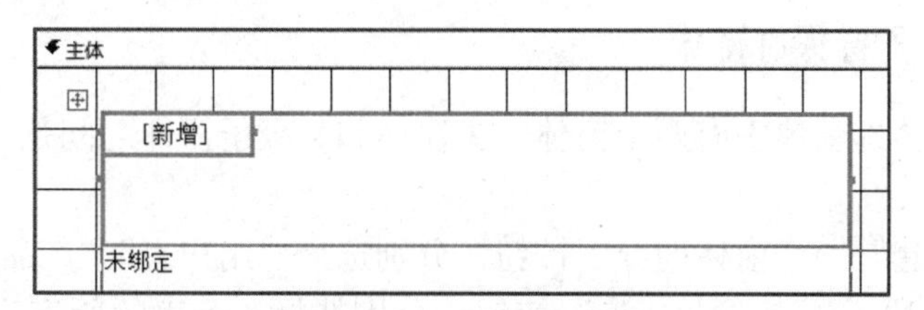

图 5.59　导航控件的添加

（2）在“新增”导航控件处双击，输入已创建的窗体名称，自动绑定同名窗体，若输入的名称不存在同名窗体，需要单击“未绑定”处输入窗体名称才能进行导航。按向右方向键，在出现的“新增”导航控件中添加导航项，最后添加标签标题“汽车零件营销管理系统”，如图 5.60 所示。

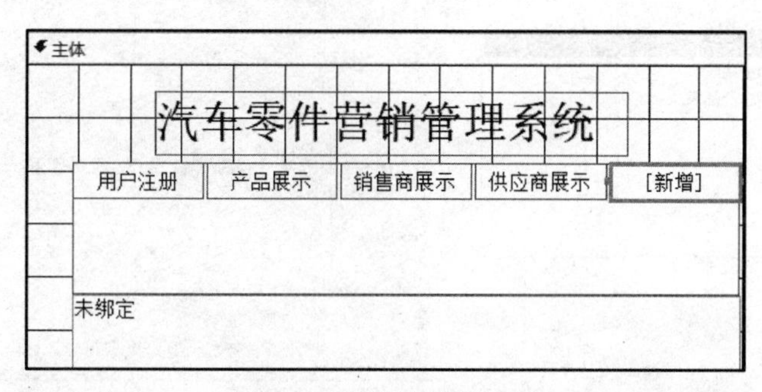

图 5.60　导航控件的添加

（3）在窗体空白处单击鼠标右键，选择“窗体”属性，在“图片”中添加背景图片，此时单击任意一项导航，均可在下方出现同名窗体内容，如图 5.61 所示。

图 5.61　为选项卡添加供应商信息

（4）单击“关闭”按钮保存窗体视图名称为“综合管理”，双击打开该导航窗体后，导航自动打开第一个窗体，单击不同的导航按钮将打开相应的窗体，如图 5.10 ~ 图 5.13 所示。

5.4.4 创建带子窗体的窗体

带子窗体的窗体即窗体中有两个窗体，主窗体和一级子窗体之间是一对多关系。建立的步骤如下：

（1）单击“创建”→“窗体向导”按钮，分别选择“用户表”“产品表”和“销售商表”数据源中的多个字段，单击“下一步”按钮，分别选择 3 个表的所需字段，再单击“下一步”按钮，在对话框右上角看到输出字段数据，选择“带有子窗体的窗体”选项（当选择数据源是多个表且具有一对多关系时才出现），单击“下一步”按钮，如图 5.62 所示。

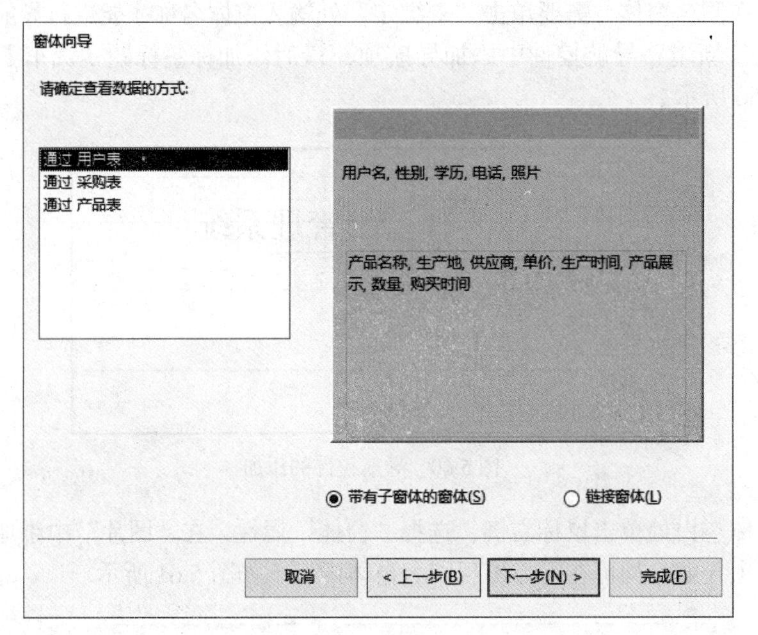

图 5.62　查看输出字段

（2）输出形式选择“数据表”显示方式，单击“下一步”按钮，输入窗体标题“用户表采购子窗体”，再选择“打开窗体查看或输入信息”选项，单击“完成”按钮，如图 5.63 所示。

（3）用鼠标右键单击窗体视图，选择“设计视图”选项，按照上述方法调整显示位置和排列对齐方式，保存后再双击可看到带子窗体的窗体，如图 5.64 所示。

5.4.5 自动创建窗体

在 Access 2016 使用“窗体”命令可自动创建窗体，前提是先要选择一个数据源（表或查询），若要展示多个表数据项需要事先建立多表查询，系统自动完成窗体布局。步骤如下：

（1）选择数据源，单击“创建”→“窗体”按钮，自动打开完成的窗体布局。

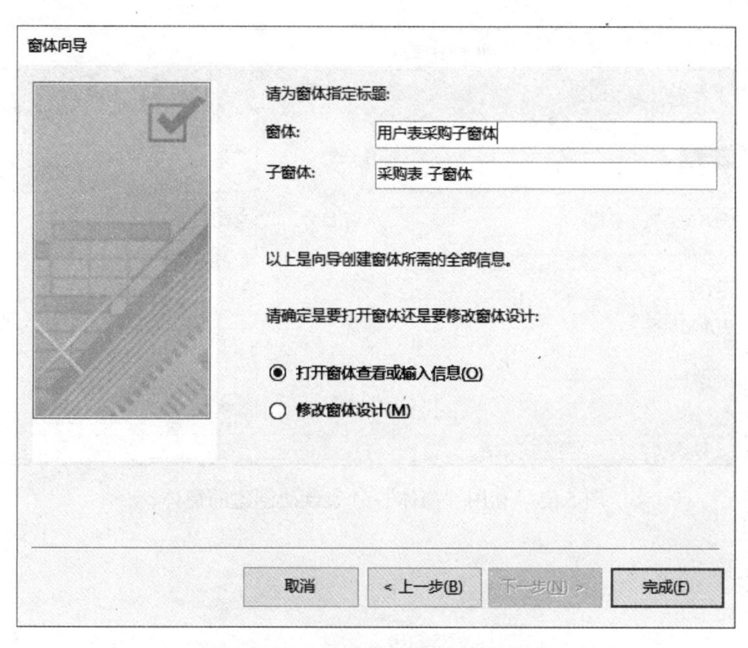

图 5.63　选择窗体标题和打开形式

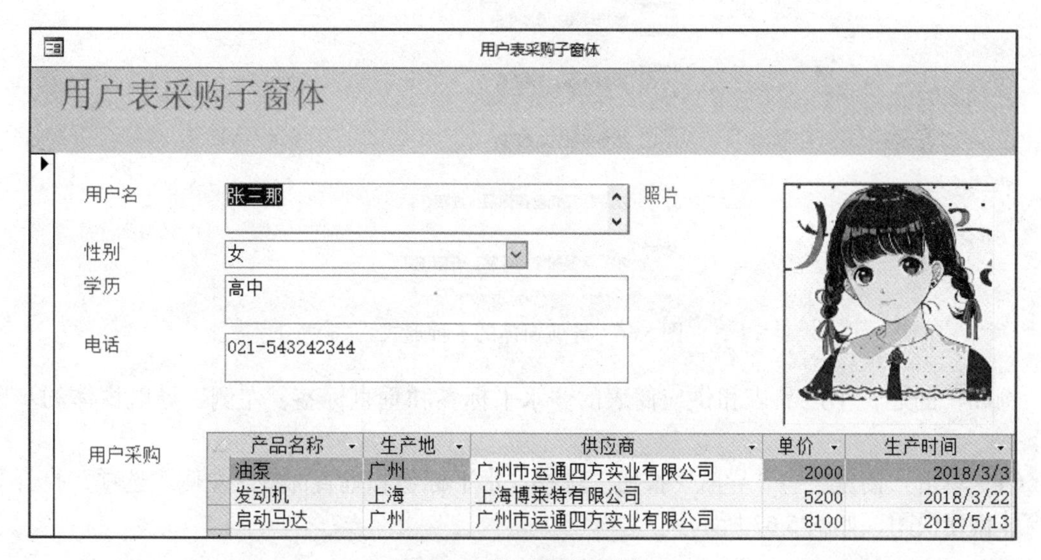

图 5.64　带子窗体的窗体

（2）在布局视图中，可以同时对窗体进行设计更改，调整文本框的大小以适应数据。例如：若选择具有一对多关系的查询“用户表采购查询”数据源，创建的窗体具有多表数据项，如图 5.65 所示。

5.4.6　创建导航窗体

导航窗体是以行和列的形式排列的数据视图。Access 2016 提供了 6 种导航窗体，包括水平标签；垂直标签，左侧；垂直标签，右侧；水平标签，2 级；水平标签和垂直标签，左侧及水平标签和垂直标签，右侧，如图 5.66 所示。

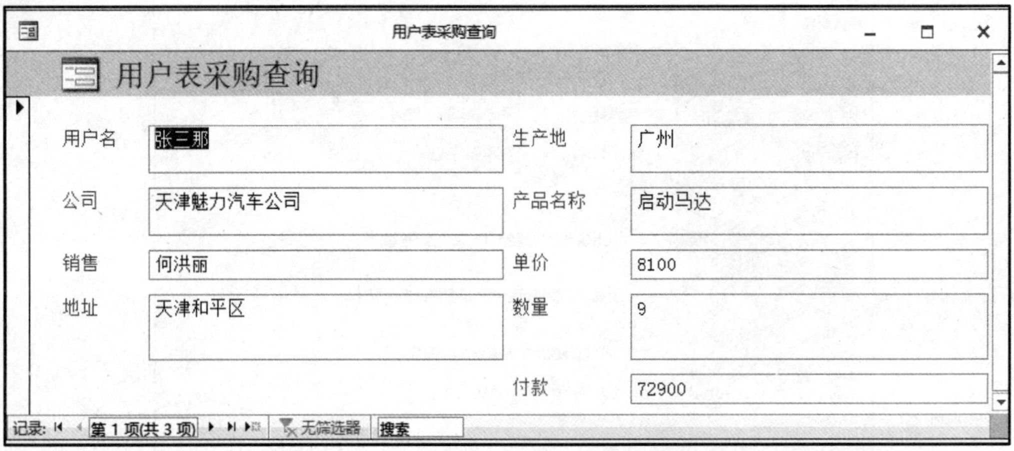

图 5.65　利用“窗体”命令自动创建的窗体

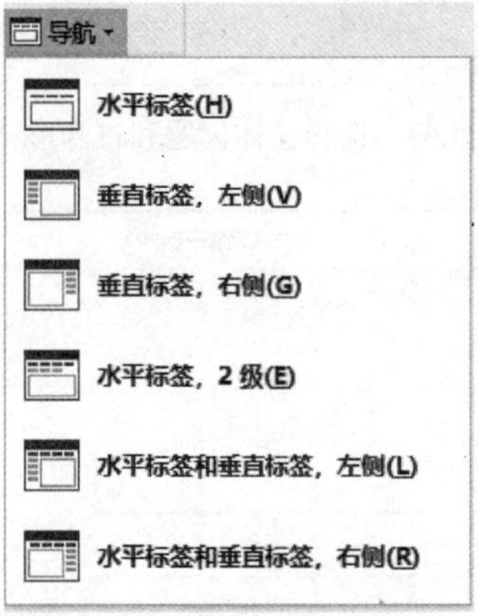

图 5.66　导航窗体的 6 种形式

例如，创建一个产品表和供应商表的“水平标签和垂直标签，左侧”导航窗体的步骤如下：

（1）单击“创建”→“导航”按钮，选择“水平标签和垂直标签，左侧”选项，打开导航窗体创建视图，如图 5.67 所示。

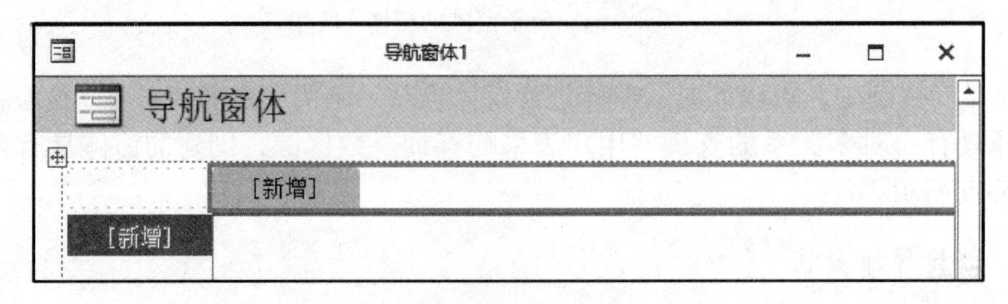

图 5.67　水平标签和垂直标签，左侧

（2）逐个拖动右侧字段列表下的产品表字段到水平“新增”项中，拖动供应商表字段到垂直的“新增”项中，如图 5.68 所示。

（3）单击“关闭”按钮，输入保存的窗体视图名，默认为“导航窗体 + 数字”，双击保存的窗体视图，可以得到图 5.69 所示的效果。

导航窗体
导航窗体
产品ID s0016
产品名称 发动机
类别 发动机
生产地 长春
供应商 长春第一机床厂
生产时间 2019/6/21
产品展示
单价 5000
[新增]
供应商ID ps0016
供应商_供应商 长春第一机床厂
联系方式 0431-6756432
[新增]

图 5.68　拖动产品表字段和供应商表字段

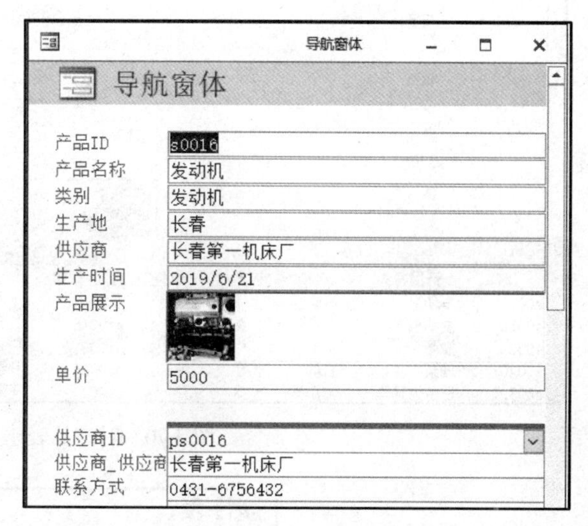

图 5.69　导航窗体效果

说明：其他 5 种导航窗体的操作步骤相同。

5.4.7　使用“分割窗体”命令创建窗体

1. 创建分割窗体

分割窗体模式可以将普通视图和数据表视图合并在同一个窗体中，同时提供窗体和数据表两种视图。它不同于窗体 / 子窗体的组合，两个视图连接着同一数据源，且相互保持同步。若在窗体的一部分中选择了某一字段，则另一部分中也选择相同的字段，这样可以从任一部分添加、编辑或删除数据。使用“分割窗体”命令的操作步骤如下：

（1）选择数据源（表或查询），单击“创建”→“其他窗体”按钮，再选择“分割窗体”命令。对产品表建立的分割窗体如图 5.70 所示。

（2）利用设计视图可添加标题、背景并调整文本框的大小，完成分割窗体的修饰。

（3）利用分割窗体同时显示两种类型的数据，可完成数据表在窗体中的快速定位，便于查看或编辑记录。

2. 将现有窗体转变为分割窗体的方法

（1）用鼠标右键单击任意建立的窗体视图，选择“布局视图”选项，再用鼠标右键单击主体部分选择“属性”选项。

（2）选择“属性表”→“窗体”→“格式”选项卡，在“默认视图”列表中，将“单个窗体”改为“分割窗体”，如图 5.71 所示。

（3）保存并关闭窗体，然后在导航窗格中双击窗体打开即可。例如，将销售商表单个窗体改为分割窗体，如图 5.72 所示。

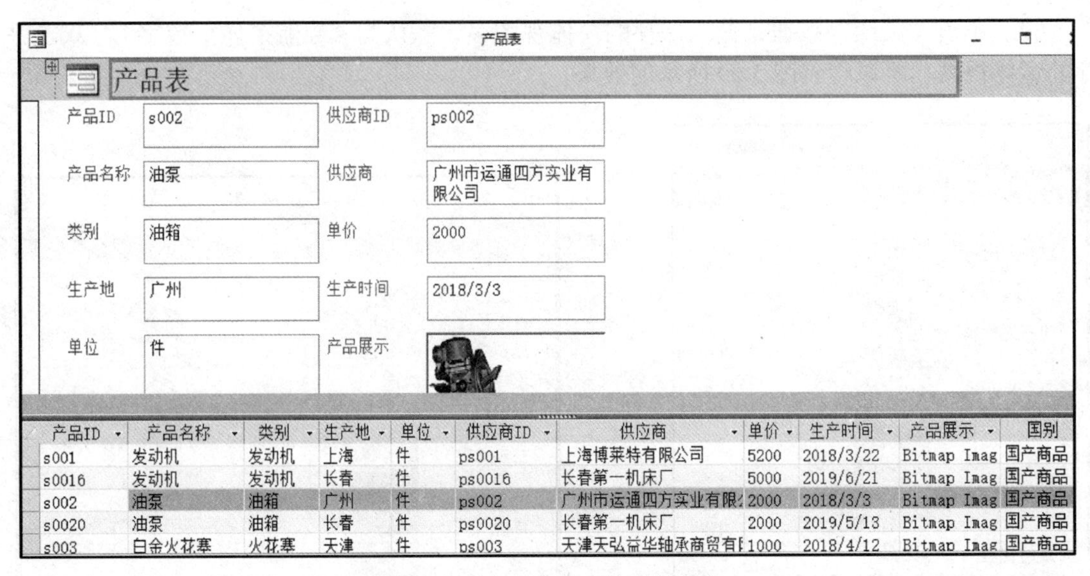

图 5.70 对产品表建立的分割窗体

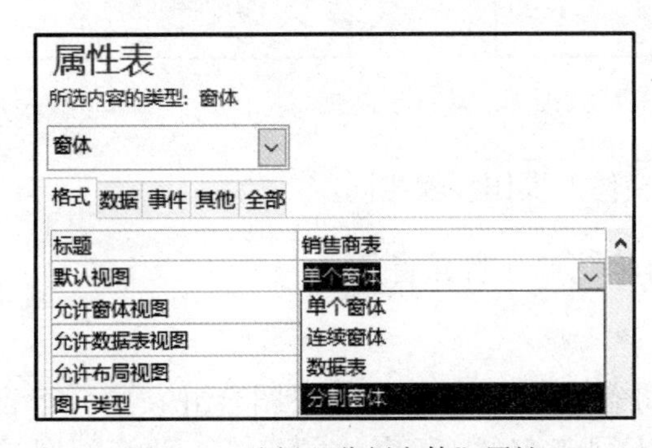

销售商表

销售商ID	公司	销售	电子邮件地址	职务	业务电话	移动电话	地址	城市
BJ001	北京腾达汽车公司	王学文	wang@163.com	经理	010-61234526	13311111111	北京海淀区上地	北京
BJ002	北京加达汽车公司	刘芮征	liu123@126.com	销售	010-56655454	19802121212	北京丰台区	北京
BJ003	北京富力汽车公司	赵新	zhaoxin@foxmail.com	销售	010-67890123	15234567879	北京西城区	北京
SH003	上海通用汽车公司	张宜敏	zhangmin@sina.com	CEO	021-12345678	13333333333	上海虹桥区	上海
TJ002	天津魅力汽车公司	何洪丽	hongli@126.com	会计	022-67812345	12222222222	天津和平区	天津

销售商表

销售商ID BJ001
公司 北京腾达汽车公司
销售 王学文
电子邮件地址 wang@163.com
职务 经理
业务电话 010-61234526
移动电话 13311111111
地址 北京海淀区上地

图 5.72 转换的分割窗体

3. 设置分割窗体属性

在打开的分割窗体属性列表中，选择“窗体”→“格式”选项卡，可更改窗体属性以显示不同效果，如图 5.73 所示。

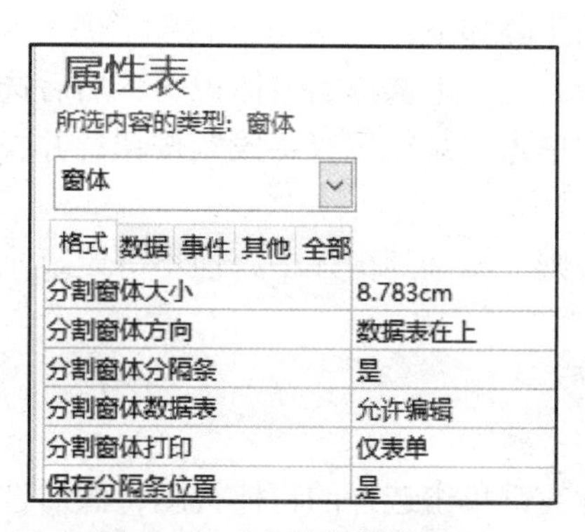

图 5.73　分割窗体属性设置

分割窗体属性见表 5.2。

表 5.2　分割窗体属性

属性	说明
分割窗体大小	为分割窗体部分指定精确的高度或宽度（具体取决于窗体是垂直分割还是水平分割）。例如，输入“1”可将窗体的高度或宽度设置为 1 英寸。输入“自动”可通过其他方式设置尺寸，例如在布局视图中拖动分隔条
分割窗体方向	定义数据表显示在窗体的上方、下方、左侧或右侧
分割窗体分隔条	如果设置为“是”，将允许通过移动分割两部分的分隔条来调整窗体和数据表的大小。可以拖动分隔条，扩大或缩小数据表的空间。如果该属性设置为“否”，将隐藏分隔条，且无法调整窗体和数据表的大小
分割窗体数据表	如设置为“允许编辑”（且窗体的记录源可更新），将可编辑数据表；若设置为“只读”，将禁止对数据表进行编辑
分割窗体打印	指定打印窗体的部分。若设置为“仅表单”，则仅打印窗体部分；若设置为“仅数据表”，则仅打印数据表部分
保存分隔条位置	若设置为“是”，当窗体打开时，分隔条将处于上次关闭窗体时所在的位置；若设置为“否”，将无法调整窗体和数据表的大小，并会隐藏分隔条

4. 固定窗体分割线

将窗体分割线固定在某个位置以使用户无法移动的操作步骤如下：

（1）在导航窗格上用鼠标右键单击窗体视图，选择“设计视图”选项，按 F4 键显示属性下拉列表。

（2）在属性表顶部的下拉列表中选择“窗体”选项，并将列表的“分割窗体分隔条”属性设置为“否”。

（3）将“保存分隔条位置”属性设置为“是”。

（4）用鼠标右键单击选择的窗体视图，单击“布局视图”按钮，将分隔条拖动到所需位置（或在“分割窗体大小”属性框中输入精确的高度）。

（5）切换到窗体视图查看结果，可看到分割线固定在设置的位置并被隐藏起来。

5. 将字段添加到分割窗体

将字段添加到分割窗体的步骤如下：

（1）在导航窗格中用鼠标右键单击选择的窗体视图，然后选择“布局视图”选项。

（2）在“设计”选项卡中单击“添加现有字段”按钮，并找到要添加的字段，然后将该字段拖到窗体中。

（3）若将字段拖到数据表则会添加到窗体中，但不一定显示在需要的地方，建议将字段直接拖到窗体中。

6. 从分割窗体中删除字段

从分割窗体中删除字段的步骤如下：

（1）在导航窗格中用鼠标右键单击选择的窗体视图，然后选择“布局视图”选项。

（2）在分割窗体的窗体部分单击字段以将其选中，然后按 Delete 键，从窗体和数据表中删除字段。

5.4.8 使用“多个项目”工具创建窗体

使用“窗体”命令自动创建窗体时，该窗体一次仅显示一条记录，若需要一次显示多条记录，可使用“多个项目”工具。使用“多个项目”工具创建的窗体类似于数据表，可按照行和列的形式查看多条记录。“多个项目”工具提供了比数据表更多的自定义选项，例如添加图形元素、按钮和其他控件的功能，且在布局视图中显示窗体数据的同时，可按照数据调整文本框的大小或按其他操作更改设计。使用“多个项目”工具创建窗体的步骤如下：

（1）在导航窗格中，单击在窗体上显示的数据表或查询，或者在数据表视图中打开该表或查询。

（2）单击“创建”→“其他窗体”→“多个项目”按钮。基于用户采购销售查询使用“多个项目”工具创建的窗体如图 5.74 所示。

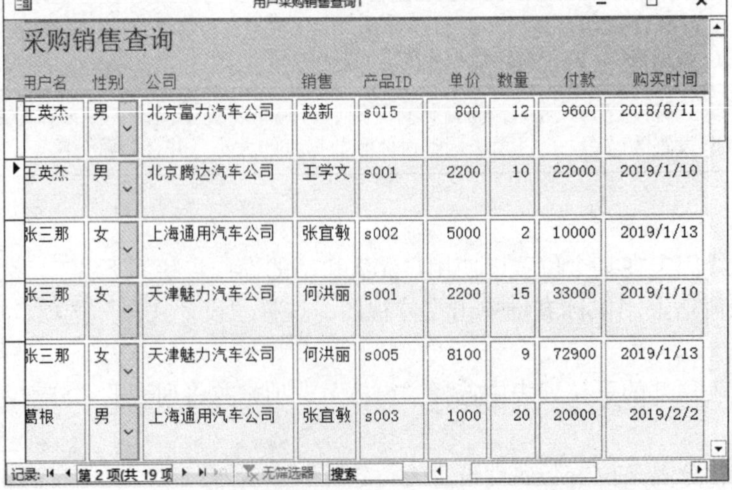

用户采购销售查询1

采购销售查询

用户名	性别	公司	销售	产品ID	单价	数量	付款	购买时间
王英杰	男	北京富力汽车公司	赵新	s015	800	12	9600	2018/8/11
王英杰	男	北京腾达汽车公司	王学文	s001	2200	10	22000	2019/1/10
张三那	女	上海通用汽车公司	张宜敏	s002	5000	2	10000	2019/1/13
张三那	女	天津魅力汽车公司	何洪丽	s001	2200	15	33000	2019/1/10
张三那	女	天津魅力汽车公司	何洪丽	s005	8100	9	72900	2019/1/13
葛根	男	上海通用汽车公司	张宜敏	s003	1000	20	20000	2019/2/2

记录: 第 2 项(共 19 项 无筛选器 搜索

图 5.74 使用“多个项目”工具创建的窗体

本章小结

本章重点讲述了 Access 2016 窗体、窗体控件的基本操作方法和使用。

本章通过创建窗体的 5 个案例，讲解窗体的文本框、标签、列表框 / 组合框、选项卡、按钮、图表、导航窗体、单选按钮和复选框常用控件的操作和使用方法。

考核要点

（1）Access 2016 窗体的创建方法；

（2）窗体的种类；

（3）窗体视图内容；

（4）窗体控件的添加、修饰及使用方法。

第 6 章
创建和打印报表

报表是 Access 2016 数据库中的一个对象，它是以打印格式显示数据的一种有效方式，其主要作用不仅是将数据库数据打印输出，且能将大量数据进行分类、排序和汇总，特别是对上万条记录生成的数据打印报表，进行统计分析速度快，且操作简便。

6.1 报表设计

6.1.1 节的操作

报表由报表页眉、页面页眉、主体、页面页脚和报表页脚 5 个部分组成，每个部分称为一个“节”。所有报表都必须有主体节。根据需要可随时添加“报表页眉”“报表页脚”“页面页眉”和“页面页脚”节。

（1）报表页眉：用于显示报表开始处的标题、图形或说明文字，报表的每一页只有一个报表页眉，如图片、标题或日期等，仅在报表开头出现一次。常在报表页眉中放置一个函数汇总整个报表数据。例如，若将聚合函数 Sum( ) 放在报表页眉中，则计算整个报表的合计。

（2）页面页眉：用于显示报表中的字段名称或记录的分组名称，报表的每一页有一个页面页眉。

（3）主体：用于显示或处理表或查询中的每一条记录数据，是报表显示数据的主要区域。

（4）页面页脚：用于在每页的底部显示本页的汇总，报表的每一页有一个页面页脚。

（5）报表页脚：位于报表结尾处所有记录处理区域，常用来统计记录个数。

创建报表时，只显示主体、页面页眉和页面页脚，可以用鼠标右键单击报表视图，添加报表页眉和报表页脚，如图 6.1 所示。

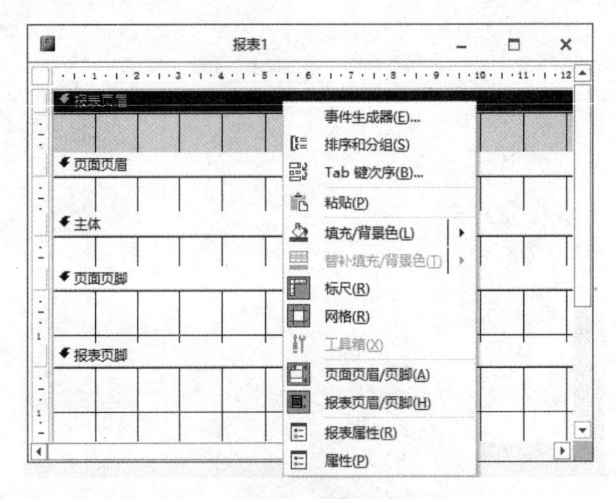

图 6.1　报表组成

6.1.2　聚合函数

1. 常用聚合函数

报表中常用的聚合函数见表 6.1。

表 6.1　常用聚合函数

计算	说明	函数
求总计	该列所有数字的总和	Sum（ ）
求平均	该列所有数字的总和	Avg（ ）
求列计数	该列属性值计数	Count（ ）
求总计数	对所有元组计数	Count（*）
求最大值	该列的最大数字或字母值	Max（ ）
求最小值	该列的最小数字或字母值	Min（ ）
求标准偏差	估算该列一组数值的标准偏差	Stdev（ ）
求方差	估算该列一组数值的方差	Var（ ）

2. 聚合函数的使用方法

（1）在报表设计视图中选择“报表页脚”节，添加文本框，输入函数“=Count（*）”，表示计算所有元组数。也可用鼠标右键单击该文本框，单击“属性”按钮，在“控件来源”属性框中输入以等号开始的 Count 函数来计算汇总值，如图 6.2 所示。

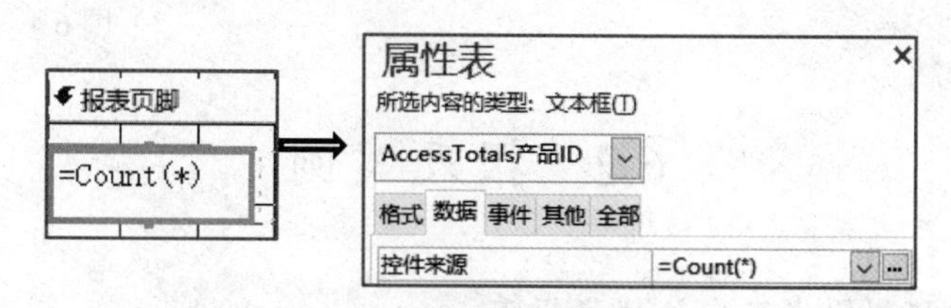

图 6.2　报表汇总函数

（2）添加时间日期：在报表设计视图中，需要添加“报表页眉 / 页脚”节，再单击工具栏中的“日期和时间”按钮。也可以添加“文本框”控件，单击鼠标右键，选择“属性”选项，在“控件来源”属性框中输入表达式“=Date（ ）”和“=Time（ ）”，或在文本框中直接输入函数“=Date（ ），=Time（ ）”，这两个函数分别取当前日期和时间，再通过“时间日期”对话框，选择相应的日期时间格式、位置和对齐方式。

（3）求平均或求和：需要在“报表页脚”节中添加文本框，输入函数“=Avg（数值字段）”或“=Sum（数值字段）”，该文本框“属性”的“控件来源”必须与表字段绑定。例如，求产品表中的平均价格，如图 6.3 所示。

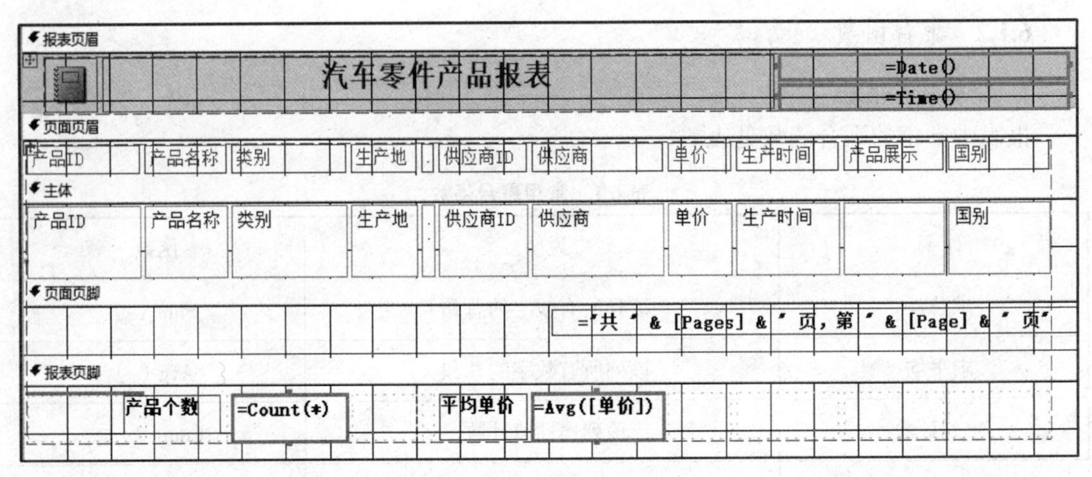

图 6.3 求产品表的平均价格

6.1.3 添加图片和页码

在报表中添加图片和页码的步骤如下：

（1）添加图片：执行工具栏中的“插入图片”命令，则在“报表页眉”节上可添加一个 logo 图片，此时自动打开文件路径，找到图片所在位置双击即可。

（2）添加页码：执行工具栏中的“页码”命令，出现“页码”对话框，如图 6.4 所示，选择页码的格式、位置和对齐方式。也可在页面底端或顶端利用标签写入函数“=" 页 "&[Page]”，此时将在“页面页脚”或“页面页眉”节中显示页码。

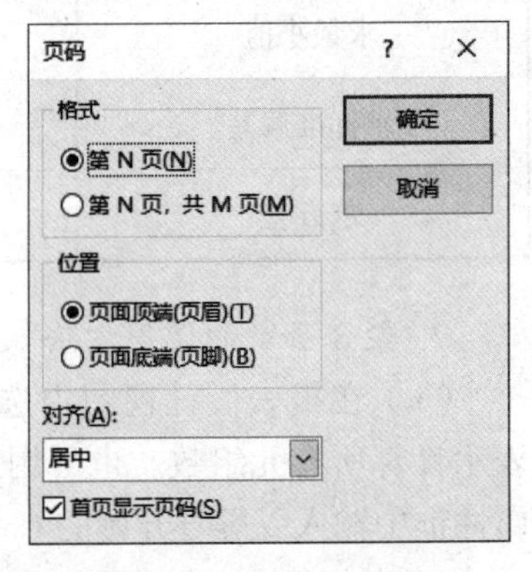

图 6.4 “页码”对话框

6.2 报表案例

案例九 自动和利用报表向导创建报表

本案例重点讲述使用 Access 2016 简单制作报表的方法和步骤，帮助读者掌握快速报表的使用，操作步骤见 6.3.1 和 6.3.2 节。

1. 案例说明

图 6.5 和图 6.6 所示是制作好的产品报表。数据源选择第 3 章中营销管理数据库的产品表。

2. 知识点分析

（1）自动创建报表的方法。

（2）在报表页眉中添加标题的方法。

3. 案例展示

产品报表

汽车零件产品报表　　2019年7月31日 20:07:45

产品II	产品名称	类别	生产地	单位	供应商I	供应商	单价	生产时间	产品展示	国别
s0016	发动机	发动机	长春	件	ps0016	长春第一机床厂	5000	2019/6/21		国产商品
s0020	油泵	油箱	长春	件	ps0020	长春第一机床厂	2000	2019/5/13		国产商品
s001	发动机	发动机	上海	件	ps001	上海博莱特有限公司	5200	2018/3/22		国产商品
s002	油泵	油箱	广州	件	ps002	广州市运通四方实业有限公司	2000	2018/3/3		国产商品

图 6.5　自动创建报表

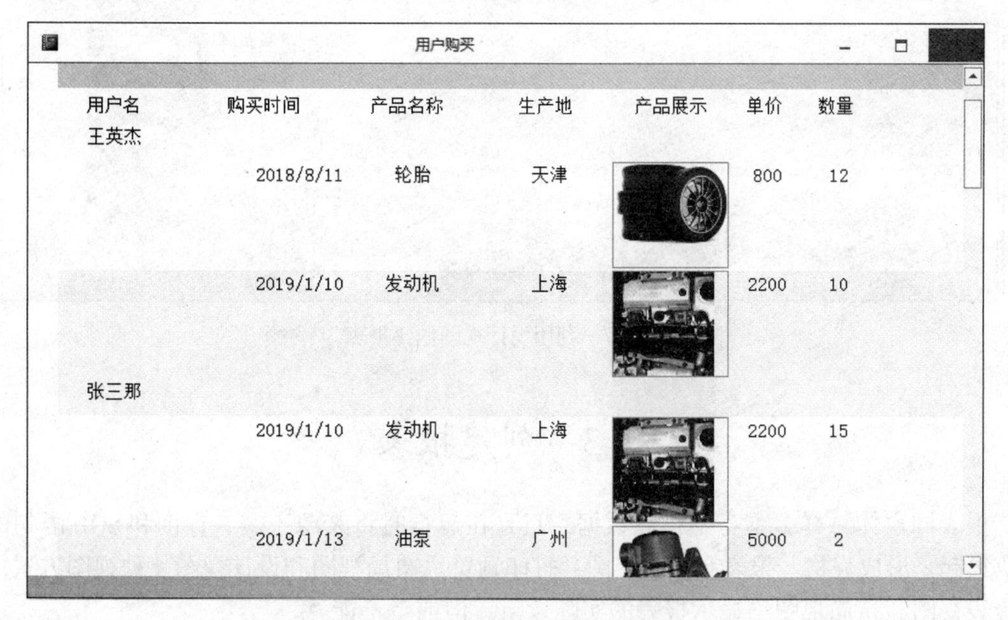
用户购买

用户名	购买时间	产品名称	生产地	产品展示	单价	数量
王英杰						
	2018/8/11	轮胎	天津		800	12
	2019/1/10	发动机	上海		2200	10
张三那						
	2019/1/10	发动机	上海		2200	15
	2019/1/13	油泵	广州		5000	2

图 6.6　利用报表向导创建报表

案例十　利用设计视图创建报表

1. 案例说明

图 6.7 所示是利用设计视图制作的用户跟踪报表。操作步骤见 6.3.3 节。

2. 知识点分析

（1）利用设计视图创建报表的方法。

（2）在报表页眉中添加标题的方法。

（3）报表节的使用。

（4）在页面页眉中添加时间、日期函数的方法。

（5）插入页码的方法。

（6）设置报表页脚汇总计数函数的方法。

3. 案例展示

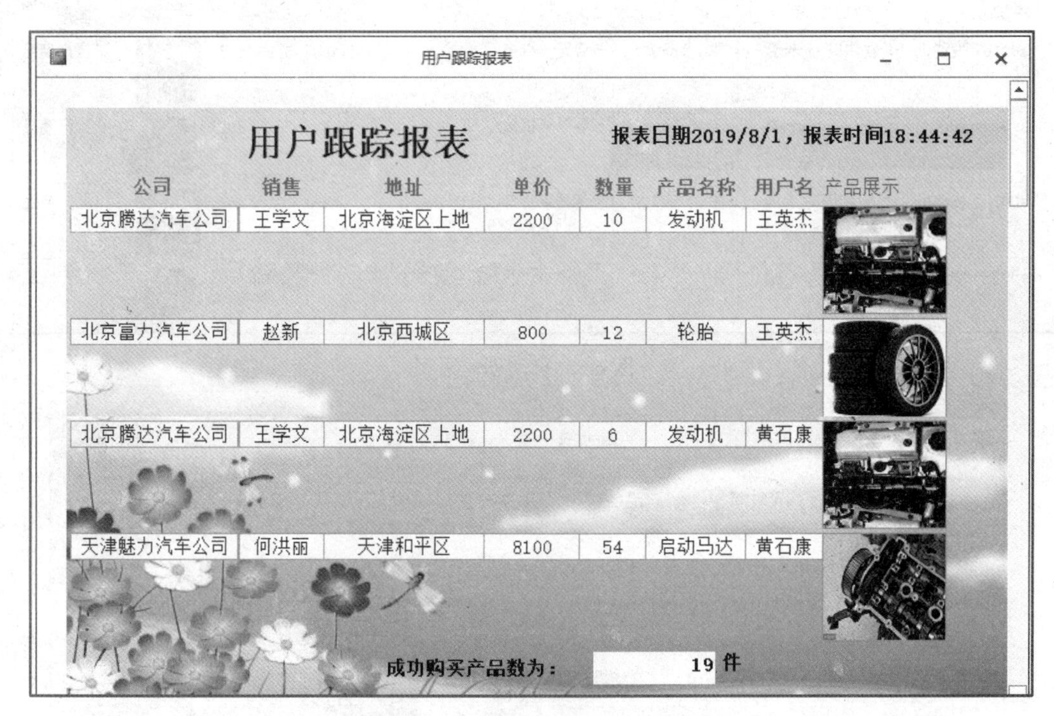

图 6.7　利用设计视图创建报表

6.3　创建报表

报表同窗体一样，本身不存储数据，只是在运行时将来源于表、查询和 SQL 语句的信息收集起来形成表格。报表有报表视图、打印预览、布局视图和设计视图 4 种视图方式。其中报表视图和布局视图均显示报表的实际效果，但前者不能修改，后者可进行修改，设计视图可以创建报表或更改已有报表的布局，打印预览可用于查看报表打印时的全部数据及页面显示样式。创建报表有报表（自动创建）、报表设计、报表向导、空报表和标签 5 种方法，如图 6.8 所示。

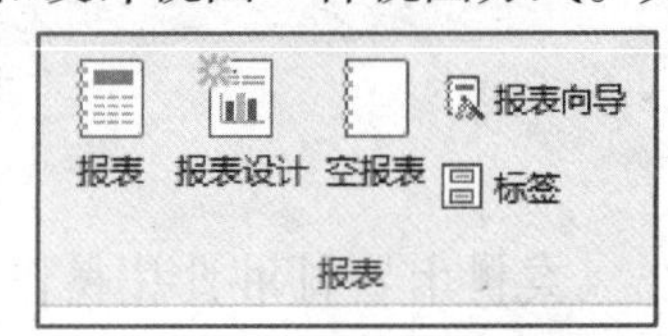

图 6.8　创建报表的方法

6.3.1　自动创建报表

自动创建报表只能基于一个表或一个查询，并自动输出给定表或查询中的所有字段和记录。当使用一个表的部分数据或多个表的数据时，先要生成单表或多表查询，再建立报表。自动创建报表的步骤如下：

（1）选择数据源，单击表或查询，这里选择产品表。

（2）单击“创建”选项卡，再单击“报表”按钮，打开自动创建的报表。

（3）保存退出后用鼠标右键单击报表视图，选择“设计视图”修改标题标签并使之居中。

（4）保存退出，双击报表视图即可看到图 6.5 所示结果。

6.3.2　利用报表向导创建报表

利用报表向导创建报表不仅可以选择报表上的多个数据源，还可以指定数据的分组和排序方式。若在报表上显示多表数据，必须先建立表间关系或建立多表查询。利用向导创建报表的步骤如下：

单击“创建”选项卡，再单击“报表向导”按钮，选择报表中的表或查询数据源，再选择字段（操作同窗体向导）。若选择了用户表、采购表、产品表 3 个表，结果如图 6.9 所示。

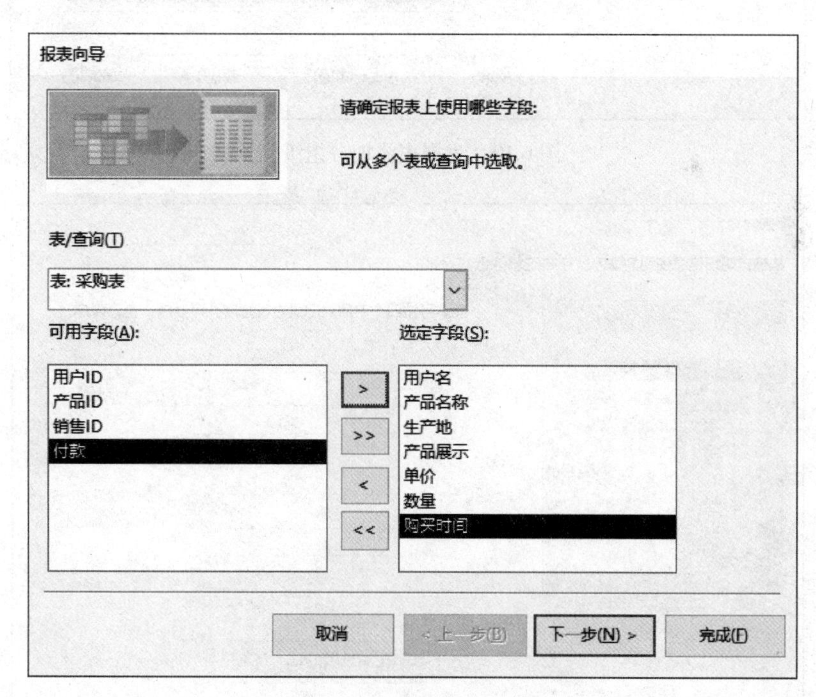

图 6.9　为报表添加字段

（2）单击“下一步”按钮，确定查看数据的方式，左窗口为用到的表，右窗口为显示的字段，如图 6.10 所示。

（3）可以按升序或降序对记录进行排序，最多可以使用 4 个字段作为排序依据，且按顺序依次排序，即当第一排序字段数值相同时按第二排序字段排序，当第二排序字段数值相同时按第三排序字段排序，依此类推。若按购买时间降序排序，如图 6.11 所示。

（4）单击“汇总选项”按钮，可在对话框中进行选择，默认选择表中数字字段的平均、最大和最小进行汇总，如图 6.12 所示。

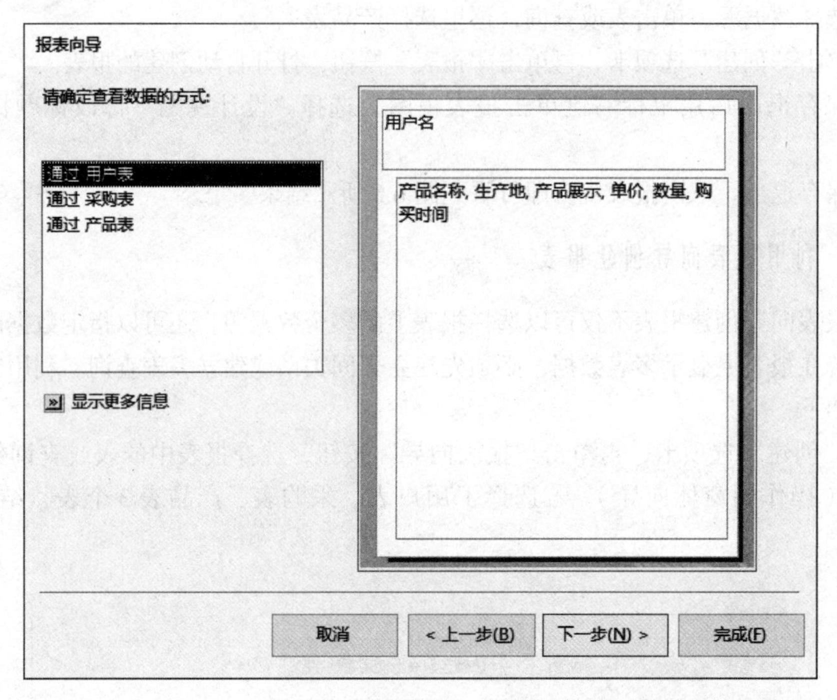

图 6.10　为报表添加分组级别

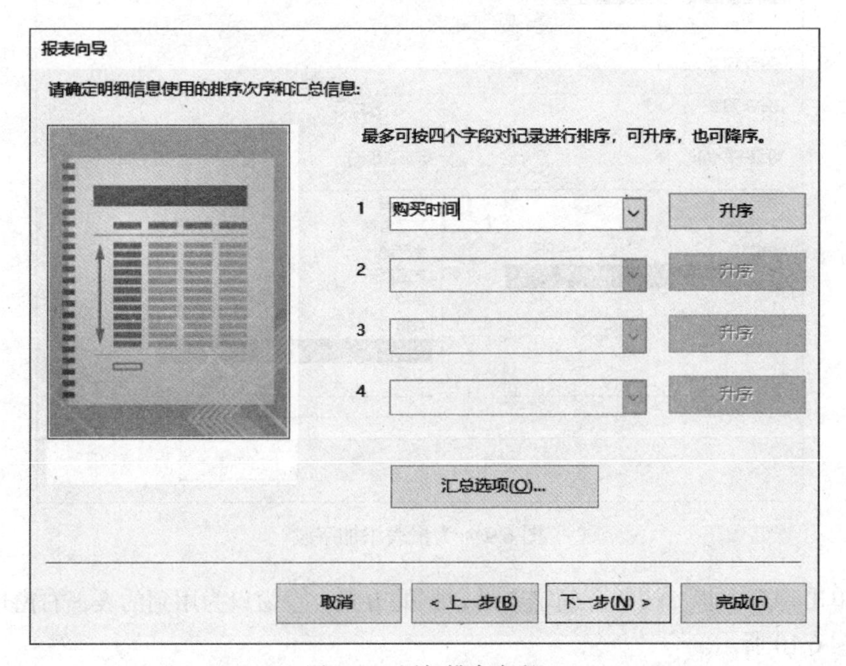

图 6.11　添加排序字段

（5）单击“下一步”按钮，选择报表布局方式，添加报表视图名，单击“完成”按钮保存。

双击打开视图，使用报表设计工具中的“排列”工具调整字段宽度、对齐方式；在页面页眉中放入每页出现一次的字段名，在用户 ID 页眉中放入仅出现一次的用户名。其他内容放在主体中，调整字段的间距和宽度，如图 6.13 所示。单击“关闭”按钮进行保存，

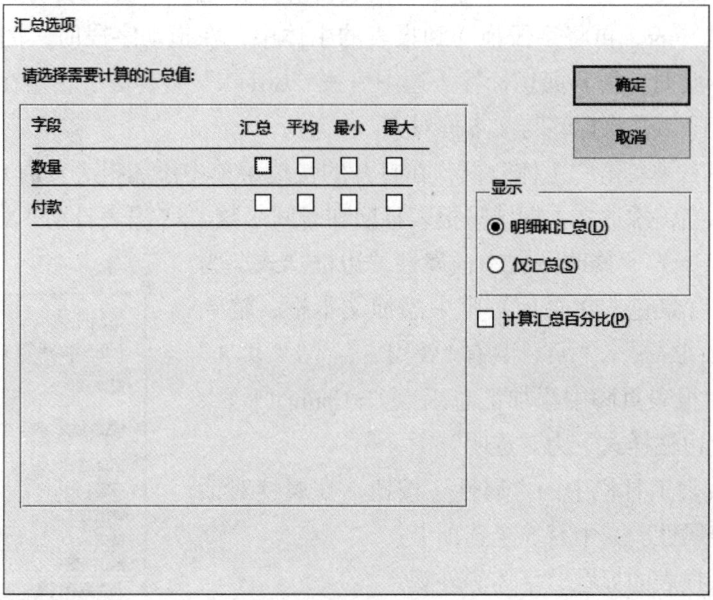

图 6.12　添加汇总内容

最后双击该报表，结果如图 6.6 所示。

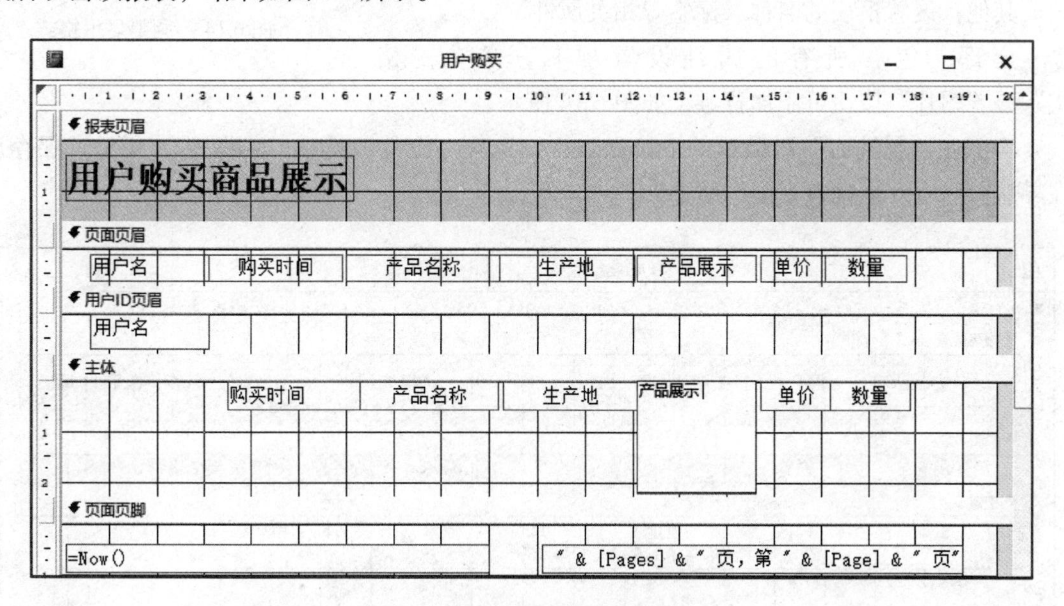

图 6.13　调整显示格式

6.3.3　使用设计视图创建报表

自动和利用报表向导创建报表简单方便，但报表布局的形式单一，多数情况下不能满足用户要求。一般情况下先使用报表向导，再利用设计视图作进一步的修改，或直接通过设计视图创建报表。案例十的操作步骤如下：

（1）单击“创建”选项卡，再单击“报表设计”按钮，单击报表工具栏中的“添加现有字段”按钮选择表，再将字段拖动到报表的主体中，在拖动字段时，把标签和文本框同时拖到主体中，此时，需要剪切标签（选中后按“Ctrl+X”组合键）粘贴在页面页眉中（按“Ctrl+V”组合键），并将标签与文本框对齐。

（2）用鼠标右键单击“主体”框，在打开的快捷菜单中添加报表页眉 / 页脚，在报表页眉中添加标题标签，添加文本框填写报表日期和时间函数“=" 报表日期 " & Date（ ）& "，报表时间 " & Time（ ）”，修改该文本框属性“边框样式”为“透明”并修改背景色。在页面页脚中添加文本框，输入函数“=" 第 " &［Page］& " 页，共有 " &［Pages］& " 页 " ”以显示页数，在报表页脚中添加汇总函数“=Count（*）”，此时均可修改“边框样式”为“透明”。

（3）单击报表工具栏中的“属性”按钮，在属性对话框中可调整报表属性。其中有 5 个选项卡：

格式：设置报表的标题、字体等外观。

数据：设置报表记录源。

事件：设置事件响应。

其他：设置报表的名称、标签等相关属性。

全部：包含所有的属性设置项目。单击“格式”→“图片”按钮可添加背景，如图 6.14 所示。

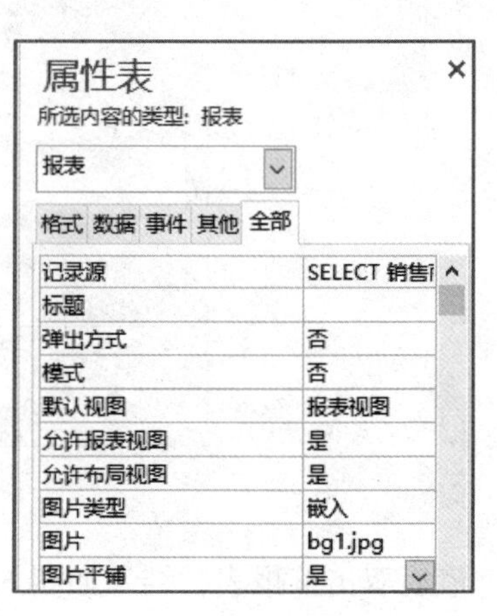

图 6.14　调整显示格式

（4）在“属性表”对话框的下拉列表中，选择“图片”选项，如图 6.15 所示。保存后在导航窗格中双击报表视图，结果如图 6.7 所示。

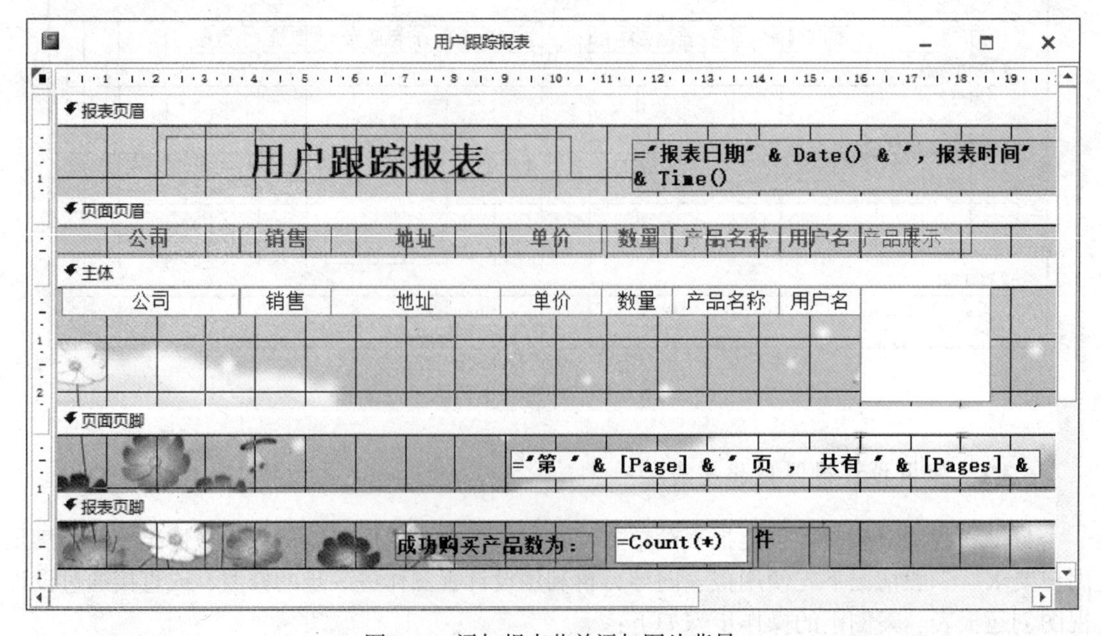

图 6.15　添加报表节并添加图片背景

6.3.4　使用空报表方法创建报表

使用空报表适合放置较少的几个字段，打开空报表时右侧自动出现数据源表，直接拖动表字段到左侧空白表上，立刻出现字段数据列，用该方法生成报表方便、快捷。制作报表时常先使用空报表方法添加字段内容，再使用设计视图进行修改，步骤如下：

（1）单击“创建”选项卡，再单击“空报表”按钮，在右窗体字段列表中可选定全部或部分字段拖动到空报表中。现以产品表为例，拖动部分数据到左侧的空报表上并调整列宽，如图 6.16 所示。

报表1

产品ID	产品名称	类别	生产地	供应商	单价	生产时间	产品展示
s0016	发动机	发动机	长春	长春第一机床厂	5000	2019/6/21	
s0020	油泵	油箱	长春	长春第一机床厂	2000	2019/5/13	
s001	发动机	发动机	上海	上海博莱特有限公司	5200	2018/3/22	
s002	油泵	油箱	广州	广州市运通四方实业有限公司	2000	2018/3/3	
s003	白金火花塞	火花塞	天津	天津天弘益华轴承商贸有限公司	1000	2018/4/12	
s004	大孔离合器	离合器	美国	纽泰克气动有限公司	800	2018/3/22	
s005	启动马达	马达	广州	广州市运通四方实业有限公司	8100	2018/5/13	
s006	合金轮毂	轮毂	美国	纽泰克气动有限公司	5900	2018/3/22	
s007	车载GPS	GPS	日本	福岛电子器件有限公司	3000	2018/3/22	

图 6.16　利用空报表创建报表

（2）保存退出并单击鼠标右键选择“设计视图”选项，在打开的报表设计视图中单击鼠标右键，添加报表页眉 / 页脚，在报表页眉中添加标题、报表日期和时间，在页面页脚和报表页脚中添加页码和汇总函数，添加方法如图 6.15 所示。

6.3.5　使用标签创建报表

使用标签创建报表的步骤如下：

（1）先选择数据源（表或查询视图），单击“创建”选项卡，再单击“标签”按钮，自动打开标签向导，选择标签的型号、尺寸。若选择“用户销售供应商跟踪”查询，如图 6.17 所示。

（2）单击“下一步”按钮，选择标签的字体、大小和颜色，单击“下一步”按钮，选择标签显示的字段，如图 6.18 所示。

（3）单击“下一步”按钮，添加标签排序依据，可以选择一个或多个字段，这里选择“数量”和“购买时间”字段，如图 6.19 所示。

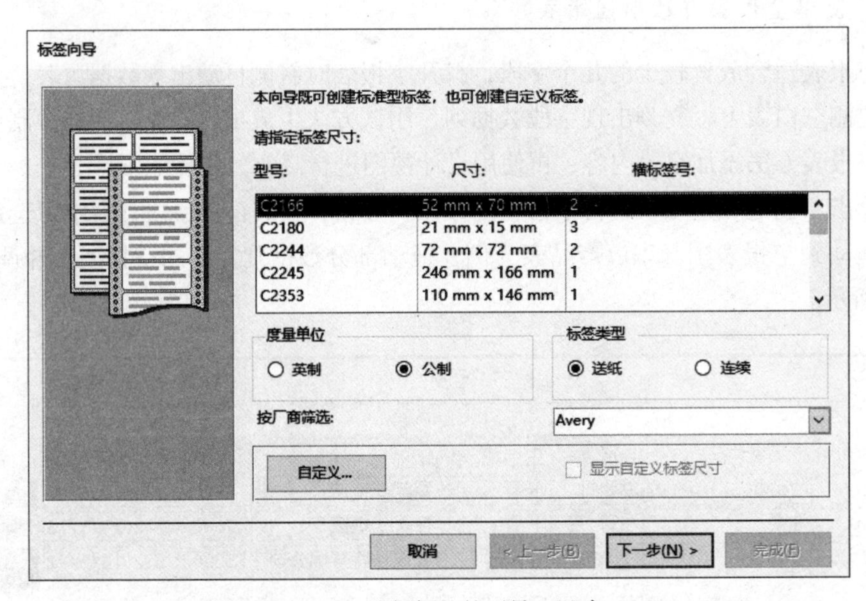

图 6.17　选择标签的型号、尺寸

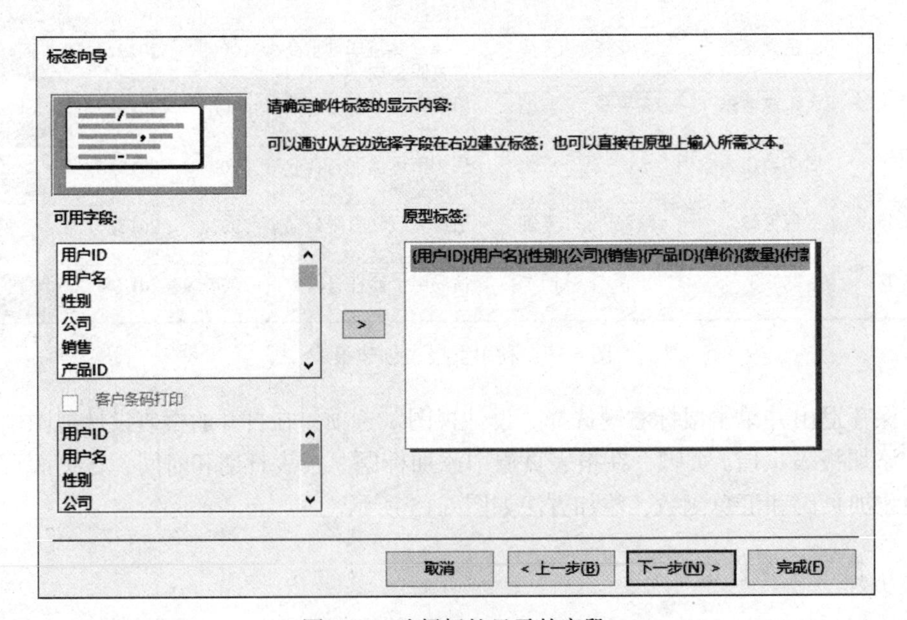

图 6.18　选择标签显示的字段

（4）单击“下一步”按钮，填写报表视图名，再单击“完成”按钮保存退出。

（5）利用标签制作的报表，需要通过在设计视图中添加空格隔开每个字段，在页面页眉中添加标签标题和字段名。用鼠标右键单击该标签，选择“设计视图”“报表页眉 / 页脚”选项并添加标题，在页面页眉中添加字段名，在主体中调整空格，最后统计记录个数，如图 6.20 所示。

（6）打开该标签，截取的结果如图 6.21 所示。

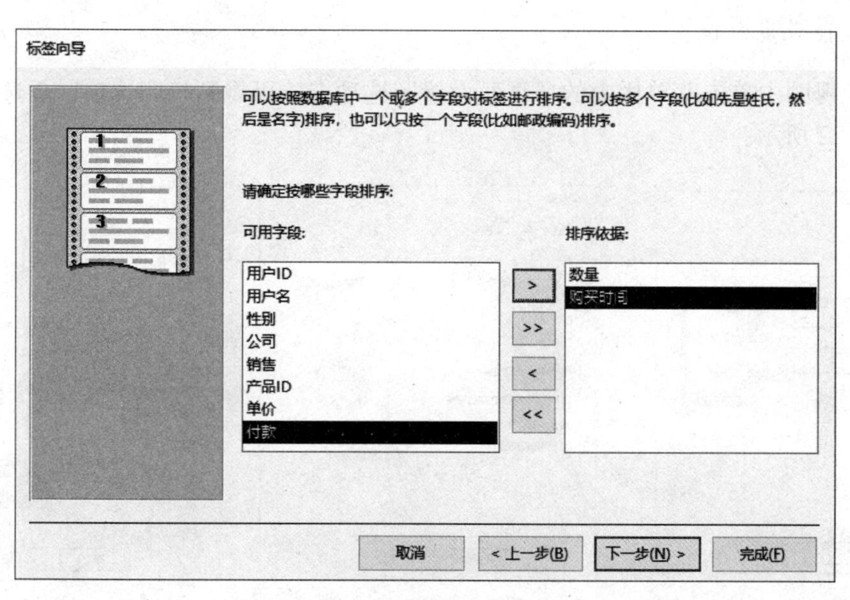

图 6.19　选择标签排序的字段

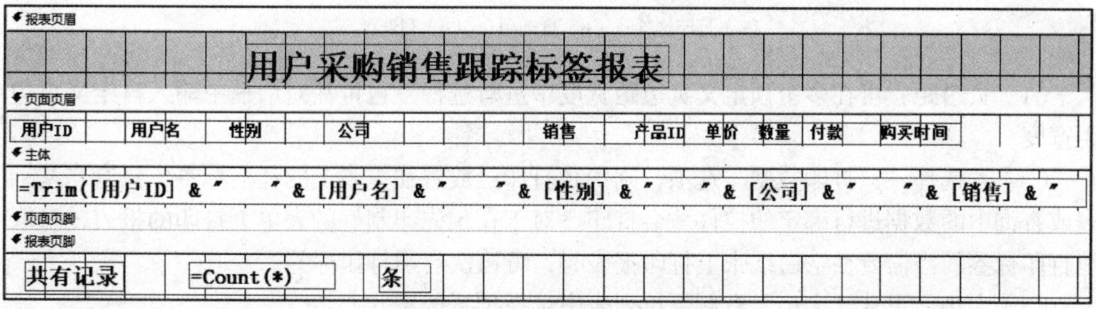

报表页眉

用户采购销售跟踪标签报表

页面页眉

用户ID　用户名　性别　公司　销售　产品ID　单价　数量　付款　购买时间

主体

=Trim([用户ID] & "　　" & [用户名] & "　　" & [性别] & "　　" & [公司] & "　　" & [销售] & "

页面页脚

报表页脚

共有记录　=Count(*)　条

图 6.20　添加标题修饰显示格式

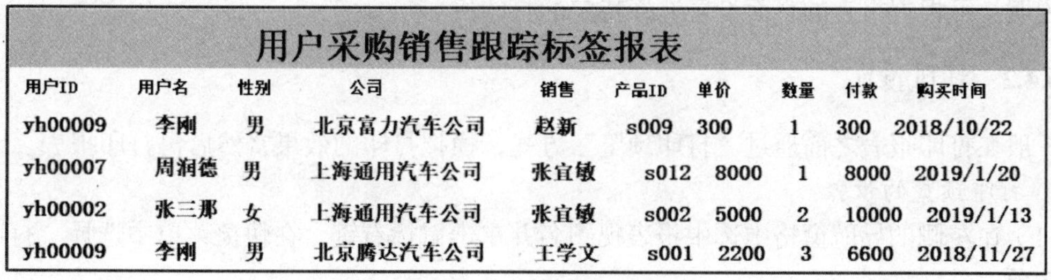

用户采购销售跟踪标签报表

用户ID	用户名	性别	公司	销售	产品ID	单价	数量	付款	购买时间
yh00009	李刚	男	北京富力汽车公司	赵新	s009	300	1	300	2018/10/22
yh00007	周润德	男	上海通用汽车公司	张宜敏	s012	8000	1	8000	2019/1/20
yh00002	张三那	女	上海通用汽车公司	张宜敏	s002	5000	2	10000	2019/1/13
yh00009	李刚	男	北京腾达汽车公司	王学文	s001	2200	3	6600	2018/11/27

图 6.21　截取的结果

6.4　打印

打印是将显示在屏幕上的内容输出到纸上，一般在打印之前，仔细检查页面设置，如页边距、页面方向及报表设计结构等，再进行打印预览，最后将页面设置与报表一起保存。

6.4.1 报表页面设置

在设计视图中单击菜单栏中的“页面设置”选项卡，可看到打印选项、页选项和列选项，如图 6.22 所示。

(a)

(b)

(c)

图 6.22 页面设置

(a) 打印选项；(b) 页选项；(c) 列选项

(1) 页边距：可在多个预定义页边距宽度中进行选择，也可在对话框中输入自定义页边距宽度。

(2) 若选择“只打印数据”选项，则禁止打印已放置在报表上的任何标签。只有与基础表或查询中的数据进行绑定的控件才会打印。对于在预先印制好的表单上打印的报表，可取消打印标签，当需要在空白纸张上打印报表时，可再次启用打印标签。

(3) 大小：可从“大小”右侧下拉列表中选择预置的尺寸。

(4) 纵向：将页面方向设为垂直方向；横向：将页面方向设为水平方向。

说明：可根据报表的页面设置选择特定的打印机。

6.4.2 打印预览

一般在打印报表之前通过“打印预览”方式，模拟打印的效果，然后再打印报表。

1. 打印预览的步骤：

(1) 在左侧的导航窗格中选中报表视图名并单击鼠标右键，在快捷菜单中选择“打印预览”选项。

(2) 双击左侧的导航窗格中选中的报表视图名，在打开的报表中单击鼠标右键选择“打印预览”选项。

(3) 在左侧的导航窗格中选中报表视图名双击，单击“文件”→“打印预览”按钮。

(4) 用鼠标右键单击报表视图名，选择“报表设计”选项，进一步修改和调整报表布局，再通过“打印预览”查看，直到预览效果令人满意为止。

2. 打印报表的步骤：

(1) 在左侧的导航窗格中选中报表视图名，单击鼠标右键，在快捷菜单中选择“打印”

选项；

（2）选中报表视图，单击“文件”→“打印”按钮，显示“打印”对话框，在“打印”对话框中主要进行 3 项设置，分别是选择打印机、确定打印范围和打印份数，如图 6.23 所示。

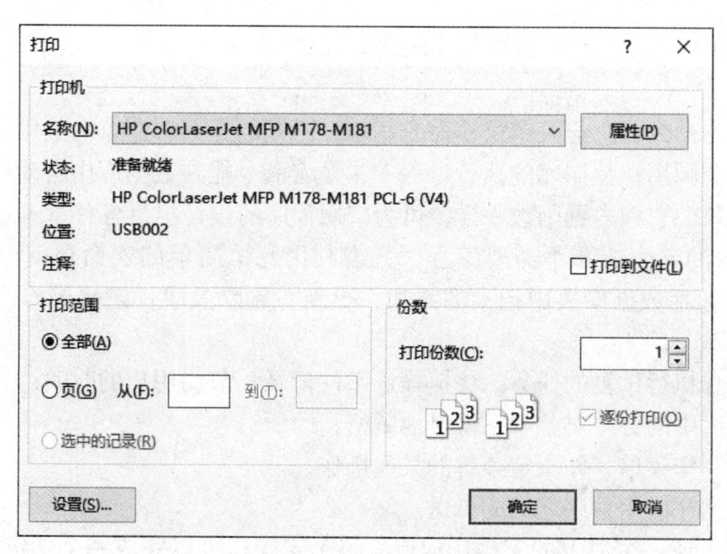

图 6.23　“打印”对话框

本章小结

本章重点讲述了 Access 2016 报表、设计报表的基本操作方法。

本章通过案例九、案例十（创建报表、报表设计，添加排序和汇总），使读者初步掌握创建报表的 5 种方法，同时掌握在报表节中计数、求和、求平均、添加日期时间及页码的操作步骤。

考核要点

（1）Access 2016 报表的创建方法；

（2）报表的种类及 4 种视图；

（3）为报表添加日期、时间、页码、总计，使用汇总及平均函数的方法；

（4）为报表添加排序和分组的方法。

第 7 章

创建和使用宏

宏是一种操作命令，它与菜单操作命令相似，不同的是菜单命令一般用在数据库的设计过程中，而宏命令则用在数据库的执行过程中，且宏命令能在数据库中自动执行。宏又是数据库中的一个对象，它和内置函数一样，可为应用程序的设计提供各种基本功能。

Access 2016 的宏生成器不需要编程，只需利用几个简单的宏命令就可以对数据库完成一系列操作，包括数据库表中记录的添加、更新、删除及事件逻辑的修改，其主要功能包括：

（1）替代用户执行重复的任务，快速筛选条件记录，节约用户的时间；

（2）使数据库中的各个对象联系得更加紧密；

（3）为窗体制作菜单，并指定菜单的某些操作；

（4）实现数据在应用程序之间的传送。

宏对象由一个或一个以上的宏操作构成，每个宏操作可以完成一个特定的数据库动作，宏实现中间过程是自动的。宏可以独立存在，但不能单独执行，必须由一个窗体、报表上的控件完成事件触发执行。例如：在窗体上单击一个按钮、文本框，这个单击过程就可以触发一个宏的操作，或应用某个命令按钮完成验证登录、打开表、打开查询、打开窗体和打印报表等操作。多个宏可组成一个宏组，执行整个宏组将按照从上到下的顺序执行每个宏。

7.1 常用宏操作命令及调用

7.1.1 宏的操作功能

宏在 Access 2016 中几乎涵盖了数据库管理的全部细节。宏的操作功能大致可以分为：数据库对象操作、数据导入 / 导出、记录操作、菜单操作、流程控制、提示警告和其他操作。

1. 宏操作

（1）数据库对象：包括选择对象、删除对象、复制对象、删除和重命名，还能打开表、查询、窗体、报表，保存关闭数据库等。

（2）数据导入 / 导出：包括与电子表格、文本文件和其他数据库对象的格式转换。

（3）记录操作：包括移动记录指针、查找记录等。

（4）菜单操作：包括为窗体、报表添加自定义菜单栏、自定义快捷菜单、设置活动窗口及菜单状态和显示或隐藏内置或自定义的命令栏等。

（5）运行和控制流程：包括执行外部应用程序、执行 SQL 语句、执行 VBA 过程、执行宏本身、运行 Access 2016 菜单及退出系统等。

（6）提示信息包括各种提示、系统警告消息、警告声音、信息窗口等。

（7）设置控制字段或属性值，控制窗口最大、最小化，恢复窗口大小及调整窗口大小等。

2. 宏参数设置

1）宏窗口设置

一般包含宏名、条件、操作、注释 4 个部分

（1）宏名：为所创建的宏命名；

（2）条件：设置当前宏的运行条件；

（3）操作：包含待执行的宏指令；

（4）注释：为每个操作提供注释说明，以帮助用户记忆宏的作用。

2）操作参数设置

其是指为当前宏指令设置相关的操作参数，宏中的每个动作是由其动作名及其参数构成的，包括当前选定的操作命令和被操作对象的名称。例如 OpenForm 管理系统，表示打开“管理系统”这个窗体。要求对象名称必须与相应的宏操作匹配。例如 OpenTable 产品表，表示打开的产品表必须存在。

7.1.2　常用的宏命令

1. 常用的宏操作命令

常用的宏操作命令见表 7.1。

表 7.1　常用的宏操作命令

功能分类	宏操作命令	说明
打开	OpenForm	在不同视图中打开指定的窗体
	OpenModule	在指定过程的设计视图中打开指定的模块
	OpenQuery	打开选择查询或交叉表查询
	OpenReport	在不同视图中打开报表或打印报表
	OpenTable	在数据表视图、设计视图或打印预览中打开表
查找、筛选记录	ApplyFilter	对表、窗体或报表进行筛选、查询，或在 SQL 语句中设定筛选条件
	FindNext	查找符合指定条件的下一条记录
	FindRecord	在当前表、查询或窗体视图中查找符合条件的记录
	GoToRecord	在打开的表、窗体或查询结果集中定位记录
	ShowAllRecords	显示或删除当前表、查询结果集或窗体中筛选的所有记录
焦点	GoToControl	将指针移动到打开的窗体中的数据表或查询视图的字段或控件上
	GoToPage	在活动窗体中，将指针移到指定页的第一个控件上
	SelectObject	选定数据库对象

续表

功能分类	宏操作命令	说明
设置值	SetValue	为窗体、窗体数据表或报表上的控件、字段设置属性值
窗口	Maximize	放大活动窗口，使其充满 Access 主窗口。该操作不能应用于 Visual Basic 编辑器中的代码窗口
	Minimize	将活动窗口缩小为 Access 主窗口底部的小标题栏。该操作不能应用于 Visual Basic 编辑器中的代码窗口
	MoveSize	移动活动窗口或调整其大小
	Restore	将已最大化或最小化的窗口恢复为原来大小
警告	Beep	通过计算机的扬声器发出嘟嘟声
	Echo	使用 on/off 指定是否打开回响，此外还可设置状态栏显示文本
	Hourglass	使鼠标指针在宏执行时变成沙漏形式
	Msgbox	显示包含警告信息或其他信息的消息框
	SetWarnings	打开或关闭系统消息

2. 文件宏操作命令

文件宏操作命令见表 7.2。

表 7.2 文件宏操作命令

功能分类	文件宏操作命令	说明
复制	CopyObject	将指定的对象复制到当前 Access 数据库，或复制到其他数据库中
删除	DeleteObject	删除指定对象；当未指定对象时，则删除数据库窗口中的指定对象
重命名	Rename	重命名当前数据库中指定的对象
保存	Save	保存一个指定的 Access 对象，或保存当前活动对象
关闭	Close	关闭指定的表、查询、窗体、报表、宏等窗口或当前窗口，且关闭时提示保存
	Quit	退出 Access 系统，与文件菜单中的退出命令相同
导入 / 导出	OutputTo	将指定的数据库对象中的数据以某种格式输出
	SendObject	发送指定对象的命令，该操作参数对应于“发送”对话框设置
	TransferDatabase	在当前数据库与其他数据库之间导入或导出数据
	TransferSpreadsheet	在当前数据库与电子表格文件之间导入或导出数据
	TransferText	在当前数据库与文本文件之间导入或导出文本

3. 控制宏操作命令

控制宏操作命令见表 7.3。

表 7.3　控制宏操作命令

功能分类	控制宏操作命令	说明
更新	RepaintObjet	完成指定数据库对象或对当前数据库对象的更新。更新包括控件的重新设计和重新绘制
	Requery	根据重新查询的数据源更新当前对象控件数据。如果不指定控件，将当前对象控件数据源重新查询。该操作确保当前对象及控件显示最新数据
打印	PrintOut	打印当前数据表、窗体、报表、模块数据，效果与文件菜单中的打印命令相似，但是不显示打印对话框
控制	CancelEvent	取消引起宏执行的事件
	RunApp	启动另一个 Windows 或 MS-DOS 应用程序
	RunCode	运行 Visual Basic Function 过程代码
	RunCommand	执行菜单栏、工具栏或快捷菜单中的内置命令
	RunMacro	执行一个宏
	RunSQL	执行指定的 SQL 语句以完成操作查询，也可以完成数据定义查询
	StopAllMacros	终止当前所有宏的运行
	StopMacro	终止当前正在运行的宏

宏的创建方法和其他对象的创建方法稍有不同。其他对象都可以通过向导和设计视图进行创建，但是宏不能通过向导创建，它只能通过设计视图直接创建。

7.1.3　宏的基本结构

宏由宏名、条件、操作和操作参数 4 个部分组成。其中，宏名为宏的名称；条件用来限制宏操作执行；操作用来定义或选择要执行的宏操作；操作参数是宏操作的必要参数。宏可以看作一种简化的编程语言，这种语言是已经编写好的函数模块，使用时只需要调用宏模块即可。

1. 操作目录

在 Access 2016 中创建宏时，提供了宏“操作目录”窗格将操作按类别分组，展开每个类别可以查看其中包含的操作；“程序流程”使用注释行和操作创建可读性更高的宏。如果选择了一个操作，则将在“操作目录”的底部显示该操作的简短说明。若在“操作目录”窗格顶部的“搜索”框中输入相应宏名，能快速搜索宏操作列表，筛选出搜索的宏名及说明。例如：在工具栏上单击“创建”选项卡中的“宏”按钮即可打开“宏工具”界面，同时在窗口右侧出现“操作目录”窗格，分别打开“窗口管理”和“宏命令”列表，按类别显示其包括的宏操作，如图 7.1 所示。

创建新宏时，宏操作目录将显示所有宏操作，而且所有参数都是可见的。根据窗格中的三角形可折叠或查看全部宏操作。从中间窗口中通过“添加新操作”下拉列表选择宏命令，不同的宏命令其结构各有不同，大多数宏操作都至少需要一个参数。如果参数要求输入表达式，宏内部提供了智能传感器在输入时提示可能的值，以帮助输入表达式内容。例如：使用打开表的宏“OpenTable”时，可从“表名称”下拉列表中选择已经建立的表，如选择“产品表”，如图 7.2 所示。

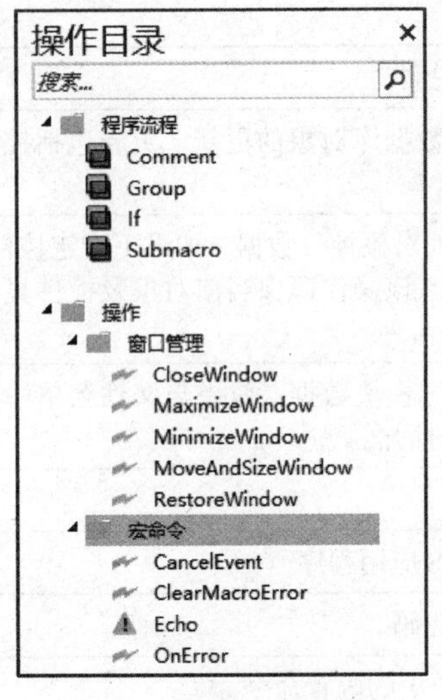

图 7.1 “操作目录”窗格

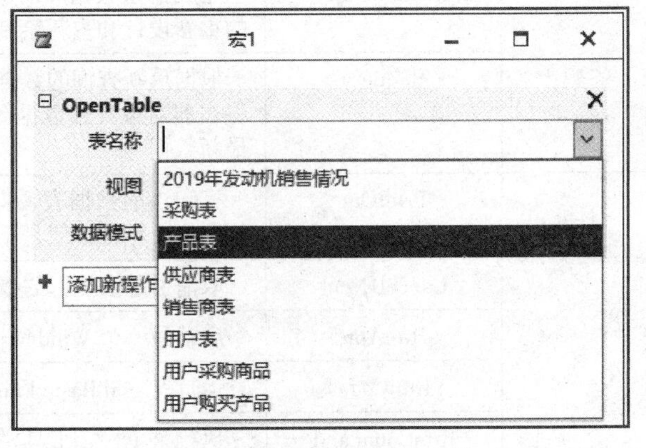

图 7.2 宏提供的智能传感器

2. 常见的宏结构

1）组操作（Group）

组操作是将相关操作分为一组，用“Group”表示，分组需要分配一个有意义的名称用于标识一组操作，以在组中更易于查看彼此相关的操作，减少滚动操作，进一步帮助阅读、了解宏的使用。组不影响操作的执行方式，也不能单独调用或运行。添加组的步骤如下：

（1）选择“添加新操作”→“Group”选项，在顶部的组块框中输入组的名称。

（2）依次在“添加新操作”下拉列表中选择宏操作，或从操作目录中拖动宏操作到组块中。

（3）组块可以包含其他组块，最多为 9 级嵌套。

例如，建立登录操作组的步骤如下：

（1）在“添加新操作”下拉列表中选择“Group”宏命令，在顶部的组块框中输入组的名称“登录操作”。

（2）在组下的“添加新操作”下拉列表中添加选择一个响铃音“Beep”宏和 3 个打开窗体“OpenForm”宏，将每个宏折叠为单行。宏组语句结构如图 7.3 所示。

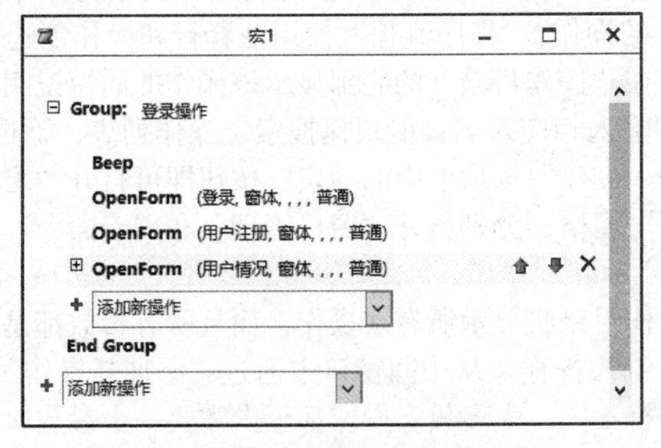

图 7.3 宏组语句结构

2）条件选择结构

选择“If”，可在给定条件为“真”时执行宏操作，若添加“Else If”和“Else”块来扩展“If”块，支持嵌套的 If/Else/Else If。例如，登录提交按钮的宏操作条件结构如图 7.4 所示。

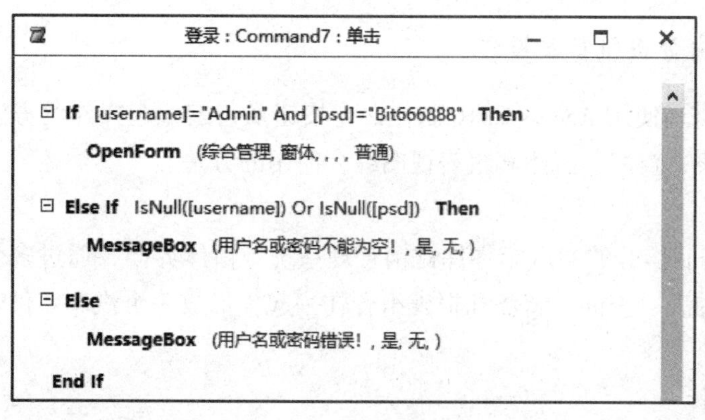

图 7.4　条件选择结构

说明：username 是用户名文本框，psd 是密码文本框，登录时若用户名和密码分别是“Admin”和“Bit666888”，可以打开“综合管理”窗体，若为空提示“用户名或密码不能为空”，否则显示“用户名或密码错误”信息框。

7.1.4　宏的调用

1. 直接运行宏

对于单宏，可以在创建宏的设计窗口中，单击工具栏中的“运行”按钮，或保存后在导航窗格中双击宏名或用鼠标右键单击宏名执行“运行”命令。若将宏操作与命令按钮绑定，单击命令按钮即可启动宏的运行。

2. 在窗体、报表或控件的事件发生时运行宏

若在窗体、报表或控件的事件中置入宏对象，则在窗体、表或控件响应事件时自动运行宏。也可以使用“RunMacro”或“OnError”宏操作调用宏。当在对象的事件属性中输入宏名时，宏将在该事件触发时运行。

3. 自动运行宏

若将宏名存储为“AutoExec”，则在首次打开数据库时自动运行该宏操作。Access 2016 在打开数据库时，将查找一个名为“AutoExec”的特殊宏，如果找到将自动运行。在通常情况下，自动运行宏用于打开开始界面或进行测试，多将宏附加到窗体、报表或控件中，以对事件作出响应，也可以创建一个执行宏的自定义菜单命令。

此外，还可以与其他人共享宏，当把宏操作复制到剪贴板时，这些操作能够以可扩展标记语言（XML）格式粘贴到接受文本的任何应用程序中。这使用户能够通过电子邮件将宏发送给他人，或将宏发布到论坛、博客或其他网站上。然后，接收者可以复制 XML，并将其粘贴到他们的 Access 2016 宏生成器中。

7.2 创建宏

案例十一　命令按钮与宏操作

本案例重点讲述使用 Access 2016 制作命令按钮及与宏一起操作的方法和步骤，帮助用户掌握宏操作与表、查询、窗体和报表视图综合使用的方法。

1. 案例说明

图 7.5 所示是制作好的“汽车零件营销管理系统”窗体界面，通过多个命令按钮，利用宏操作将制作好的表、查询、窗体和报表组合在一起，形成一个汽车零件营销管理系统。操作步骤见 7.3.1 节。

2. 知识点分析

（1）宏操作界面及单宏的创建方法。

（2）利用宏操作打开表的方法。

（3）利用宏操作打开查询的方法。

（4）利用宏操作打开窗体的方法。

（5）利用宏操作打开报表的方法。

3. 案例展示

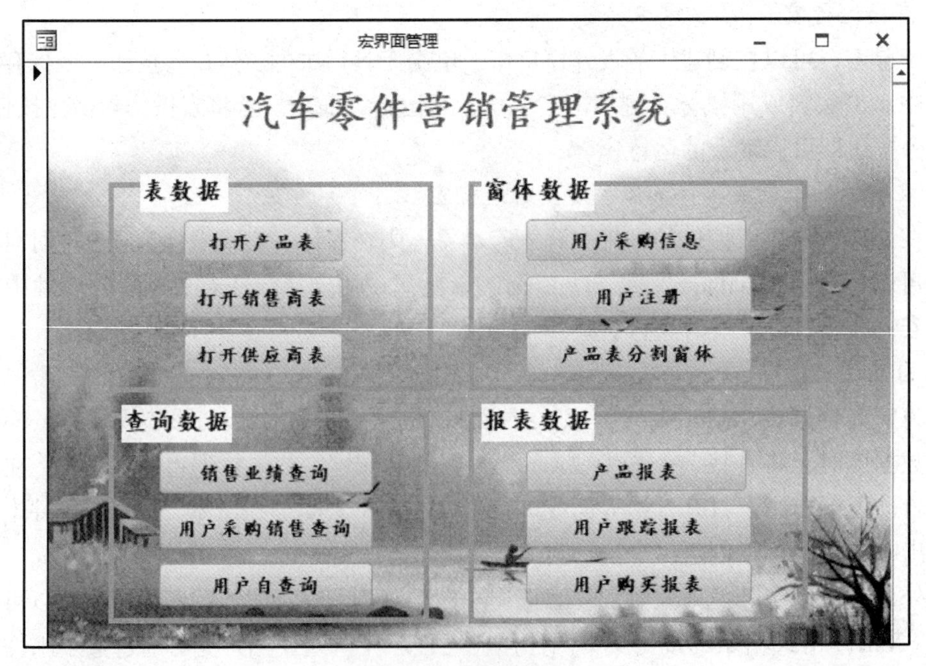

图 7.5 “汽车零件营销管理系统”窗体界面

案例十二　条件宏操作

本案例重点讲述使用 Access 2016 制作条件与条件嵌套宏的方法和步骤，帮助用户在 Access 2016 宏的基础上，掌握使用高级应用的方法。

1. 案例说明

通过用户登录窗体界面，如图 7.6 所示，单击“提交”按钮，判断用户名和密码是否为空、是否正确，若正确则打开相应的界面。操作步骤见 7.3.2 节。

2. 知识点分析

（1）条件宏的创建方法。

（2）插入条件与条件嵌套的方法。

（3）提取文本框数据的方法。

（4）添加函数的方法。

（5）设置打开窗体宏的方法。

3. 案例展示

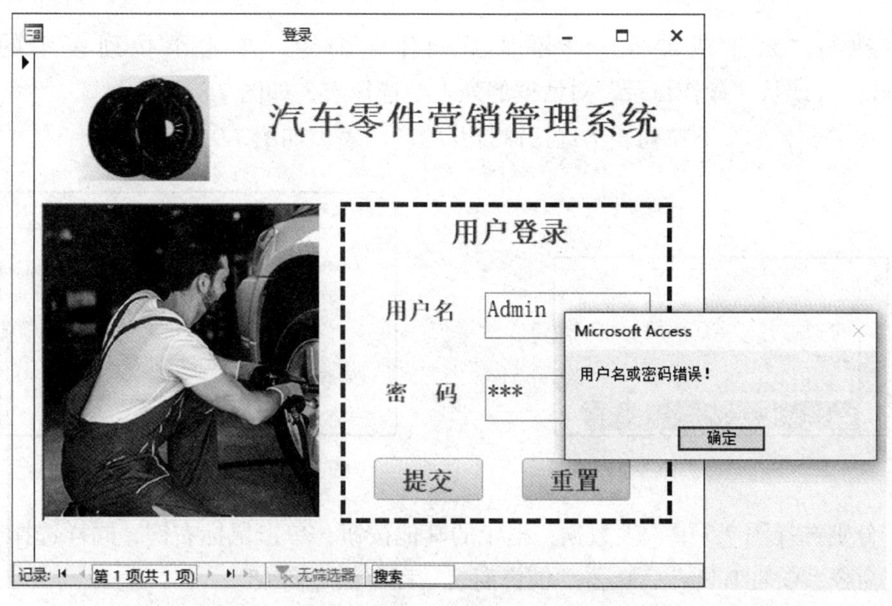

图 7.6　“汽车零件营销管理系统”用户登录界面

7.3　使用宏

宏是通过一次单击就可以应用的命令集。它几乎可以自动完成在程序中执行的任何操作。Access 2016 拥有强大的程序设计能力，它提供了容易使用的宏，通过宏可以轻松完成许多在其他软件中必须编写大量程序代码才能完成的工作。

7.3.1　单宏的使用

单宏的操作步骤（案例十一的操作步骤）如下：

使用“窗体设计”创建一个窗体，如图 7.5 所示，添加一个“汽车零件营销管理系统”标题标签，添加 4 个选项组控件，分别标识“表数据”“查询数据”“窗体数据”和“报表数据”，分别用于打开表、运行查询、执行窗体及启动报表。通过选项组中的按钮运行不同的单宏操作。

（1）选择图 7.5 中“表数据”框中的“打开产品表”按钮，单击鼠标右键选择“事件生成器”→“宏生成器”选项，如图 7.7 所示。

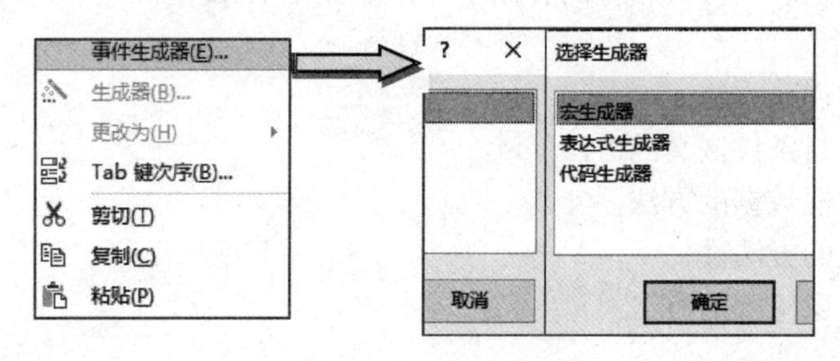

图 7.7　选择宏生成器

（2）执行“宏生成器”→“添加新操作”命令，单击下拉列表中的宏命令“OpenTable”，或从“操作目录”对话框的列表中选择宏，如图 7.8 所示。

（3）在“表名称”下拉列表中选择欲打开的产品表，如图 7.9 所示。

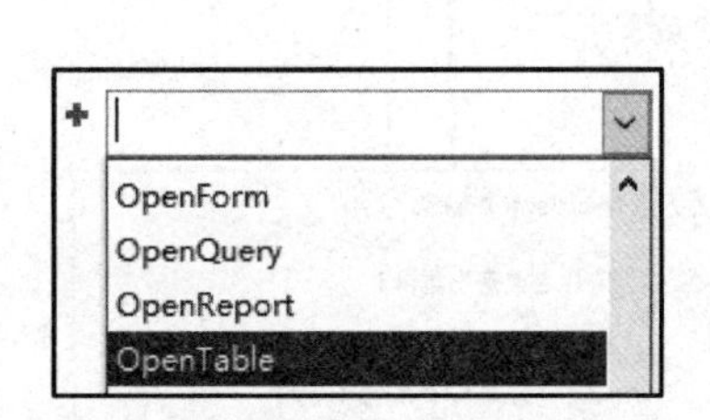

图 7.8　选择宏命令

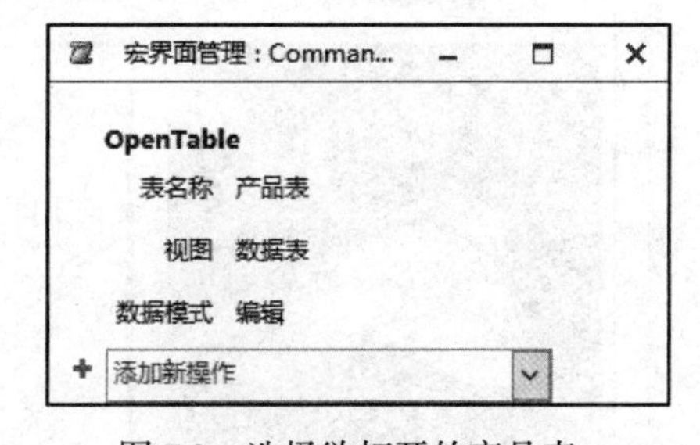

图 7.9　选择欲打开的产品表

（4）分别选择图 7.5 中“表数据”框中的其他按钮，单击鼠标右键，同样选择“宏生成器”的宏命令“OpenTable”，单击“销售商表”和“供应商表”。

（5）按照上述步骤，选择图 7.5 中“查询数据”框中的“销售业绩查询”按钮，单击鼠标右键，选择“事件生成器”→宏命令“OpenQuery”，根据查询内容选择不同功能的查询视图名，如图 7.10 所示。

（6）同理，选择图 7.5 中“窗体数据”框中的“用户采购信息”按钮，单击鼠标右键，选择“事件生成器”→宏命令“OpenForm”，根据窗体内容选择不同功能的窗体视图名，如图 7.11 所示。

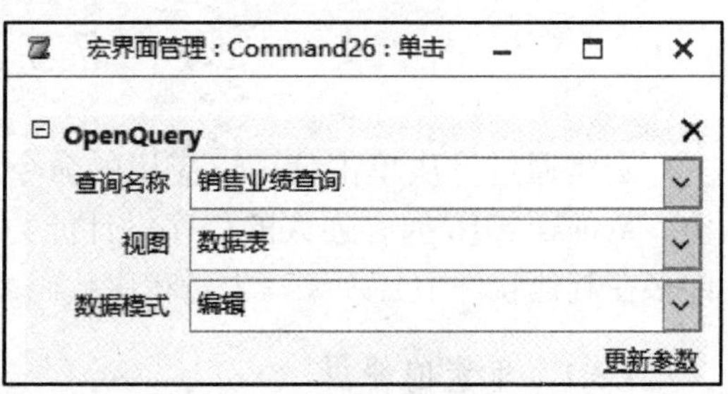

图 7.10　添加查询宏

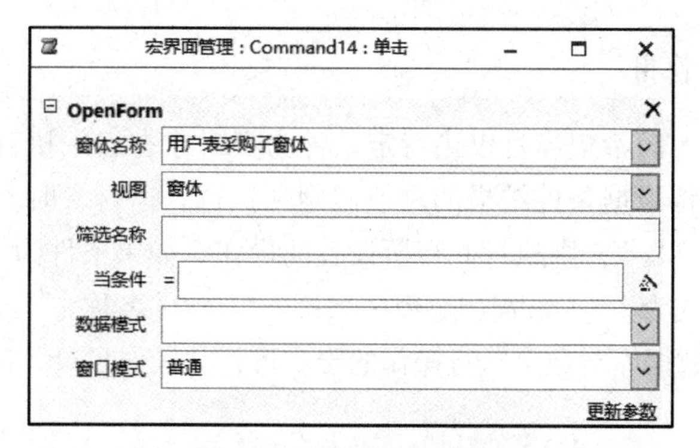

图 7.11　添加窗体宏操作

（7）最后，打开图 7.5 中“报表数据”框中各按钮的宏命令“OpenReport”（图 7.12），再分别打开各自的报表视图名。有关宏命令见表 7.1～表 7.3。

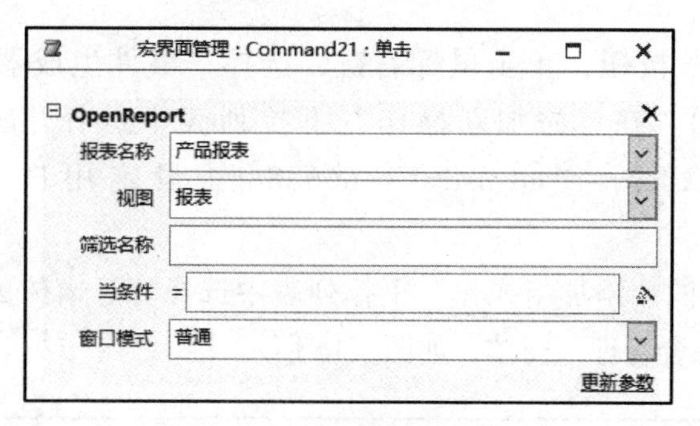

图 7.12　添加报表宏操作

（8）在窗体上添加图片背景，在 4 个选项卡的 12 个按钮添加好宏操作后，其设计视图如图 7.13 所示，运行结果如图 7.5 所示。

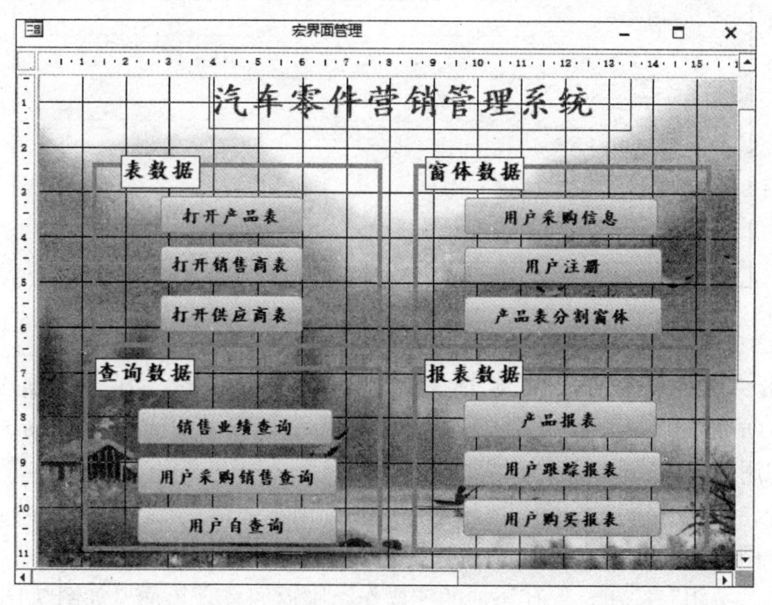

图 7.13　设计视图

7.3.2 条件宏的使用

在某些情况下，人们希望当且仅当特定条件为真时才在宏中执行一个或多个操作。条件是逻辑表达式。宏将根据条件结果的真或假判断执行。运行宏时，先求出第一个条件表达式的结果，如果为“真”，则执行此行所设置的操作，如果条件为“假”，则忽略相应操作。条件宏操作的格式为“[Forms]![窗体名称]![控件名称]”或直接写控件名称。若快速创建一个在指定数据库对象上执行操作的宏，可将“操作目录”窗口中的宏命令拖拽到“宏”窗口执行操作。

1. 未绑定数据库表的条件宏操作步骤（案例十二的操作步骤）

（1）按照第5章案例六的操作步骤，添加用户登录的标签、文本框和按钮控件，将“用户名”文本框属性名称命名为“username”，将“密码”文本框属性名称命名为“psd”。

（2）选择“提交”按钮，单击鼠标右键，选择“事件生成器”→“宏生成器”选项，打开宏设计界面。在“添加新操作”下拉列表中选择“If”，并在条件框中加入条件：username="Admin" And psd="Bit666888"（设定用户名为Admin，密码为Bit666888）。

（3）在“If”下面的“添加新操作”下拉列表中选择打开窗体的宏操作“OpenForm”，加入已经制作好的“综合管理”窗体，如图7.14所示。

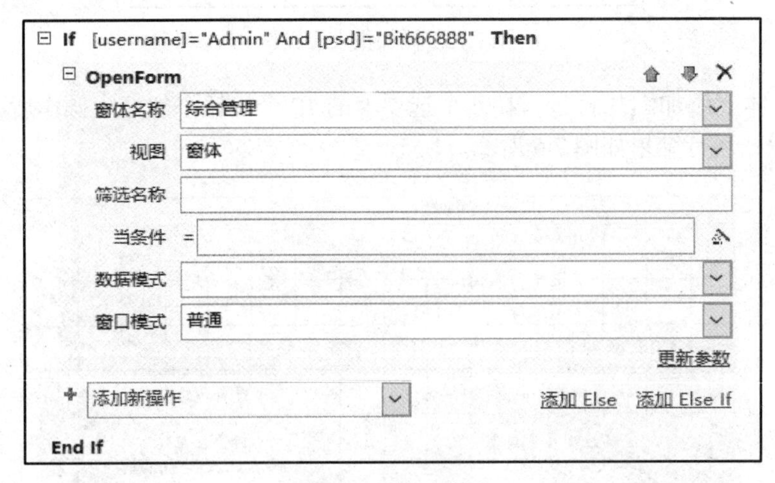

图7.14 添加条件宏

（4）单击“添加新操作”右侧的“添加Else If”超链接，在条件框中加入“IsNull([username]) Or IsNull([psd])”，在“添加新操作”下拉列表中选择“MessageBox”宏命令，并添加消息“用户名或密码不能为空”。

（5）同理，单击“添加新操作”右侧的“添加Else超链接”，在“MessageBox”宏命令中添加消息“用户名或密码错误”，如图7.15所示。

（6）单击“关闭”按钮，保存添加的宏操作，则返回登录界面，如图7.16所示。

（7）双击保存的登录窗体视图，即可出现图 7.6 所示的结果。

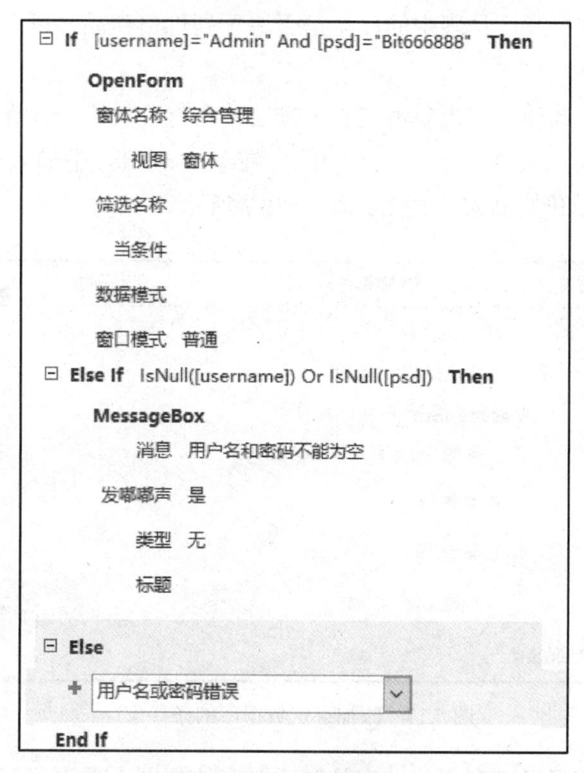

图 7.15　登录验证

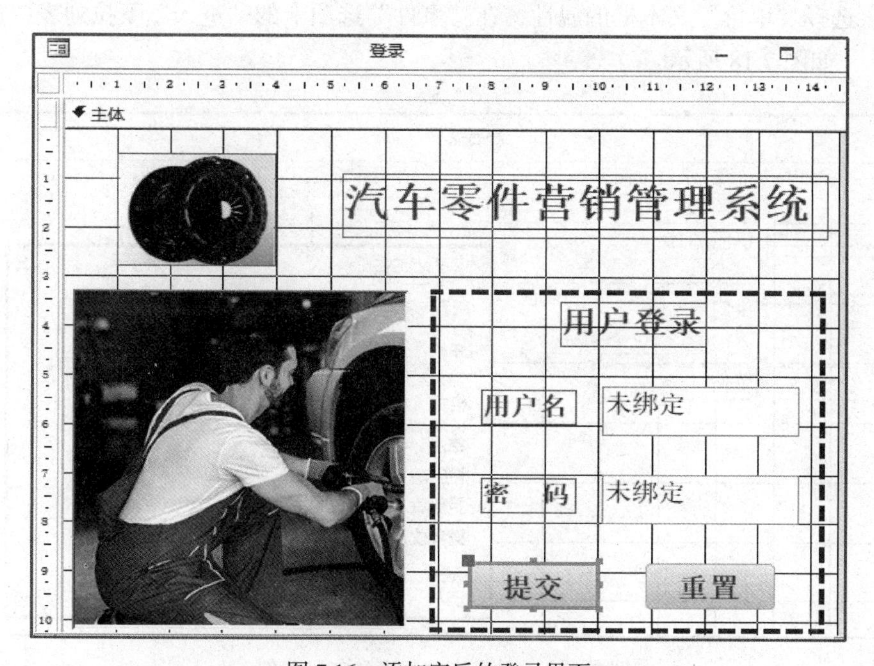

图 7.16　添加宏后的登录界面

2. 绑定数据库表的条件宏

在宏中打开某个数据库表，且宏操作条件可直接操作数据表中的数据，属于绑定数据库表的宏。例如，判断数据库产品表中的产品是否属于高价格产品，可以在条件中直接使用表中的值，步骤如下：

（1）单击“创建”选项卡，再单击“宏”按钮，在打开的宏设计界面的下拉列表中选择“If”，并在条件框中加入条件“单价 >=5000”，在 MessageBox 中输入信息“该产品属于高价格产品”。保存为“单价判断宏”视图，如图 7.17 所示。

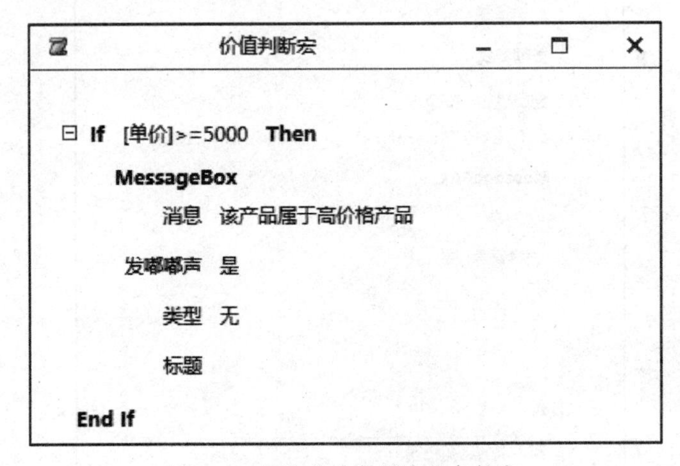

图 7.17　添加绑定数据库的条件宏

（2）在导航栏中选择已经存在的“产品展示”窗体视图，单击鼠标右键，选择“设计视图”选项，选择“单价”文本框的属性，在“事件”选项卡的“进入”下拉列表中选择“价值判断宏”，如图 7.18 所示。

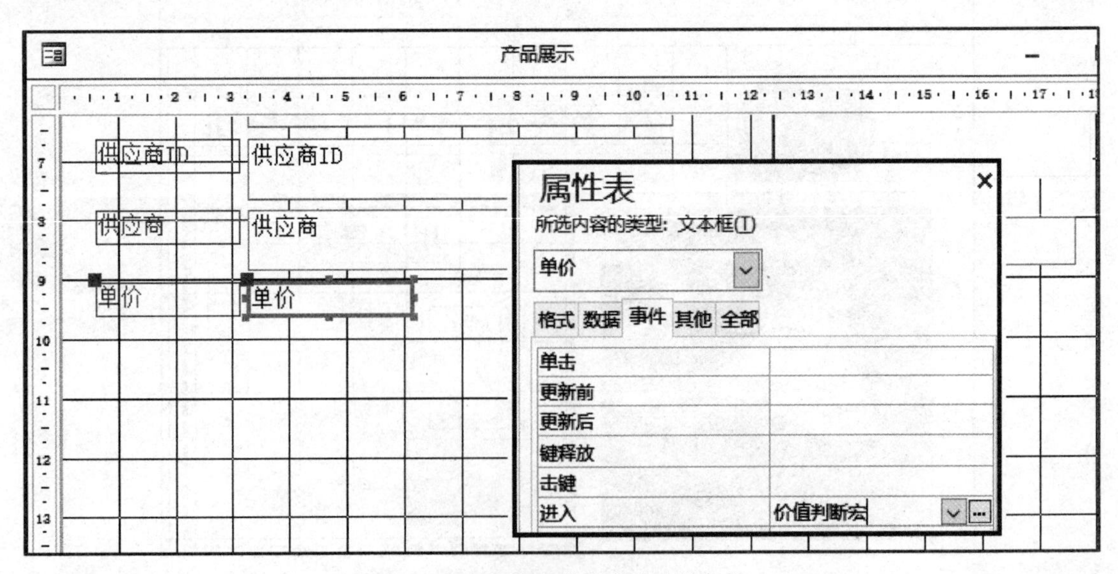

图 7.18　添加绑定数据库的字段条件

（3）加入宏后重新保存窗体并双击，运行结果如图 7.19 所示。

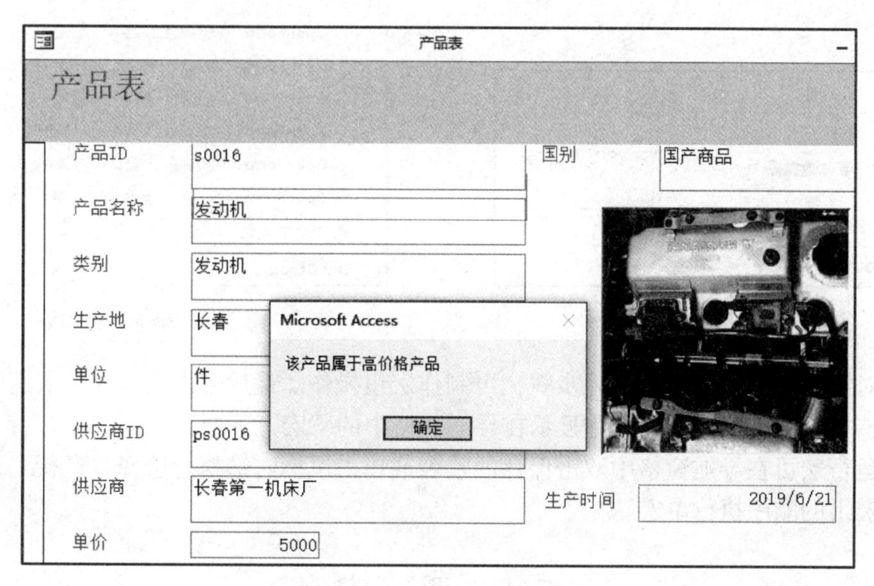

图 7.19　条件宏运行结果

7.3.3　宏组操作

宏组是指在同一个宏窗口中包含的一个或多个宏的集合。在一个位置上将几个相关的宏集中起来，即可构成一个宏组。宏组中的每个宏都需要一个名称，放在宏设计窗口的“宏名”列中，形式为“宏组名 . 宏名”，它们可以在相关对象的事件属性中单独运行或分别调用，互不相关。

创建宏组的步骤如下：

（1）单击“创建”选项卡中的“宏”按钮，打开宏生成器，在“添加新操作”下拉列表中选择“Group”，也可在工具栏中打开“操作目录”窗格，选择“Group”宏组，如图 7.20 所示。

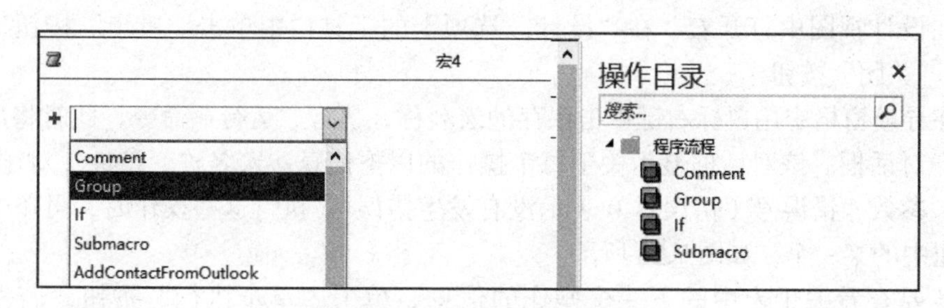

图 7.20　选择“Group”宏组

（2）在“Group”文本框中填写宏名称，在“Group”和“End Group ”之间的“添加新操作”框中添加单宏操作命令，如图 7.21 所示。

（3）添加单宏操作命令后，可移到下一个空行的“添加新操作”框，再输入该宏组中执行的下一个单宏名称。在宏组“窗体数据操作”中添加多个打开已有窗体的宏组，如图 7.22 所示。

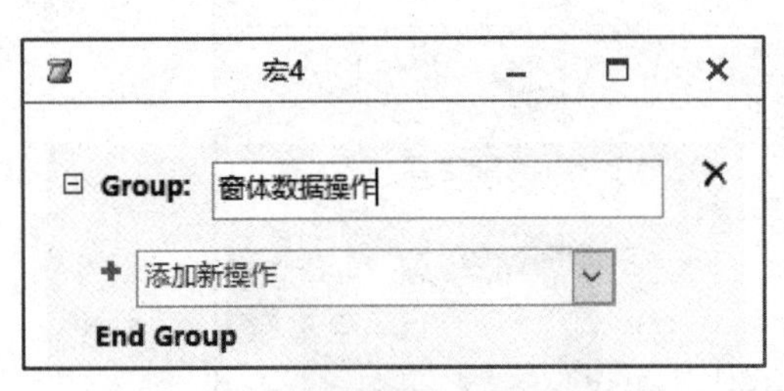

图 7.21　添加单宏操作命令

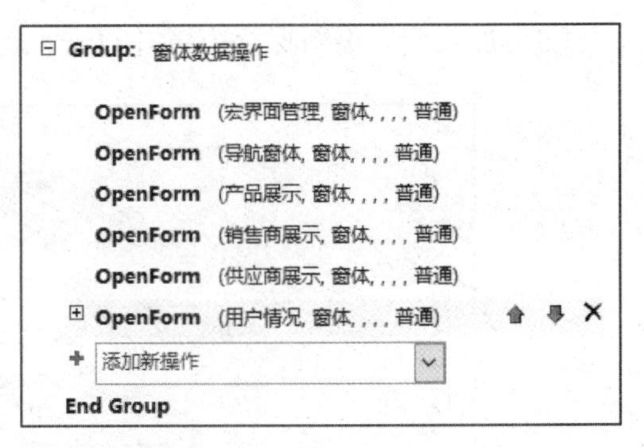

图 7.22　添加宏组内容

（4）对组中的每个宏重复上述步骤，可制作宏组操作。最后单击关闭保存宏组时，指定的名称是整个宏组的名称。此名称显示在导航窗格中的“宏”下面。

（5）运行宏可在导航窗格中双击保存的宏名或单击鼠标右键执行选择“运行”命令。此时将按照宏组的顺序执行单宏。

7.4　调试宏

宏可以理解为一段代码，调试宏的目的是在出现错误时修改这段代码。一般程序的错误均可分为两大类，一是语法错误，二是运行错误。语法错误在编译时不能通过，这类问题大多是一些格式、书写错误，可根据错误代码或通过 Access 2016 提供的单步执行观察宏的流程，及时排除错误。运行错误一般为结果错误，此时需要根据宏逻辑逐步排除。

7.4.1　宏的语法错误调试

宏的语法错误比较容易调试，一般是宏名或格式错，根据系统提供的信息即可找到，也可通过单步执行跟踪排查。单步执行可用于每次执行一个宏操作。执行每个操作后，将出现一个对话框，显示关于操作的信息和执行操作的错误代码，其步骤如下：

（1）在设计视图中打开宏，在“设计”选项卡的工具栏中单击“单步”按钮，再单击“保存”和“关闭”按钮。

（2）在导航窗格中用鼠标右键单击保存的宏名称，执行“运行”命令，此时将出现“单步执行宏”对话框。该对话框显示关于每个操作的以下信息：宏名称、条件（对于 If 块）、操作名称、参数、错误号（错误号 0 表示没有发生错误）。执行这些操作时，可单击对话框中 3 个按钮中的某一个，如图 7.23 所示。

（3）若要查看关于宏中的下一个操作的信息，单击“单步执行”按钮，若停止当前正在运行的所有宏，单击“停止所有宏”按钮。下一次运行宏时，单步执行模式仍然有效。

（4）退出单步执行模式并继续运行宏，单击“继续”按钮，若在宏中最后一个操作之后单击“单步执行”按钮，则在下一次运行宏时，单步执行模式仍然有效。

（5）若在运行宏时进入单步执行模式，按“Ctrl+Break”组合键即可完成。

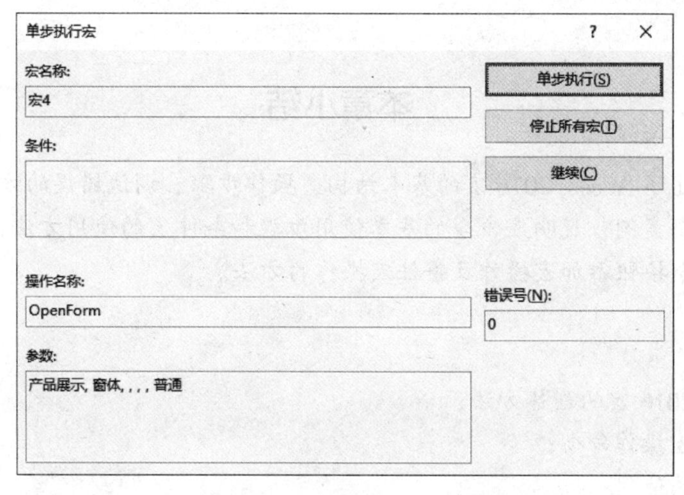

图 7.23　“单步执行宏”对话框

7.4.2　宏的运行错误调试

宏的运行错误能编译通过，往往是结果不正确或出现死循环状态，这种错误难以确定。建议在编写宏时向每个宏添加错误处理操作，并将这些操作永久保留在宏中。如果使用此方法，在出现错误时，Access 2016 就会显示错误的说明。这些说明可以帮助用户了解错误出现的位置，以便能够更快地纠正错误。使用以下过程可将错误处理子宏添加到宏：

（1）在设计视图中打开宏，从“添加新操作”下拉列表中选择子宏“Submacro”，可在右侧的框中输入子宏的名称，默认名称为“Sub1”，在子宏“Submacro”块下方的“添加新操作”框中添加宏命令。

（2）若在子宏中选择“MessageBox”宏操作，在“消息”文本框中输入“=[MacroError].[Description]”，编辑和运行结果如图 7.24 所示。

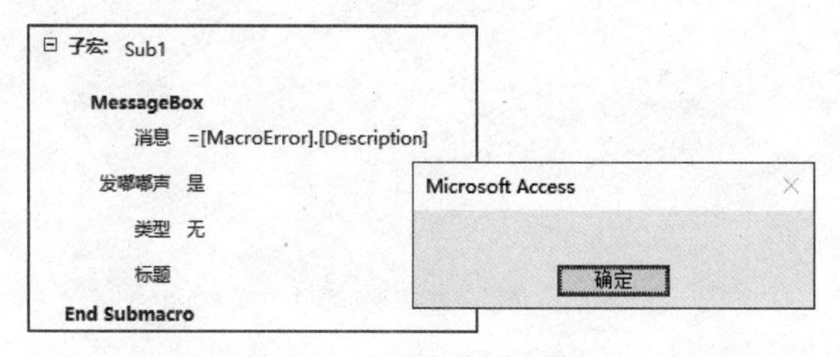

图 7.24　调试宏的运行错误

7.4.3　宏的逻辑错误调试

宏在运行中的错误一般属于逻辑错误。通常的逻辑错误不会产生提示信息。当程序运行不能出现预期的结果时，则出现了逻辑错误。对于该类错误，Access 2016 使用宏命令 OnError 和 ClearMacroError 处理执行，通过特定操作打开信息框，根据此信息框中的提示，用户可以了解出错的原因或非预期结果的操作。

本章小结

本章重点讲述了 Access 2016 宏的基本结构、操作步骤、调试错误的方法。

本章通过两个案例，说明宏命令的基本使用步骤和条件宏的使用方法，使用户初步掌握在窗体中通过命令按钮添加宏操作及条件宏操作的方法。

考核要点

（1）Access 2016 宏的创建方法；

（2）常用的宏操作命令；

（3）条件宏的使用；

（4）宏的调试方法。

第8章 数据库安全

数据库安全包含两层含义：第一层含义是指系统运行安全，主要指不法分子通过Internet、局域网等途径入侵，使系统无法正常启动或正常运行；第二层含义是指系统信息安全，主要指非法用户使用或非法访问系统中的应用程序并窃取数据库中的数据。为避免应用程序及其数据遭到意外破坏，Access 2016 提供了一系列保护措施，包括设置访问密码、对数据进行加密等安全策略。

8.1 数据库安全策略

8.1.1 数据库安全的特征

数据库安全的特征主要是针对数据而言的，包括数据独立性、数据安全性、数据完整性、并发控制、故障恢复 5 个方面。

1. 数据独立性

数据独立性包括物理独立性和逻辑独立性两个方面。物理独立性是指用户的应用程序与存储在磁盘上的数据库是相互独立的；逻辑独立性是指用户的应用程序与数据库的逻辑结构是相互独立的。

2. 数据安全性

操作系统中的对象以文件为存储单位，而数据库支持的应用要求更为严格。比较完整的数据库对数据安全性常采取以下措施：

（1）将数据库中需要保护的部分与其他部分隔离；

（2）采用授权规则，如账户、口令和权限访问控制方法；

（3）对数据进行加密后存储于数据库。

3. 数据完整性

数据完整性包括数据的正确性、有效性和一致性。正确性是指数据的输入值与数据表对应域的类型一致；有效性是指数据库中的理论数值满足现实应用中对该数值段的约束；一致性是指不同用户使用的同一数据的一致性。保证数据完整性，防止用户使用时向数据库中加入不合法的数据。

4. 并发控制

当多用户共享数据库时，同时访问需要实施并发控制操作，排除和避免重复写、丢失、修改及读错误数据的情况发生，保证数据的正确性。目前，数据库的并发控制主要采用锁存机制。

5. 故障恢复

当数据库丢失、被破坏或系统误操作造成数据错误时，无论是物理上还是逻辑上的错误，都通过及时备份尽快恢复丢失的数据和处理数据库系统出现的故障。

8.1.2 设置数据库密码

1. 保障数据库安全的方法

Access 2016 提供了保障数据库安全的几种传统方法：为数据库设置密码，或设置用户级安全，以限制没有权限的用户访问或更改数据库，或加密数据库使用户无法通过程序工具或字处理程序查看和修改数据库中的数据。使用密码保护数据库或其中对象的安全性也称为共享级安全性。密码能无限制地访问所有 Access 数据和数据库对象。

（1）设置密码：最简单的方法是为数据库设置密码，它是一种保护数据库的简便方法。设置密码后，打开数据库时将显示要求输入密码的对话框，只有正确输入密码的用户才能打开数据库。在数据库打开之后，数据库中的所有对象对用户都是可用的。

（2）用户级安全：保障数据库安全最灵活、最广泛的方法是设置用户级安全。这种安全需要用户在启动数据库时确认自己的身份并输入密码。

（3）加密数据库：对数据库进行加密将压缩数据库文件，并使用户无法通过工具程序或字处理程序查看和修改数据库中的保密数据。

2. 使用密码进行对数据库加密的步骤

（1）先关闭制作好的数据库，再打开数据库（这里选择“营销管理数据库 .accdb”），运行 Access 2016，在导航窗格右下角单击“打开其他文件”按钮，出现“打开”对话框，如图 8.1 所示。

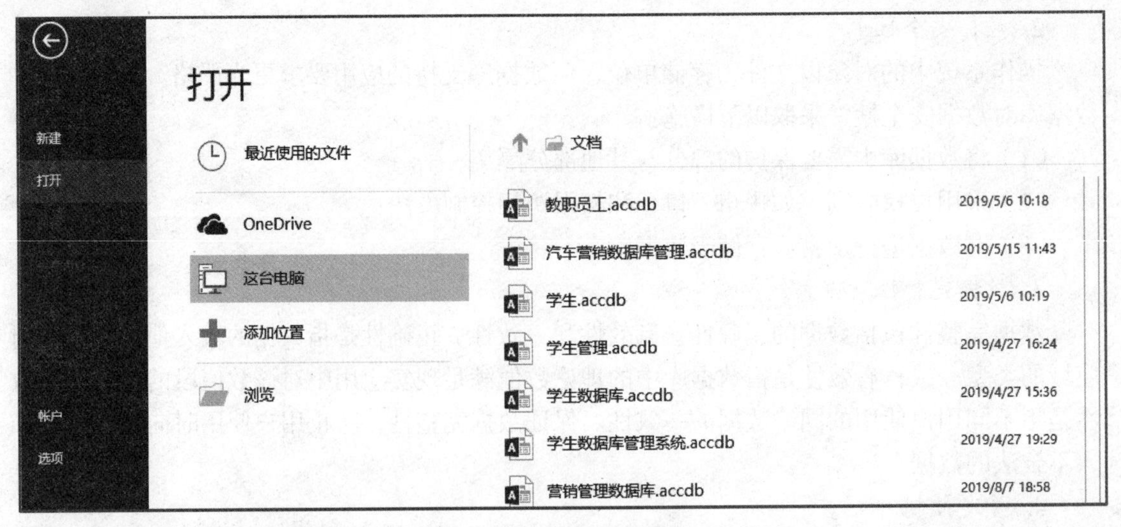

图 8.1 “打开”对话框

（2）单击“打开”→“计算机”→“浏览”按钮，在文件路径的右下角显示按钮下拉列表，设置“以独占模式打开”，如图 8.2 所示。

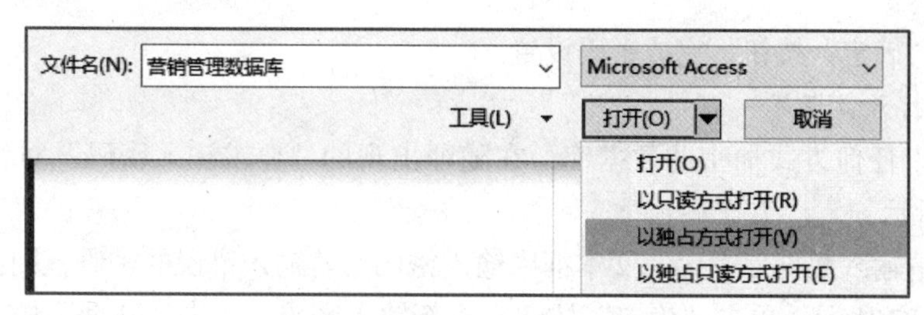

图 8.2　设置以独占模式打开数据库

（3）在“文件”选项卡中单击“信息”按钮，再单击“用密码进行加密”按钮，如图 8.3 所示。

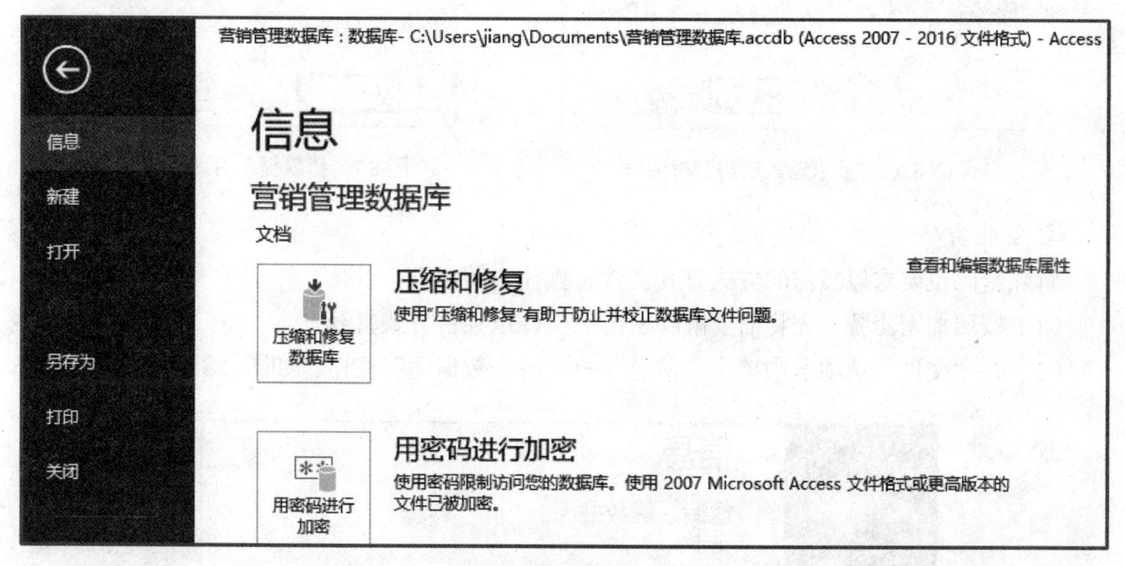

图 8.3　使用密码加密

（4）在打开的“密码”文本框中输入密码，然后在“验证”文本框中再次输入该密码。使用由大写字母、小写字母、数字和符号组合而成的强密码（弱密码不混合使用这些元素）。例如，W8zs!er6 是强密码，House35 是弱密码。密码长度应大于或等于 8 个字符。最好使用“大、小写字母 + 数字”形式的密码，如图 8.4 所示。

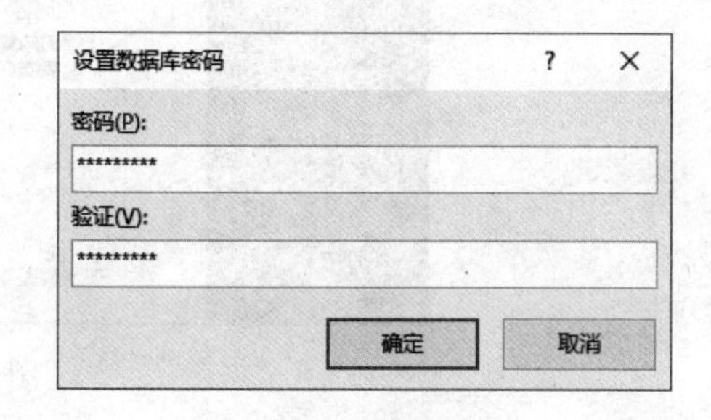

图 8.4　设置密码

（5）单击“确定”按钮，出现警告对话框，如图 8.5 所示。

图 8.5　警告对话框

（6）单击“确定”按钮，完成密码设置。

3. 解密并打开数据库

（1）打开以任何方式加密的数据库，在随即出现的“要求输入密码”对话框中输入密码，如图 8.6 所示。

（2）在“请输入数据库密码”文本框中输入密码，若输入错误的密码，则出现错误提示对话框，如图 8.7 所示。单击“确定”按钮，重新输入密码，单击“帮助”按钮则打开帮助信息。

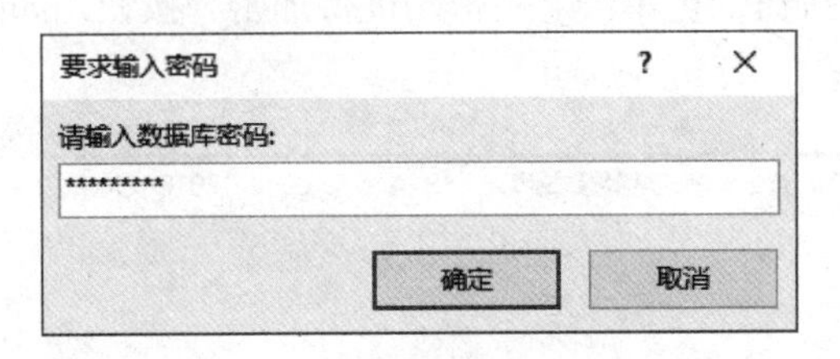

图 8.6 “要求输入密码”对话框

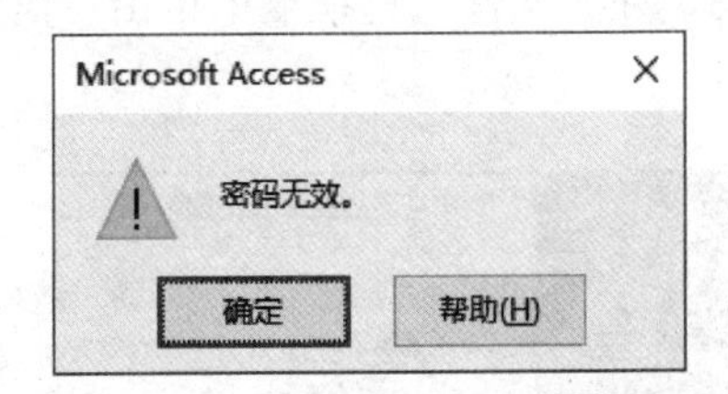

图 8.7 错误提示对话框

4. 解除密码

解除密码也要求以独占的方式打开文件，操作步骤如下：

（1）按照加密步骤，先将需要解除密码的文件以独占方式打开。

（2）在“文件”选项卡中单击“信息”→“解密数据库”按钮，如图 8.8 所示。

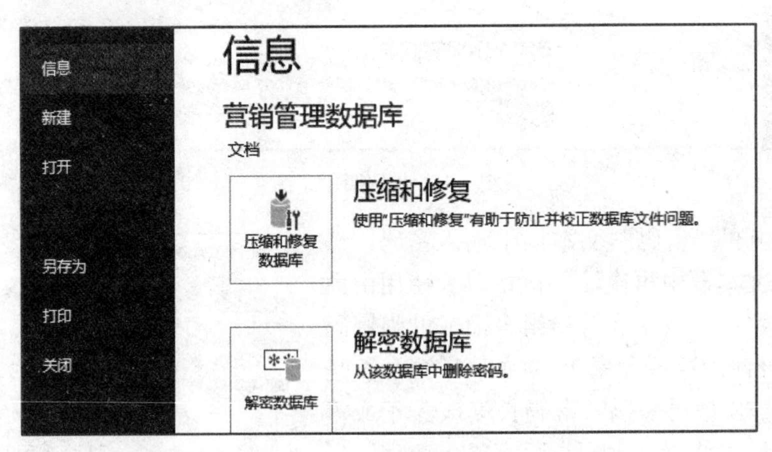

图 8.8 解密数据库

（3）在弹出的“撤消数据库密码”对话框的“密码”文本框中输入密码，然后单击“确定”按钮，如图 8.9 所示。

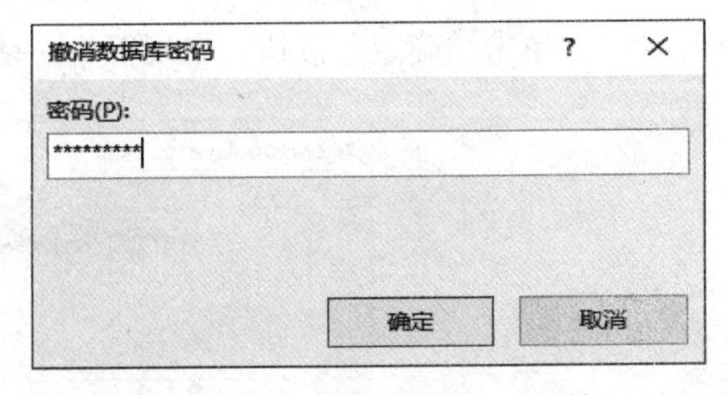

图 8.9 “撤消数据库密码”对话框

8.1.3 隐藏数据库对象

Access 2016 以变灰的图标显示隐藏对象，以便与未隐藏对象区分开来。隐藏文件

最简单而有效的一个方法就是以“usys”开头命名。因为 Access 2016 认为以该字符串开头的是系统文件，而系统文件一般是不显现的。隐藏和解除隐藏数据库对象的步骤如下：

（1）隐藏数据库对象，可以在导航窗格中选择该对象。例如，选择产品表，按“Alt+Enter”组合键打开属性对话框，在对话框中选中“隐藏”复选框，如图 8.10 所示。

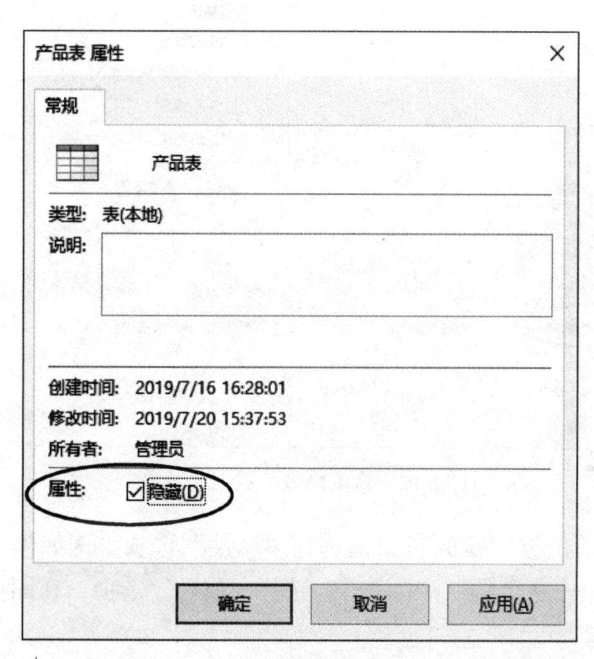

图 8.10　隐藏数据库

（2）解除隐藏数据库对象需要在导航窗格中，用鼠标右键单击“所有 Access 对象”，在打开的菜单中选择“导航选项”选项，如图 8.11 所示。

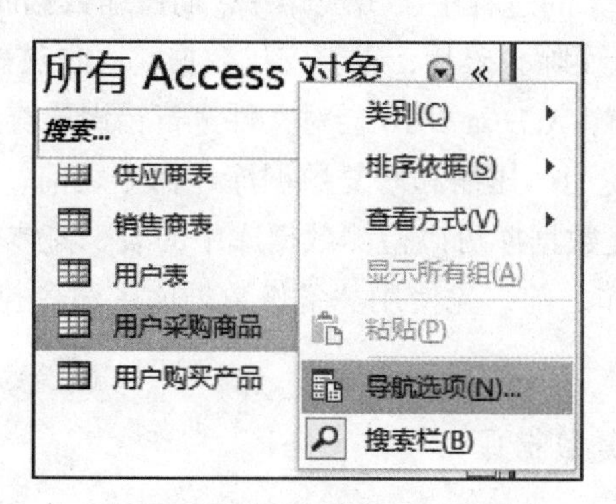

图 8.11　选择“导航选项”选项

（3）在“导航选项”对话框中，选择“显示隐藏对象”复选框，隐藏的数据库对象以灰色显示，用鼠标右键单击恢复的隐藏对象，选择“属性”选项，将“隐藏”属性取消即可，如图 8.12 所示。

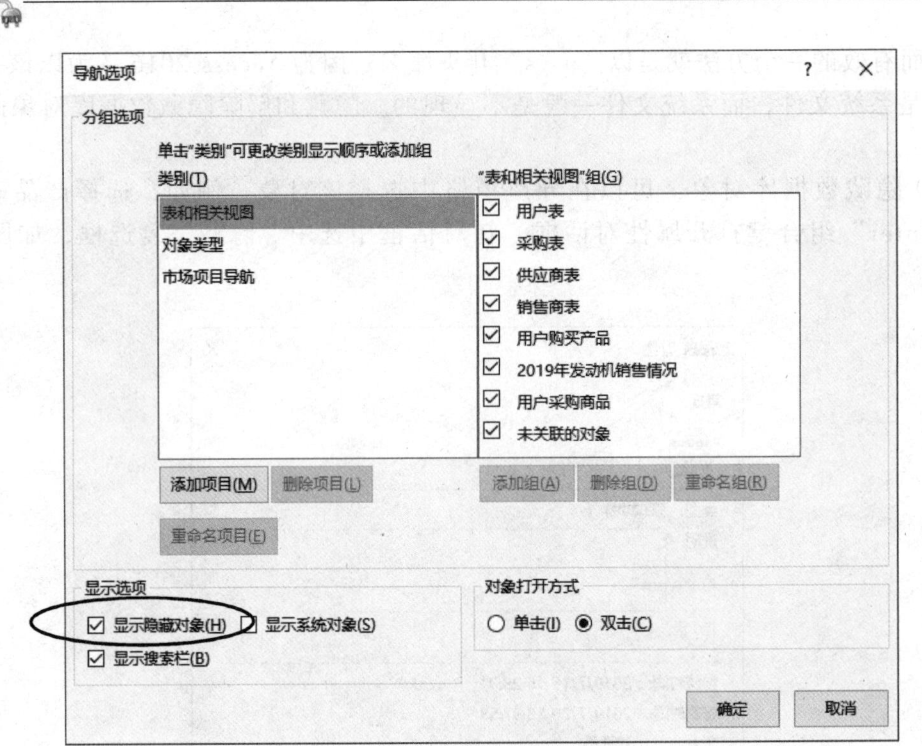

图 8.12　恢复隐藏的数据库对象

（4）用鼠标右键单击被隐藏的对象，选择“属性”选项，例如恢复隐藏的产品表数据库表，则用鼠标右键单击灰色的“产品表”，选择“属性”选项，在图 8.10 所示对话框中将“隐藏”属性取消即可。

8.2　压缩和修复数据库

数据库在不断增 / 删对象的过程中会出现碎片，而压缩数据库文件实际上是重新组织文件在磁盘上的存储方式，从而除去碎片，重新安排数据，回收磁盘空间，达到优化数据库的目的。在对数据库压缩之前，Access 2016 会对文件进行错误检查，一旦检测到数据库损坏，就会要求修复数据库。在使用“压缩和修复数据库”命令之前，Access 2016 可能会截断已损坏表中的某些数据，修复数据库可以检测数据库中的表、窗体、报表或模块的损坏信息。建议在开始压缩和修复操作之前，先使用“备份数据库”命令执行备份，这样一旦出现问题，可以用备份来恢复数据。

8.2.1　自动压缩和修复数据库

数据库文件在使用过程中可能会迅速增大，它们有时会影响性能，有时也可能被损坏，可以使用“压缩和修复数据库”命令来防止或修复这些问题。压缩能减小文件占用空间，因为 Access 2016 数据库存储在一个扩展名为“.accdb”的文件中，随着数据的不断增加、修改和删除，数据库文件的体积会不断增大，即使删除了某些数据，实际空间也不会减小，因为

删除数据时，只是在数据库中添加了“已删除”标记，并未真正删除数据。其次，把数据库的所有数据放在一个文件中风险也是较大的，一旦该文件损坏，可能导致文件读、写不一致的麻烦，从而无法打开数据库。特别是当多用户同时访问数据库时，更容易出现读、写不一致的情况。因此，修复数据库是一项必要操作。

压缩和修复操作需要以独占方式访问数据库，因为该操作可能中断其他用户。若要在数据库关闭时自动执行压缩和修复操作，可以选择“关闭时压缩”选项。设置此选项只会影响当前打开的数据库。若要自动压缩和修复每个数据库，必须单独设置此选项。设置方法如下：

（1）单击“文件”菜单中的“选项”按钮，打开“Access 选项”对话框，选中左窗格中的“当前数据库”选项，在“应用程序选项”下选择“关闭时压缩”复选框，如图 8.13 所示。

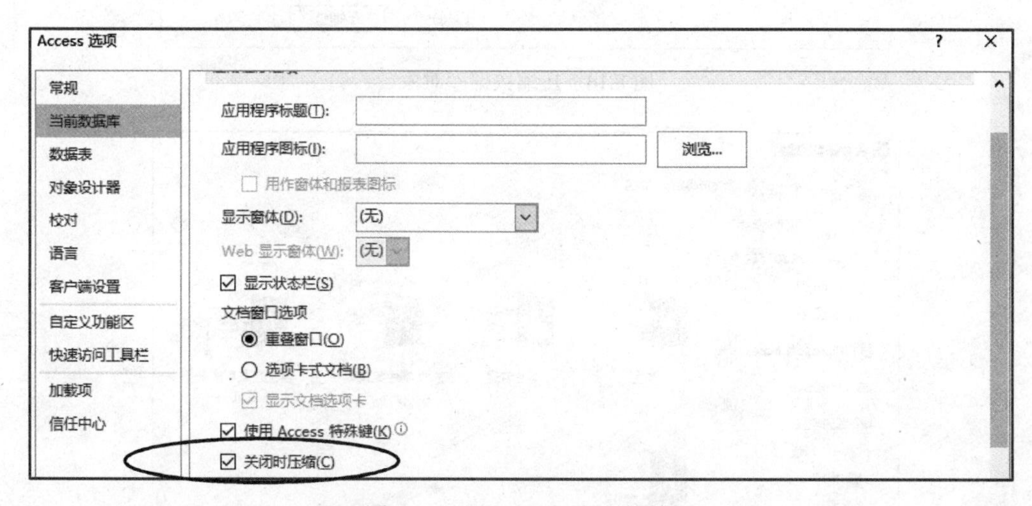

图 8.13　“Access 选项”对话框

（2）除了使用“关闭时压缩”选项外，还可以手动运行“压缩和修复数据库”命令。无论数据库是否已经打开，均可以运行该命令。此外，还可以创建对特定数据库文件运行“压缩和修复数据库”命令的桌面快捷方式。

8.2.2　压缩和修复未打开的数据库

压缩和修复已打开的数据库的前提是其他用户不能使用该文件，否则无法完成操作。压缩和修复未打开的数据库的步骤如下：

（1）启动 Access 2016，但不要打开数据库。单击“数据库工具”菜单，再单击“压缩和修复数据库”按钮，在“压缩数据库来源”对话框中，定位到要压缩和修复的数据库，这里选择“营销管理数据库”，然后单击右下角的“压缩”按钮即可，如图 8.14 所示。

（2）单击“保存”按钮，输入文件名，默认为“DataBase1”，可输入“营销管理压缩”，另存为一个压缩文件，如图 8.15 所示。

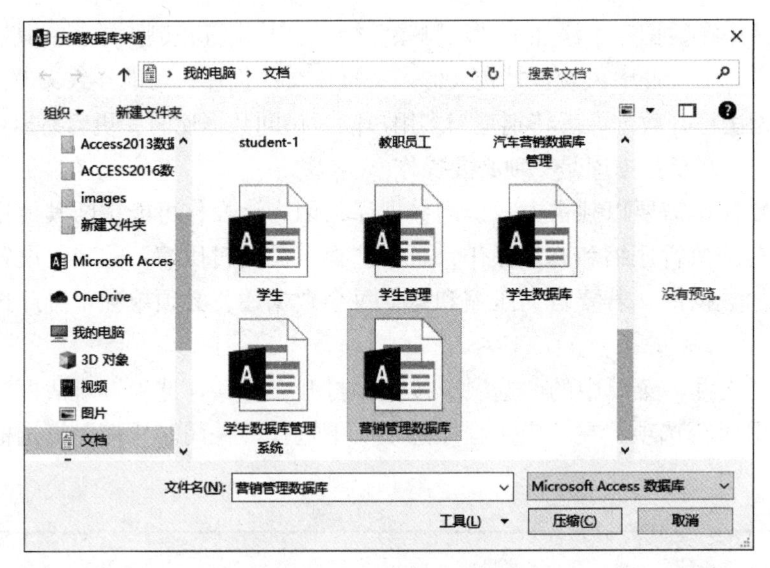

图 8.14　压缩数据库对象

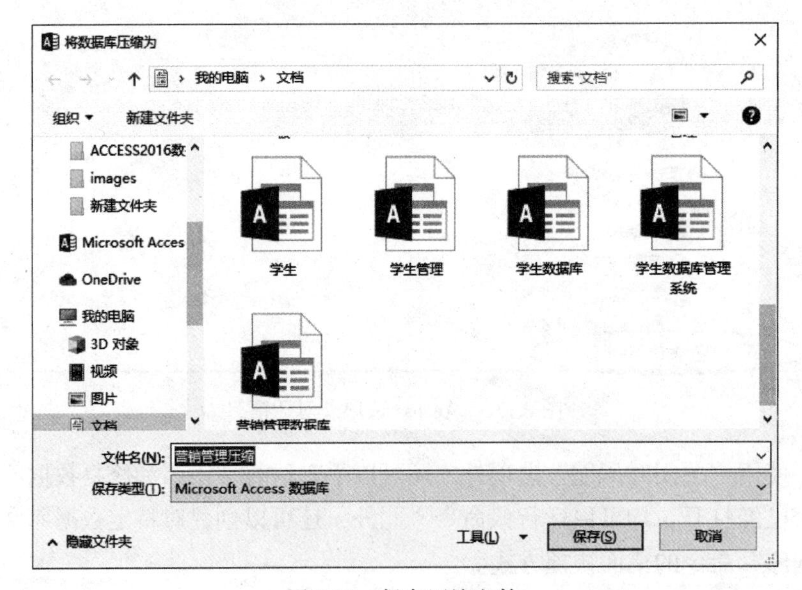

图 8.15　保存压缩文件

8.3　导入、导出及链接数据库

案例十三　导入数据库表

本案例讲述使用 Access 2016 导入其他数据源到当前数据库中的方法，使用户能快速建立数据表，减少重复操作。

1. 案例说明

图 8.16 和图 8.17 所示分别是外部 Excel 数据源信息（“学生基础信息 .xlsx”）和导入当

前数据库中的表视图，其操作步骤见 8.3.1 的第 2 小节。

2. 知识点分析

Excel 电子表格文件的导入方法。

3. 案例展示

	A	B	C	D	E	F	G	H	I	J	K
	学号	姓名	性别	出生日期	籍贯	民族	政治面貌	户口性质	班号	联系电话	血型
	2010001	吴文龙	男	2002/08/10	山东省曹县	汉族	群众	农业户口	2010101	15734818776	AB血型
	2010002	李英	女	2003/05/01	兴安盟扎赉特旗	蒙古族	群众	非农业户口	2010101	13789708925	O血型
	2010003	陈艳文	女	2004/01/10	兴安盟扎赉特旗	汉族	群众	非农业户口	2010101	18847058116	O血型
	2010004	毕亚楠	女	2004/09/06	黑龙江省依安县	汉族	群众	非农业户口	2010101	13644702809	A血型
	2010005	赵闯	男	2004/12/06	兴安盟突泉县	汉族	群众	非农业户口	2010101	18747028854	A血型

图 8.16　外部 Excel 数据源信息

学生基础信息

学号	姓名	性别	出生日期	籍贯	民族	政治面	户口性质	班号	联系电话	血型
2010001	吴文龙	男	2002/08/10	山东省曹县	汉族	群众	农业户口	2010101	15734818776	AB血型
2010002	李英	女	2003/05/01	兴安盟扎赉特	蒙古族	群众	非农业户口	2010101	13789708925	O血型
2010003	陈艳文	女	2004/01/10	兴安盟扎赉特	汉族	群众	非农业户口	2010101	18847058116	O血型
2010004	毕亚楠	女	2004/09/06	黑龙江省依安	汉族	群众	非农业户口	2010101	13644702809	A血型
2010005	赵闯	男	2004/12/06	兴安盟突泉县	汉族	群众	非农业户口	2010101	18747028854	A血型

图 8.17　导入当前数据库中的表视图

8.3.1　导入其他数据源中的数据

1. 数据源的选择

Access 2016 能够很轻松地导入或链接到其他程序中的数据，可以从 Excel（电子表格文件）工作表、另一个 Access 2016 数据库表、ODBC（Open DataBase Connectivity）、文本文件、SharePoint 、XML 文件、数据库服务器、网页文件和 Outlook 中导入数据。各数据源的导入操作过程基本相同，如图 8.18 所示。

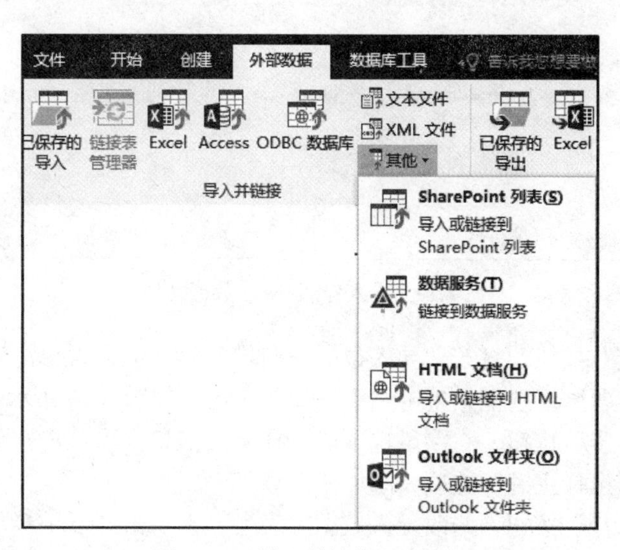

图 8.18　“导入并链接”选项组

若导入或链接来自 ODBC 数据库中的数据，需要导入或链接来自其他程序（提供与 ODBC 兼容的驱动程序）的数据以访问其数据文件。为此，若要与 ODBC 数据源连接，必须安装正确的 ODBC 驱动程序并定义数据源名称才能完成。

2. Excel 文件的导入方法

案例十三的操作步骤如下：

（1）在“外部数据”选项卡的“导入并链接”选项组中，单击导入数据文件类型对应的命令，此案例中分别选择 Excel 工作表和 Html 文档文件。在“获取外部数据”对话框中，单击“浏览”按钮找到源数据文件，或在“文件名”文本框中输入其文件的完整路径。

（2）在“指定当前数据库中的存储方式和存储位置”区域选择“将源数据导入到当前数据库的新表中”选项，此时，可以使用导入的数据创建新表，也可以创建链接表以保持与数据源的链接，若导入电子表格文件“学生基础信息 .xlsx”，则选择“Excel”选项并找到对应路径，如图 8.19 所示。

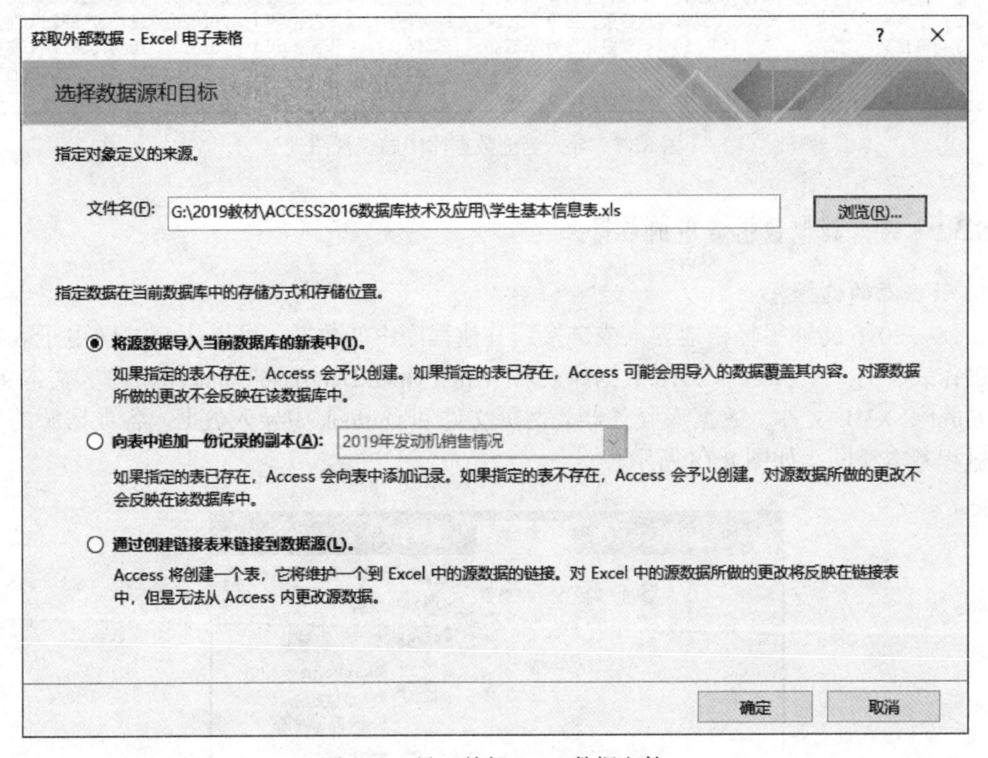

图 8.19 导入外部 Excel 数据文件

（3）单击“确定”按钮，打开“导入数据表向导”对话框，再单击“下一步”按钮，勾选“第一行包括列标题”复选框，单击“下一步”按钮，如图 8.20 所示。

（4）单击“下一步”按钮，在字段选项中选择字段信息，再单击“下一步”按钮，选择主键，选择“我自己选择主键”选项，添加“学号”，如图 8.21 所示。

（5）单击“下一步”按钮，修改导入数据库表名，再单击“下一步”按钮，输入导入数据库表名或使用默认表名，最后单击“完成”按钮即可得到图 8.16 所示的结果。

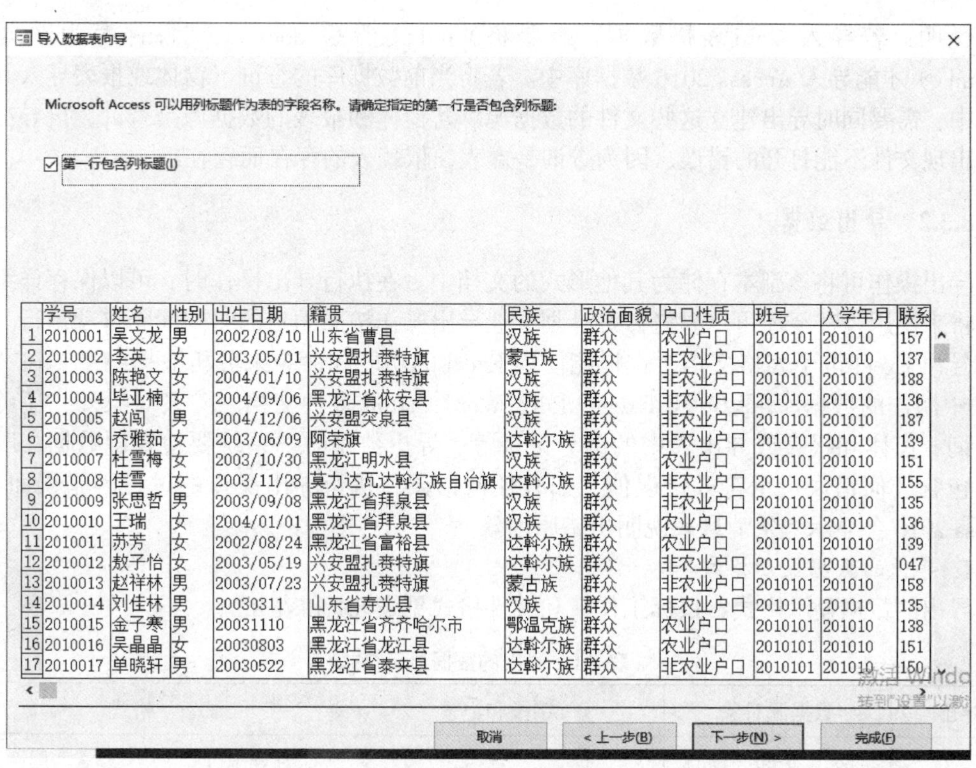

	学号	姓名	性别	出生日期	籍贯	民族	政治面貌	户口性质	班号	入学年月	联系
1	2010001	吴文龙	男	2002/08/10	山东省曹县	汉族	群众	农业户口	2010101	201010	157
2	2010002	李英	女	2003/05/01	兴安盟扎赉特旗	蒙古族	群众	非农业户口	2010101	201010	137
3	2010003	陈艳文	女	2004/01/10	兴安盟扎赉特旗	汉族	群众	非农业户口	2010101	201010	188
4	2010004	毕亚楠	女	2004/09/06	黑龙江省依安县	汉族	群众	非农业户口	2010101	201010	136
5	2010005	赵闯	男	2004/12/06	兴安盟突泉县	汉族	群众	非农业户口	2010101	201010	187
6	2010006	乔雅茹	女	2003/06/09	阿荣旗	达斡尔族	群众	非农业户口	2010101	201010	139
7	2010007	杜雪梅	女	2003/10/30	黑龙江明水县	汉族	群众	农业户口	2010101	201010	151
8	2010008	佳雪	女	2003/11/28	莫力达瓦达斡尔族自治旗	达斡尔族	群众	非农业户口	2010101	201010	155
9	2010009	张思哲	男	2003/09/08	黑龙江省拜泉县	汉族	群众	非农业户口	2010101	201010	135
10	2010010	王瑞	女	2004/01/01	黑龙江省拜泉县	汉族	群众	农业户口	2010101	201010	136
11	2010011	苏芳	女	2002/08/24	黑龙江省富裕县	达斡尔族	群众	农业户口	2010101	201010	139
12	2010012	敖子怡	女	2003/05/19	兴安盟扎赉特旗	达斡尔族	群众	非农业户口	2010101	201010	047
13	2010013	赵祥林	男	2003/07/23	兴安盟扎赉特旗	蒙古族	群众	非农业户口	2010101	201010	158
14	2010014	刘佳林	男	20030311	山东省寿光县	汉族	群众	非农业户口	2010101	201010	135
15	2010015	金子寒	男	20031110	黑龙江省齐齐哈尔市	鄂温克族	群众	农业户口	2010101	201010	138
16	2010016	吴晶晶	女	20030803	黑龙江省龙江县	达斡尔族	群众	农业户口	2010101	201010	151
17	2010017	单晓轩	男	20030522	黑龙江省泰来县	达斡尔族	群众	非农业户口	2010101	201010	150

图 8.20 选择字段名称

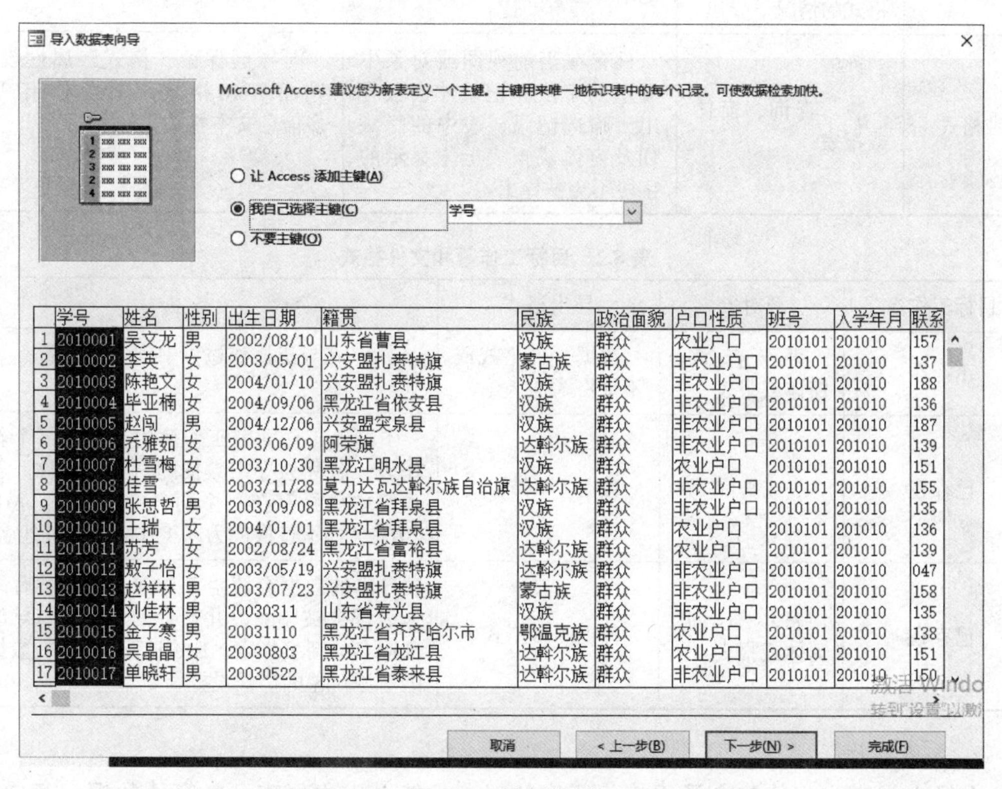

	学号	姓名	性别	出生日期	籍贯	民族	政治面貌	户口性质	班号	入学年月	联系
1	2010001	吴文龙	男	2002/08/10	山东省曹县	汉族	群众	农业户口	2010101	201010	157
2	2010002	李英	女	2003/05/01	兴安盟扎赉特旗	蒙古族	群众	非农业户口	2010101	201010	137
3	2010003	陈艳文	女	2004/01/10	兴安盟扎赉特旗	汉族	群众	非农业户口	2010101	201010	188
4	2010004	毕亚楠	女	2004/09/06	黑龙江省依安县	汉族	群众	非农业户口	2010101	201010	136
5	2010005	赵闯	男	2004/12/06	兴安盟突泉县	汉族	群众	非农业户口	2010101	201010	187
6	2010006	乔雅茹	女	2003/06/09	阿荣旗	达斡尔族	群众	非农业户口	2010101	201010	139
7	2010007	杜雪梅	女	2003/10/30	黑龙江明水县	汉族	群众	农业户口	2010101	201010	151
8	2010008	佳雪	女	2003/11/28	莫力达瓦达斡尔族自治旗	达斡尔族	群众	非农业户口	2010101	201010	155
9	2010009	张思哲	男	2003/09/08	黑龙江省拜泉县	汉族	群众	非农业户口	2010101	201010	135
10	2010010	王瑞	女	2004/01/01	黑龙江省拜泉县	汉族	群众	农业户口	2010101	201010	136
11	2010011	苏芳	女	2002/08/24	黑龙江省富裕县	达斡尔族	群众	农业户口	2010101	201010	139
12	2010012	敖子怡	女	2003/05/19	兴安盟扎赉特旗	达斡尔族	群众	非农业户口	2010101	201010	047
13	2010013	赵祥林	男	2003/07/23	兴安盟扎赉特旗	蒙古族	群众	非农业户口	2010101	201010	158
14	2010014	刘佳林	男	20030311	山东省寿光县	汉族	群众	非农业户口	2010101	201010	135
15	2010015	金子寒	男	20031110	黑龙江省齐齐哈尔市	鄂温克族	群众	农业户口	2010101	201010	138
16	2010016	吴晶晶	女	20030803	黑龙江省龙江县	达斡尔族	群众	农业户口	2010101	201010	151
17	2010017	单晓轩	男	20030522	黑龙江省泰来县	达斡尔族	群众	非农业户口	2010101	201010	150

图 8.21 选择主键

说明：若导入 Word 表格数据，需要将 Word 文档（".docx"）文件保存为网页文件（".html"）才能导入 Access 2016 数据库中。若将当前数据库的查询、窗体或报表导入其他数据库中，需要同时导出建立这些文件的数据源。若窗体和报表的数据源是查询，仅导出查询也会出现文件不能打开的错误，因为查询是虚表，依赖表的存在而存在。

8.3.2 导出数据

导出操作可将该副本存储为其他形式的文档中。在执行导出操作时，可以保存详细信息以备将来使用，甚至还可以事先做好计划，让导出操作按照固定的时间间隔自动运行。常见的是导出 Excel 电子表格文档，这样能使用 Excel 的功能和命令来分析数据结果。在 Access 2016 中制作的数据库可以导出 Excel、Pdf、Word、Html 多种文档。除表对象外，还可以导出查询、窗体和报表或导出表中的部分记录等。导出数据时，系统要检查源数据，以确保它不包含任何错误指示符或错误值，如有任何错误，执行导出操作的过程因错误而失败，Access 2016 会显示一条消息来说明出错原因。

1. 导出的数据显示格式

导出的数据显示格式、目标工作簿和文件格式见表 8.1 和表 8.2。

表 8.1 导出的数据显示格式

导出	数据源对象	字段和记录	格式
不带格式	表、查询、窗体和报表无法在不带格式的情况下导出	基础对象中的所有字段和记录都会被导出	在导出过程忽略"格式"属性设置
带格式	表、查询、窗体或报表	只有在当前视图或对象中显示的字段和记录才会被导出。筛选记录、表中的隐藏列及窗体或报表上未显示的字段不会被导出	向导会保留"格式"属性设置。导出 Word 格式，则会导出".rtf"多信息文本格式文件

表 8.2 目标工作簿和文件格式

目标工作簿	源对象	导出格式	备注
不存在	表、查询、窗体或报表	数据（带格式或不带格式）	在导出操作过程中创建工作簿
已存在	表或查询	数据（不带格式）	不覆盖工作簿。工作簿中会添加一个新工作表，名称为导出数据的对象的名称。若工作簿中已经存在一个同名的工作表，Access 2016 会提示替换或为新工作表指定其他名称
已存在	表、查询、窗体或报表	数据（带格式）	导出的数据会覆盖工作簿。所有现有的工作表都会被删除，并且会创建一个与导出对象同名的新工作表。Excel 工作表中的数据会继承源对象的格式设置

2. 导出操作

在导出报表或窗体包含子报表、子窗体时，只能导出主报表、主窗体数据。若导出全

部子数据，必须对每个子报表、子窗体的数据重复执行导出操作，即一次导出操作中只能导出一个数据库对象。但是，完成了多次导出操作后，可以在 Excel 中合并多个工作表中的数据。导出操作的步骤如下：

（1）打开源数据库，在导航窗格中选择包含要导出的数据对象，包括表、查询、报表或窗体。导出的文件格式可以是多种形式，如图 8.22 所示。

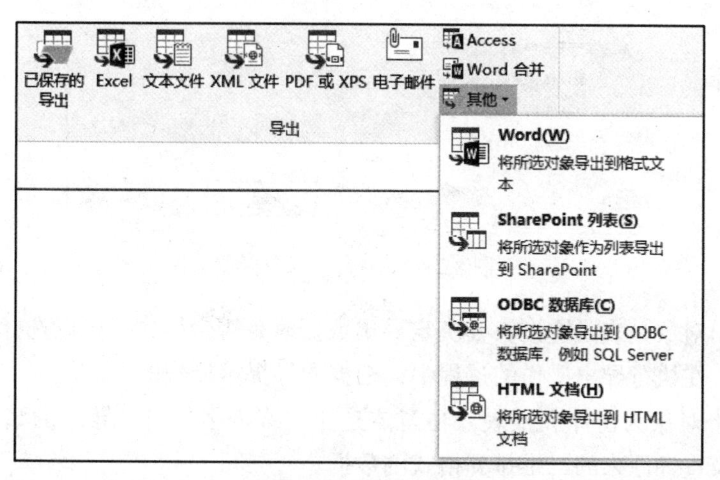

图 8.22　数据导出格式

（2）在导航窗格中选择导出的数据源（若导出的目标处于打开状态，要先将其关闭），单击“外部数据”选项卡中的文件格式，若选择了数据库中的“产品供应商查询”导出网页文件，单击“其他”→“HTML 文档”按钮即可直接打开向导，需要在“指定导出选项”区域中选择格式布局和是否打开等，如图 8.23 所示。

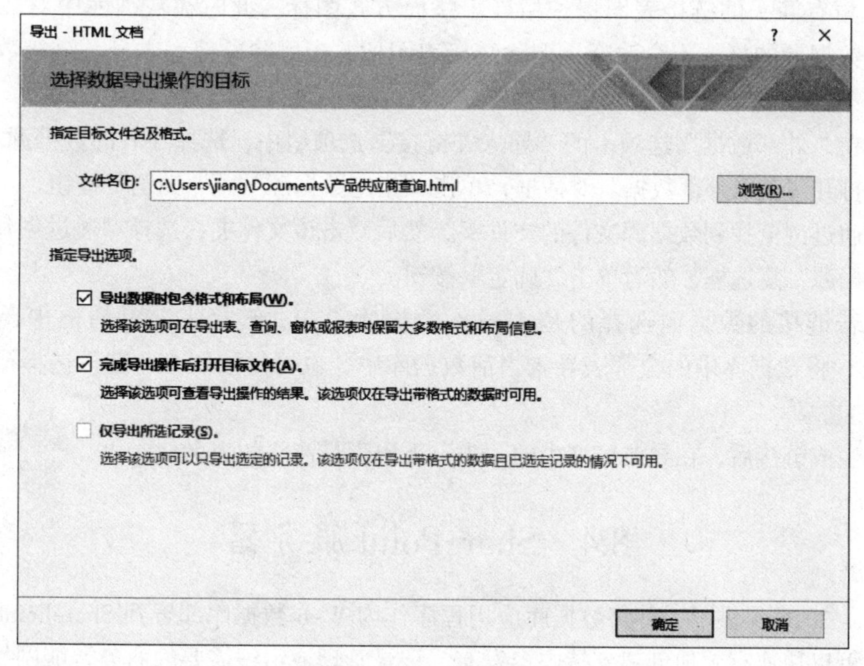

图 8.23　导出 HTML 文档

（3）单击“确定”按钮，打开“HTML 输出选项”对话框，此时可直接选择“默认编码方式”选项，如图 8.24 所示。

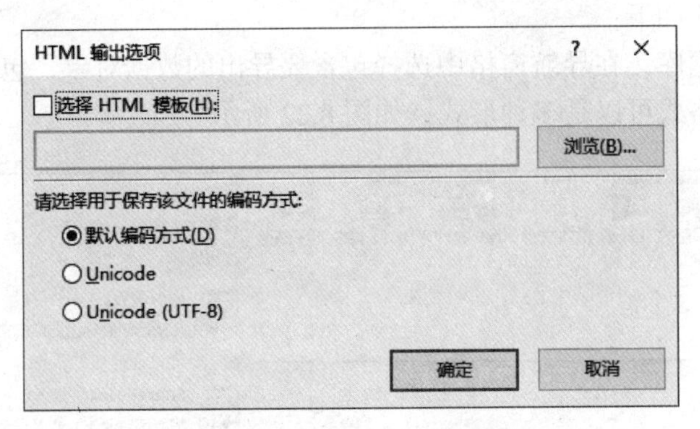

图 8.24　选择导出文件类型

（4）若导出对象是表或查询，要决定导出数据时是否带格式，可以选择目标文件为工作簿和文件格式，在执行导出操作的过程中，根据向导提示操作即可。

（5）若导出对象为窗体和报表，当窗体是非二维表格式时，导出的结果改变了原有格式，仅导出表及查询原来的二维排列格式的数据。

说明：不能将宏或模块导出到 Excel 文件中。

8.3.3　链接数据库表

Access 2016 为使用外部数据源的数据提供了两种选择：一是将数据导入当前数据库，二是链接到数据，这种链接到其他应用程序中的数据不将数据导入数据库，仅在数据库中出现左上角有箭头的链接表图标，相当于快捷方式图标。此时在数据库中对数据进行更新，外部数据源的格式不会改变，删除链接表图标并未删除外部表本身。链接数据库表的步骤如下：

（1）在“外部数据”选项卡的“导入并链接”选项组中，选择导入的数据源文件格式，此时自动打开“获取外部数据”对话框，单击“指定数据源”→“浏览”按钮。

（2）通过浏览找到数据源文件的文件夹，然后双击该文件夹，选择“通过创建链接表来链接到数据源”复选框，然后单击“确定”按钮。

（3）若链接的数据源选择的是 Access 数据库，在“链接表”对话框中，单击“全选”按钮，将数据库中的全部表导入当前数据库中，也可以按住 Ctrl 键再选择链接的表视图名。

（4）生成链接后，在导航窗格中的“表”下出现带箭头的表名。

8.4　SharePoint 服务器

Access 2016 提供了一种将数据库应用程序作为 Web 数据库部署到 SharePoint 服务器的新方法，可以快速有效地创建支持内容发布、记录管理或组织需要的商务智能网站，包括创

建企业级网站和专业网站。在网站中可以与其他人员（无论是在组织内还是在组织外）进行协作并共享信息。此外，还可以使用 Office SharePoint Server 2016 有效地搜索人员、文档和数据，设计和参与表单驱动的业务流程以及访问和分析大量业务数据。若多人参加相同的 Access 应用项目，多人可以集中修改表、报表和其他对象完成更新存储、转换业务流程和充分利用集体知识，实现数据库共享。

开发人员使用该应用程序，能够在进行更改时与服务器同步。此外，Access 2016 提供了可避免无法发布到 SharePoint /Access Services 服务器功能的“Web 模式”环境。如果发布的数据库包含与 Web 不兼容的功能，则无法使用该功能，但仍可使用 SharePoint 中的“在 Access 中打开”功能查看数据库的更新结果，该访问提供了信息权限管理功能，通过使用 OneDrive for Business 加密和保护 SharePoint 库中的信息来确保信息安全。

利用 Sharepoint 工作流能将企业办公自动化提高到一个新的水平，包括日常业务中的工作入职、出差申请、休假申请、加班申请、费用报销、项目立项、固定资产采购及公章使用等，它们均可集中到 SharePoint 平台统一部署和管理。在该平台上，每个人均可与组织中的其他人员有效地协作。例如，可以使用日历查看工作组活动时间、在博客讨论问题等。此外，通过创建个人网站管理个人或其他用户的共享信息，可使用户在自己创建的站点中查看并管理所有文档、任务、链接、Microsoft Office Outlook 2016 日历及其他个人信息等。

管理企业各个业务系统中的关键流程，如订单、报价处理、采购申请、合同审批、公文收发、客户电话处理、供应链管理等需要进行协同审批时，可以将业务数据通过 Web Service 接口写入 SharePoint 平台，即在 SharePoint 平台上，对各个参与流程用户的审批和监控操作进行统一管理。流程的中间结果和最终结果同样可以通过 Web Service、XML 等接口写入相关的业务系统中。此外，SharePoint 还为组织提供了用于保护和管理数据以及构建自定义解决方案的功能。

8.4.1　导入 SharePoint 网站的操作方法

在“外部数据”选项卡的“导入并链接”选项组中，单击“其他”→“SharePoint 列表”按钮，则打开“获取外部数据 -SharePoint 网站”对话框。在“指定 SharePoint 网站”文本框中输入网站名即可，如图 8.25 所示。

SharePoint Server 提供了一个新的站点文件夹视图，让用户在该视图中访问所关注站点中的文档库。文档库模板可以使用开放文档格式（ODF）文件，输入账号和密码才能登录 SharePoint 网站。

8.4.2　导出 SharePoint 网站的操作方法

（1）在“外部数据”选项卡的“导出”选项组中，单击“其他”→“SharePoint 列表”按钮，选择需要导出的表或其他对象，则打开“导出 -SharePoint 网站”对话框，如图 8.26 所示：

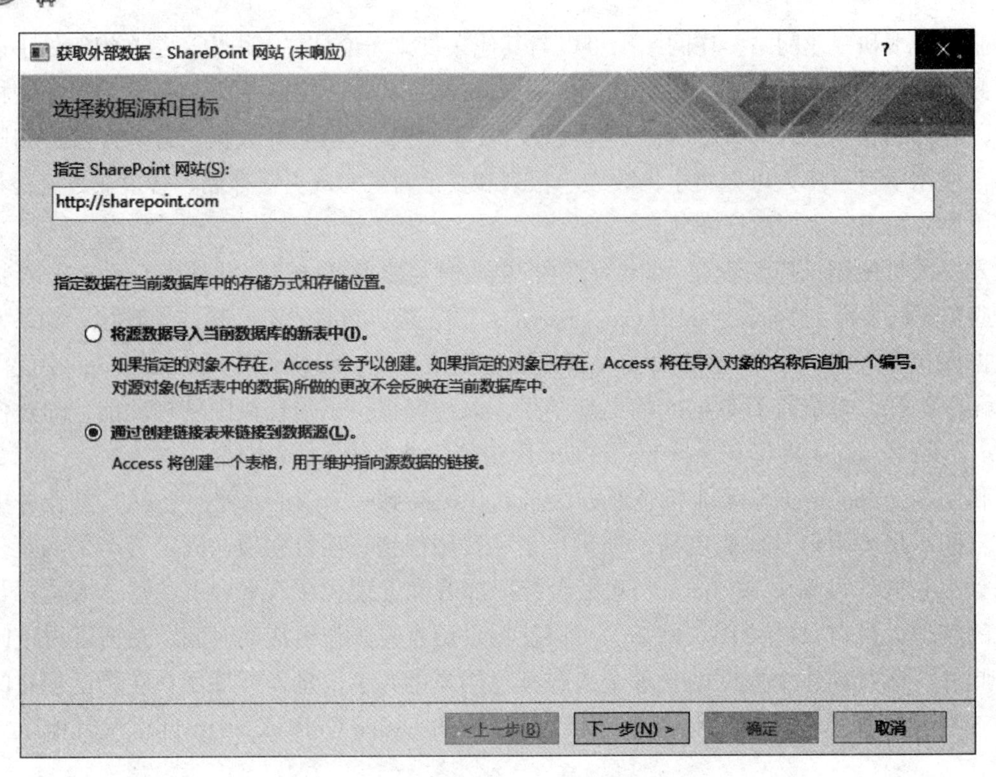

图 8.25　导入 SharePoint 网站

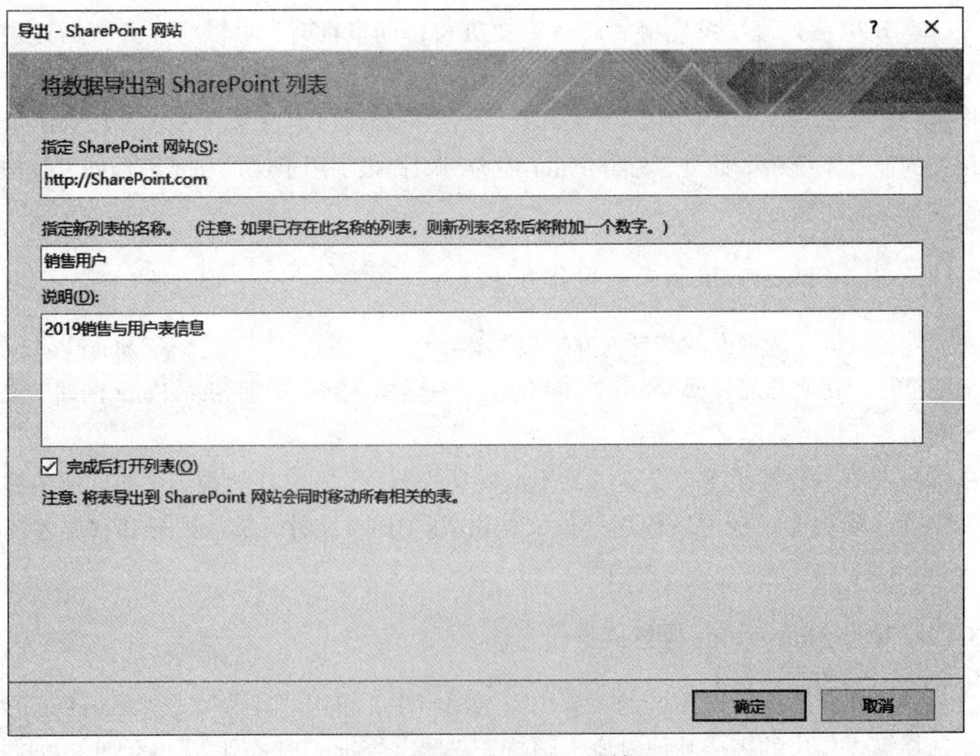

图 8.26　导出 SharePoint 网站

（2）在“指定 SharePoint 网站”文本框中输入网站名即可。

8.4.3　关于将 Web 数据库部署到 SharePoint 服务器的说明

（1）客户端数据库：客户端数据库是存储在本地硬盘、文件共享或文档库中的传统 Access 数据库文件。

（2）Web 数据库：Web 数据库是通过使用 Microsoft Office Backstage 视图中的“空白 Web 数据库”命令创建的数据库，或成功通过兼容性检查程序（位于“保存并发布”选项卡的“发布到 Access Services”下）所执行的测试的数据库。Web 数据库至少包含一个将在服务器上呈现的对象（如表或报表）。连接到该服务器的任何人员均可在浏览器中查看服务器上的对象，通过选择 SharePoint 中“操作”菜单上的“在 Access 中打开”选项，能使用隐藏的任何数据库对象。

（3）“.accde”：在“文件”选项卡中单击“保存并发布”按钮，在“数据库另存为”对话框中，可生成扩展名为“.accdb”的“锁定”或“仅执行”版本桌面数据库文件，该文件中仅包含编译的代码，用户不能查看或修改 VBA 程序，也无法更改窗体或报表的设计。

（4）“.accdt”：在“文件”选项卡中单击“另存为”按钮可保存为扩展名为“.accdt”的数据库模板文件，也可以从 Office.com 网站下载 Access 数据库模板，或单击 Microsoft Office Backstage 视图的“共享”空间中的“模板（*.accdt）”按钮将数据库保存为模板。

8.5　邮件功能

Access 2016 Web 应用内具有发送电子邮件功能，Office 用户可从 Access 应用内部发送电子邮件给其他企业人员，当有新的记录添加、现有的记录被编辑或记录被删除时，可以发送一封电子邮件提醒其他成员。在这种情况下，组织内部的相关用户提醒其他企业用户数据库已发生改变。

在 Office 365 网站启用此项新功能，在操作目录可看到新的发送电子邮件操作项，非常简便。

8.5.1　邮件设置

发送邮件前，需要在 Windows 的控制面板中进行设置，步骤为：

（1）打开控制面板，单击“用户账户”按钮，打开“邮件”对话框，再单击“添加”按钮，输入配置文件名称，如图 8.27 所示。

（2）单击“确定”按钮，在打开的对话框中输入姓名、邮件地址及密码信息，也可手动设置其他服务器类型，如图 8.28 所示。

（3）在联网的情况下，系统会搜索邮件服务器进行配置，配置完成界面如图 8.29 所示。

（4）单击“完成”按钮，配置完毕。

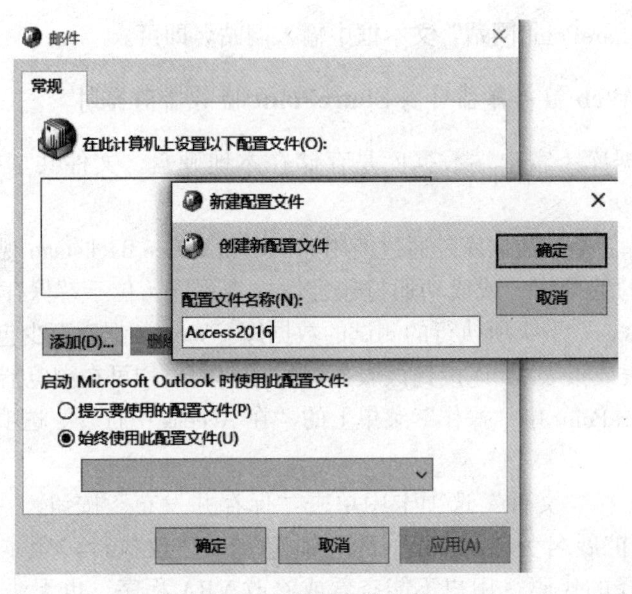

图 8.27　配置邮件文件

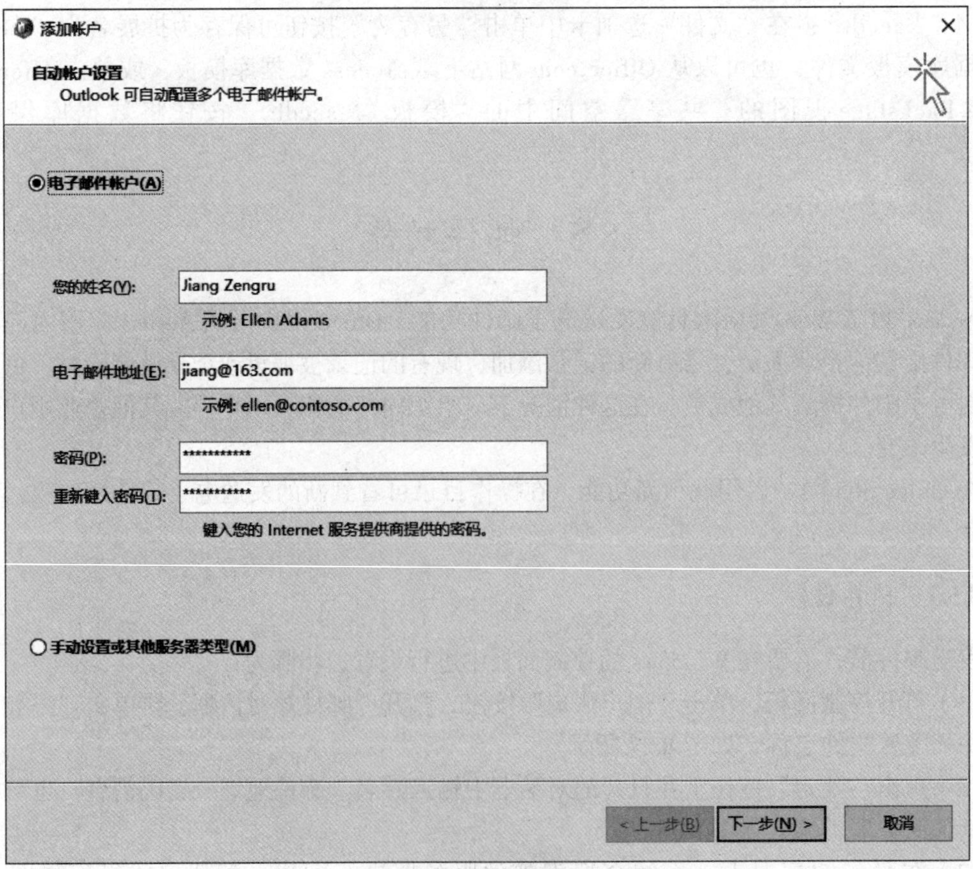

添加帐户

自动帐户设置

Outlook 可自动配置多个电子邮件帐户。

◉电子邮件帐户(A)

您的姓名(Y): Jiang Zengru

示例: Ellen Adams

电子邮件地址(E): jiang@163.com

示例: ellen@contoso.com

密码(P): ***********

重新键入密码(T): ***********

键入您的 Internet 服务提供商提供的密码。

○手动设置或其他服务器类型(M)

< 上一步(B)　下一步(N) >　取消

图 8.28　添加信息

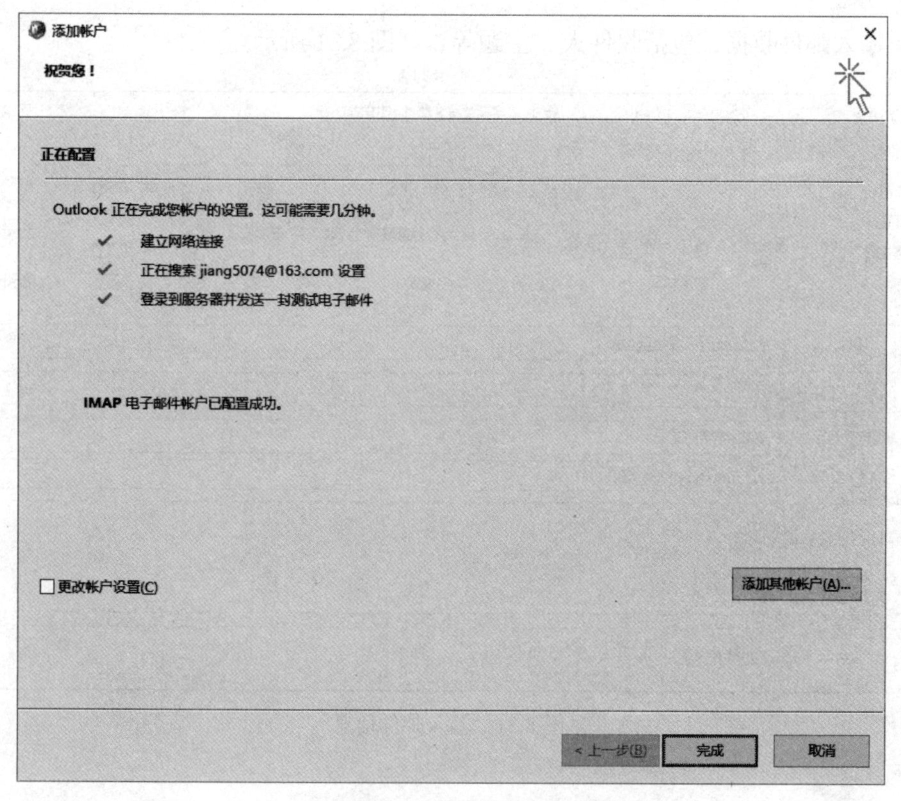

图 8.29　配置完成界面

8.5.2　邮件发送

配置完成后可发送数据库中的视图或文本文件，步骤如下：

（1）选择发送电子邮件的表、查询、窗体或报表对象，单击“外部数据”选项卡中的“邮件发送”按钮，打开发送邮件输出格式选项，这里选择 HTML 网页格式，如图 8.30 所示。

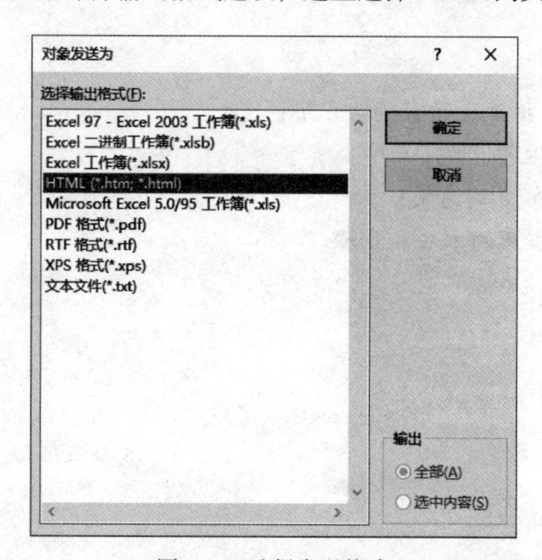

图 8.30　选择发送格式

（2）输入邮件数据，包括收件人、主题等，如图 8.31 所示。

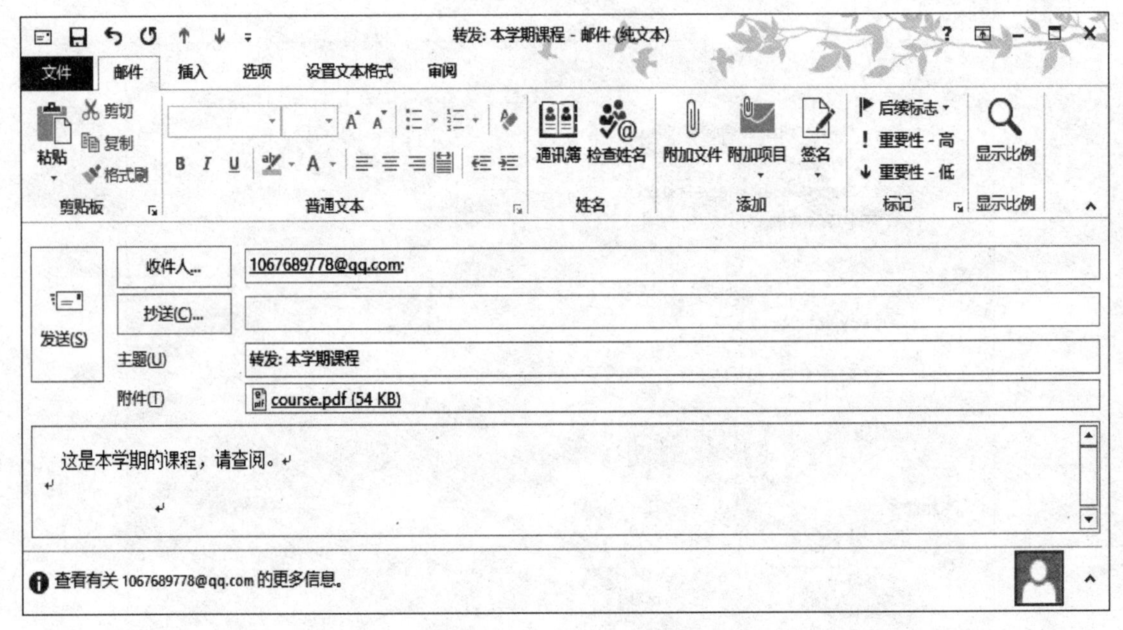

图 8.31　输入邮件信息

本章小结

本章重点讲述了 Access 2016 安全策略、数据库的压缩和修复、数据库的导入 / 导出方法及 SharePoint 服务器的简单使用。

本章通过对密码设置，数据库隐藏，数据库压缩、解压缩，数据库导入和导出的介绍，使读者初步掌握设置数据库安全的方法，掌握数据库加密、解密的操作步骤。

考核要点

（1）Access 2016 数据库设置密码的方法；

（2）数据库安全的主要措施；

（3）数据库压缩和修复的意义；

（4）导入 / 导出数据库的方法和步骤。

第 9 章

模块与 VBA 程序设计

9.1 模块

模块是 Access 2016 数据库的 6 个对象之一，由 VBA（Visual Basic for Applications）过程或函数构成，它与 VB（Visual Basic）具有相似的语言结构，属于 VB 的子集，提供了面向对象的程序设计方法。模块具有很强的通用性，通过窗体、报表对象可以调用模块内部的过程和函数，构成一个完整的数据库管理系统开发环境。本章使用 4 个案例和 25 个小例程讲解模块的使用方法。

9.1.1 模块的概念

1. 模块与过程

过程用于完成一个相对独立的操作，以子函数的形式存储在模块中。模块是由 VBA 编写的一个或多个 Sub 子过程或由 Function 函数编写的程序块。

2. 模块的功能

（1）维护数据库，可以将事件过程创建在窗体或报表定义中，通过窗体或报表访问数据库，更有利于数据库维护。

（2）创建自定义函数，使用这些函数可完成相应的独立任务。

（3）增加友好用户交互，实现动态管理并可提示详细的帮助和错误信息，对用户的下一步操作提供支持。

（4）执行 Windows 系统函数和数据通信操作完成文件处理任务。

3. 模块的分类

模块包括标准模块、类模块和对象模块 3 种，按调用关系可分为通用模块和事件模块。

（1）一般标准模块内部含有应用程序，允许其他模块访问和声明，可以包含变量、常数、类型、外部过程和全局声明或模块级声明。此外，还可以建立包含共享代码与数据的类模块，当多个窗体共同执行一段代码时，可创建独立公用代码模块以避免重复。

（2）类模块创建的对象可被应用程序内的过程调用。标准模块只包含代码，而类模块既包含代码又包含数据。窗体模块和报表模块都属于类模块，它们从属于各自的窗体和报表。

（3）对象模块是指在窗体对象中为响应事件而执行的程序段。事件模块是指窗体、报表控件属性中的过程代码，它只能在窗体和报表中出现。通用模块与事件属性无关，只由事件模块直接或间接调用。它既可在窗体、报表中出现，也可在模块对象中出现。若程序过程不与任何 Access 对象关联，则这些模块是通用模块。

9.1.2 对象、事件、属性和方法

1. 对象（Object）

对象是描述客观事物的实体。VBA 中的应用程序是由许多对象组成的，如表、窗体、查询等。

Access 2016 中除数据库的 6 个对象外，还提供一个重要对象 DoCmd，它是除窗体、控件外用得最多的一个对象。使用该对象可完成打开数据库表访问、调用宏、关闭窗体等操作，可以在 VBA 中运行 Access 2016 的操作。DoCmd 对象的常用方法有：

（1）DoCmd.OpenForm“窗体名”，表示打开当前数据库指定的窗体；

（2）DoCmd.SelectObject acForm，“窗体名”，True：表示选择当前数据库指定窗体；

（3）DoCmd.Close acForm，“窗体名”，acSaveYes：表示关闭指定窗体；

（4）DoCmd.DeleteObject“对象”：表示删除数据库中的指定对象。

2. 属性（Property）

对象的属性描述对象的具体特征，在 VBA 代码中，对象属性的引用方式为：

对象名 . 属性 = 属性值

例如：Text1.FontSize=20　　　　设置文本框字体大小为 20 磅

Label1.Caption=" 标题内容 "　　　　设置标题

在 VBA 编程中，窗体、标签、按钮和文本框的常用属性见表 9.1 ~ 表 9.4。

表 9.1　窗体的常用属性

属性	作　用
AutoCenter	设置窗体打开时，是否放置于屏幕中部
BorderStyle	设置窗体的边框样式
Caption	设置窗体的标题内容
CloseButton	设置是否在窗体中显示关闭按钮
ControlBox	设置是否在窗体中显示控制框
MinMaxButtons	设置是否在窗体中显示最小化和最大化按钮
NavigationButtons	设置是否显示导航按钮
Picture	设置窗体的背景图片
RecordSelector	设置是否显示记录选定器
ScrollBars	设置是否显示滚动条
RecordSource	设置窗体的数据来源
OrderBy	设置窗体中记录的排序方式
AllowAdditions	设置窗体中的记录是否可以添加
AllowDeletions	设置窗体中的记录是否可以删除
AllowEdits	设置窗体中的记录是否可以编辑
AllowFilters	设置窗体中的记录是否可以筛选

表 9.2　标签的常用属性

属性	作　用
BackColor	设置标签的背景颜色
ForeColor	设置标签的前景（字体）颜色
Width	设置标签的宽度
Height	设置标签的高度
Visible	设置标签是否显示
Name	设置标签的名称

表 9.3　按钮的常用属性

属性	作　用
Caption	设置命令按钮上要显示的文字
Cancel	设置命令按钮是否也是窗体上的取消按钮
Default	设置命令按钮是否是窗体上的默认按钮
Enabled	设置命令按钮是否可用
Picture	设置命令按钮上显示的图形

表 9.4　文本框的常用属性

属性	作　用
Name	设置文本框的名称
Locked	设置文本框是否可编辑
Value	设置文本框中显示的内容
Visible	设置文本框是否可见
Text	设置在文本框中显示的文本（要求文本框先获得焦点）
InputMask	设置文本框输入掩码，若将该属性设为“密码”，则在该文本框中输入的任何字符都将已原字符保存，但显示为星号（*）

3. 事件（Event）

事件是指可以发生在一个对象上且能够被该对象所识别的动作，也是对象对外部操作的响应。单击命令按钮发生某一事件后，就会驱动系统执行预先编好的与这一事件相对应的一段程序，称为“单击”（Click）事件。对象事件通常是用户操作的方式。

在 Access 2016 中，使用宏对象和编写 VBA 事件代码来设置事件属性，完成指定动作，一般通过两种方式处理窗体、报表或控件的事件响应。

常用的事件有窗体加载，卸载，打开，关闭，鼠标单击、双击，按任意键等。具体内容见表 9.5 ~ 表 9.10。

（1）窗体的常用事件见表 9.5。

表 9.5　窗体的常用事件

对象名称	事件动作	动作说明
窗体	OnLoad	窗体加载时发生事件
	OnUnLoad	窗体卸载时发生事件
	OnOpen	窗体打开时发生事件
	OnClose	窗体关闭时发生事件
	OnClick	单击窗体时发生事件
	OnDblClick	双击窗体时发生事件
	OnMouseDown	在窗体上按下鼠标时发生事件
	OnKeyPress	在窗体上用键盘按键时发生事件
	OnKeyDown	在窗体上按下键时发生事件
	Activate	窗体取得控制焦点成为活动窗口时发生事件
	Deactivate	窗体由活动状态转为非活动状态时发生事件
	BeforeDelConfirm	窗体在删除记录之前发生事件
	AfterDelConfirm	窗体在删除记录之后发生事件
	GotFocus	对象由没有焦点的状态转为有焦点的状态时发生事件
	LostFocus	对象失去焦点时发生事件
	Delete	删除记录的指令时发生事件
	BeforeInsert	窗体执行一个插入记录的操作之前发生事件
	AfterInsert	窗体执行一个插入记录的操作之后发生事件
	BeforeUpdate	窗体数据被修改前或焦点转移时发生事件
	AfterUpdate	用户在控件的输入得到认可后发生事件
	Resize	窗口大小被改变时发生事件

（2）报表和命令按钮的常用事件见表 9.6。

（3）标签和文本框的常用事件见表 9.7。

表 9.6　报表和命令按钮的常用事件

对象名称	事件动作	动作说明
报表	OnOpen	报表打开时发生事件
	OnClose	报表关闭时发生事件
	Activate	报表取得控制焦点成为活动窗口时发生事件
	Deactivate	报表由活动状态转为非活动状态时发生事件
	Open/Close	报表打开或关闭时发生事件
	Print	报表将付诸打印时发生事件
命令按钮	OnClick	单击按钮时发生事件
	OnDblClick	双击按钮时发生事件
	OnEnter	按钮获得输入焦点之前发生事件
	OnGetFoucs	按钮获得输入焦点时发生事件
	OnMouseDown	按钮上鼠标按下时发生事件
	OnKeyPress	按任意键时发生事件
	OnKeyDown	按钮按下时发生事件

表 9.7　标签和文本框的常用事件

对象名称	事件动作	动作说明
标签	OnClick	单击标签时发生事件
	OnDblClick	双击标签时发生事件
	OnMouseDown	标签上鼠标按下时发生事件
文本框	BeforeUpdate	文本框内容更新前发生事件
	AfterUpdate	文本框内容更新后发生事件
	OnEnter	文本框输入焦点之前发生事件
	OnGetFoucs	文本框获得输入焦点时发生事件
	OnLostFoucs	文本框失去输入焦点时发生事件
	OnChange	文本框内容更新时发生事件
	OnKeyPress	在文本框内用键盘按键时发生事件
	OnMouseDown	文本框内鼠标按下时发生事件
	Change	对象的数据发生改变时发生事件

（4）组合框的常用事件见表 9.8。

表 9.8　组合框的常用事件

对象名称	事件动作	动作说明
组合框	BeforeUpdate	组合框的内容更新前发生事件
	AfterUpdate	组合框的内容更新后发生事件
	OnEnter	组合框获得输入焦点之前发生事件
	OnGetFoucs	组合框获得输入焦点时发生事件
	OnLostFoucs	组合框失去输入焦点时发生事件
	OnClick	单击组合框时发生事件
	OnDblClick	双击组合框时发生事件
	OnKeyPress	在组合框内用键盘按键时发生事件
	NotInList	其值不在组合框的下拉列表中时发生事件

（5）选项组和单选按钮的常用事件见表 9.9。

表 9.9　选项组和单选按钮的常用事件

对象名称	事件动作	动作说明
选项组	BeforeUpdate	选项组内容更新前发生事件
	AfterUpdate	选项组内容更新后发生事件
	OnEnter	选项组获得输入焦点之前发生事件
	OnClick	单击选项组时发生事件
	OnDblClick	双击选项组时发生事件
单选按钮	OnKeyPress	在单选按钮内用键盘按键时发生事件
	OnGetFoucs	单选按钮获得输入焦点时发生事件
	OnLostFoucs	单选按钮失去输入焦点时发生事件

（6）复选框的常用事件见表 9.10。

表 9.10　复选框的常用事件

对象名称	事件动作	动作说明
复选框	BeforeUpdate	复选框更新前发生事件
	AfterUpdate	复选框更新后发生事件
	OnEnter	复选框获得输入焦点之前发生事件
	OnClick	单击复选框时发生事件
	OnDblClick	双击复选框时发生事件
	OnGetFoucs	复选框获得输入焦点时发生事件

4. 方法（Mothod）

方法是系统事先设计好的、可以完成一定操作的特殊过程，附属于对象的行为和动作，类似于语句和过程，在需要使用的时候可以直接调用。可以使用 DoCmd 对象的方法从对 VBA 进行操作，其调用格式为：对象名 . 方法名。

例如：

DoCmd.OpenTable "产品表"	打开表对象“产品表”
DoCmd.OpenQuery "用户销售查询"	打开查询对象“用户销售查询”
DoCmd.OpenReport "产品报表"	打开报表对象“产品报表”
DoCmd.OpenForm "用户注册"…….	打开窗体对象“用户注册”
Set rs = New ADODB.Recordset	新建一个操作记录的实例
rs.Open SQL，conn	使用 Open 方法打开数据库中的表
Text0.SetFocus	将光标插入点移入 Text0 文本框内
Undo	清除对某个包含无效输入记录的更改

9.2　模块过程及函数

9.2.1　新建模块过程

模块由程序员根据不同任务编写的过程和函数组成。

1. 建立子过程

Sub 过程又称为子过程，执行操作后无返回值。语法格式如下：

```
[Public|Private] Su 对象名 _ 事件名 ( )
    …(事件过程代码) 或 (程序代码)
  [Exit Sub]
End Sub
```

说明：

（1）Public 关键字可以使子程序在所有模块中有效。Private 关键字使子程序只在本模块中有效。如果没有显式指定，默认为 Public。

（2）子程序可以带参数。

（3）Exit Sub 语句用来退出子程序。

（4）可以引用过程名调用该子过程或使用关键字 Call 调用一个子过程，格式如下：

```
   Call 过程名[(实参列表)]
或    过程名[(实参列表)]
```

2. 过程的编辑

通用模块创建方法是单击“创建”选项卡中的“模块”按钮，打开模块编辑窗口。事件模块创建方法是在窗体或报表的对象中单击鼠标右键，选择“事件生成器”→“代码生成器”选项，打开模块编辑窗口，如图 9.1 所示。

图 9.1　模块编辑窗口

说明：模块编辑窗口中的 Option Compare Database 是系统自动产生的，表示当需要字符串比较时，将根据数据库区域 ID 确定的排序级别进行比较。

模块中的子过程和函数过程不是 Access 2016 的独立对象，不能单独保存，只能存在于模块中。过程与过程之间相互隔离，系统不会从一个过程自动执行到另一个过程，但一个过程可以通过调用执行另一个过程。子过程的编写有两种形式：一是子过程以 Sub 开头，以 End Sub 结尾；二是函数过程以 Function 开头，以 End Function 结尾。

3. 模块过程的运行

单击工具栏中的“运行”按钮或按 F5 键即可运行模块过程。模块工具栏如图 9.2 所示。

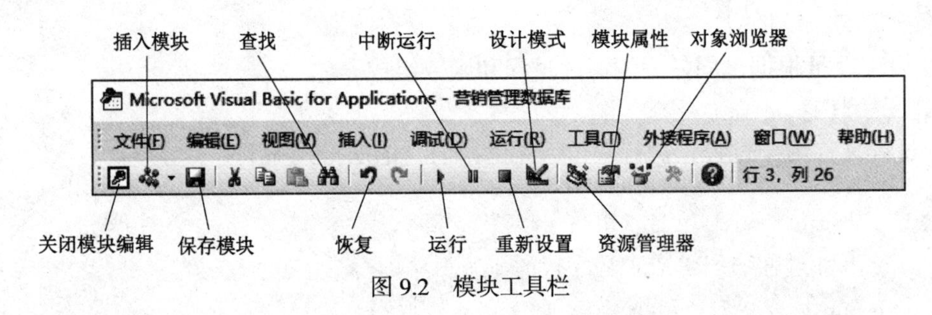

图 9.2　模块工具栏

9.2.2　模块过程的使用

例 9.1　Sub Sub1 ( )

MsgBox (" 欢迎使用 sub 过程 ")

End Sub

运行结果如图 9.3 所示。

图 9.3　例 9.1 的结果

例 9.2　事件模块的编辑及运行

在窗体的设计视图中，通过用鼠标右键单击“事件生成器”按钮，编写下列程序产生消息框：

```
Private Sub Command0_Click ( )
MsgBox " 欢迎使用窗体按钮对象建立模块 "
End Sub
```

运行结果如图 9.4 所示。

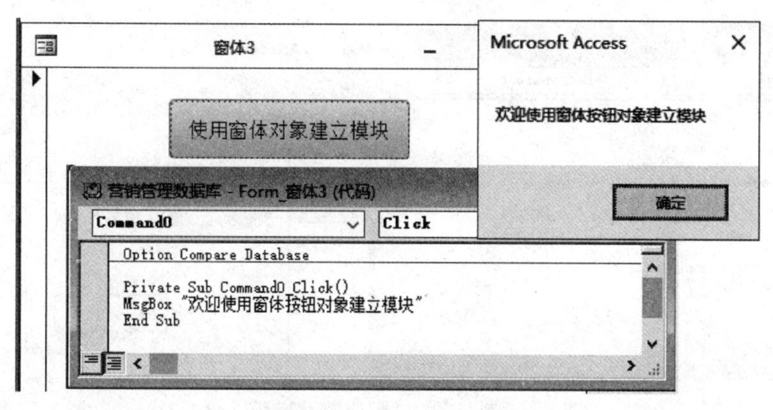

图 9.4　例 9.2 的运行结果

9.2.3　模块函数及使用

1. 建立函数

Function 过程又称为函数过程。它执行一系列操作，有返回值。语法格式如下：

```
[Public|Private]Function 函数名([<参数>])[As 数据类型]
        [<语句组>]或[函数名=<表达式>]
        [Exit Function]
        [<语句组>]或[函数名=<表达式>]
        End Function
```

说明：

（1）函数名：命名规则与变量名规则相同，但不能与系统的内部函数或其他通用子过程同名，也不能与已定义的全局变量和本模块中的模块级变量同名。

（2）定义函数时用 Public 关键字，则所有模块都可以调用它。用 Private 关键字，函数只用于同一模块。如果没有显式指定，默认为 Public。

（3）函数名末尾可使用 As 子句来声明返回值的数据类型，参数也可指定数据类型。默认返回变体类型值（Variant）。

（4）Exit Function：表示退出函数过程，常常与选择结构（If 或 Select Case 语句）联用，即当满足一定条件时退出函数过程。

（5）在函数体内，函数名可以当变量使用，函数的返回值就是通过对函数名的赋值语句来实现的，在函数过程中至少要对函数名赋值一次。

（6）函数过程形参的定义与子过程完全相同，但不能使用 Call 语句调用执行，需要直接引用函数过程名。

例 9.3　使用过程调用函数，输入华氏温度计算摄氏温度。过程代码和运行结果如图 9.5 所示。

说明：

函数的返回值要赋值给函数名（temp=tt）才有结果。可以使用信息输出函数 MsgBox（），也可以利用立即窗口输出（关于立即窗口的使用见 9.7 节）。

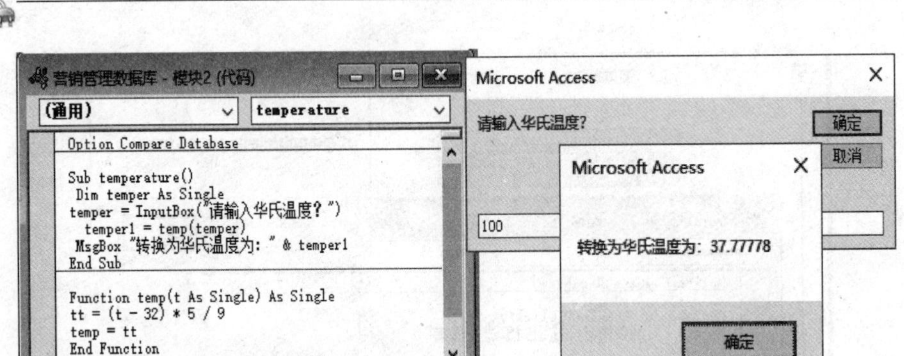

图 9.5　例 9.3 的过程代码及运行结果

2. 函数参数传递

函数过程调用中的参数传递方式有两种：按地址传递和按值传递。

1）按地址传递

形参与实参在内存中占用相同的存储单元。当被调过程的形参值发生变化时，实参值也发生同样的变化。默认的参数传递方式是按地址传递。如果要显式指定按地址传递方式，可在每个形参前增加关键字 ByRef 或省略。

2）按值传递

实参和形参是两个不同的变量，占用不同的内存单元。实参将其值赋给形参，当形参变化时不会影响实参的值。若按值传递，必须在形参前冠以关键字 ByVal。

例 9.4　主过程 main 将 a，b 两个实参 10，20 传递到 subcall 子过程中的形参 x，y，分别使用按地址传递和按值传递两种方式，并在两个过程中分别输出，比较两者的不同。

按地址传递的结果如图 9.6 所示。

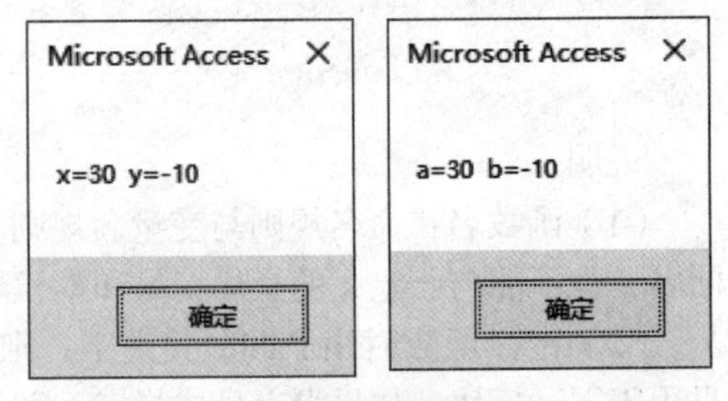

图 9.6　按地址传递的结果

```
Sub subcall（ByRef x As Integer，ByRef y As Integer）
  x = x + y
  y = y − x
  MsgBox "x=" & x & "  y=" & y
End Sub
  Sub main（ ）
    Dim a As Integer，b As Integer
    a = 10
    b = 20
Call subcall（a，b）
     MsgBox "a=" & a & "  b=" & b
     End Sub
```

按值传递的结果如图 9.7 所示。

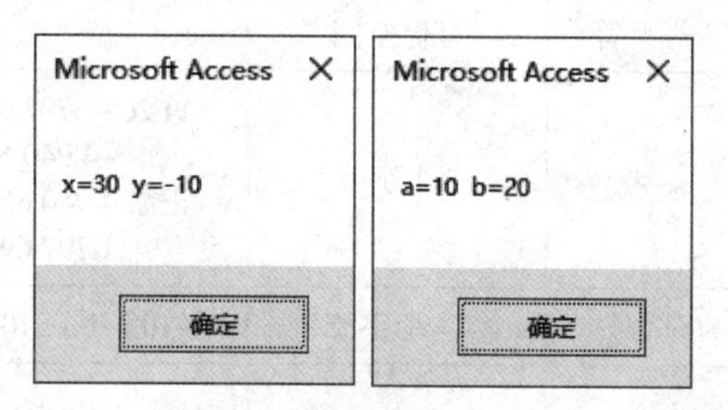

图 9.7　按值传递的结果

```
Sub subcall（ByVal x As Integer，ByVal y As Integer）
    x = x + y
    y = y – x
    MsgBox "x=" & x & "  y=" & y
End Sub
  Sub main（ ）
   Dim a As Integer，b As Integer
   a = 10
   b = 20
   Call subcall（a，b）
   MsgBox "a=" & a & "  b=" & b
End Sub
```

说明：从结果看出，x，y 按地址传递改变了原值，而 x，y 按值传递，未改变原值。

9.3　数据类型、常量、变量与表达式

9.3.1　数据类型

VBA 数据类型见表 9.11。

表 9.11　VBA 数据类型

数据类型	关键字	类型符	存储空间	取值范围
字节型	Byte		1 个字节	–128 ~ 127
整型	Integer	%	2 个字节	–32 768 ~ 32 767
长整型	Long	&	4 个字节	–2 147 483 648 ~ 2 147 483 647 负数 –3.402 823E38 ~ –1.401 298E–45 正数 1.401298E–45 ~ 3.402823E38
单精度型	Single	!	4 个字节	负数 –3.402 823E38 ~ –1.401 298E–45 正数 1.401 298E–45 ~ 3.402 823E38

续表

数据类型	关键字	类型符	存储空间	取值范围
双精度型	Double	#	8 个字节	负数 –1.797 693 134 862 32E308 ~ –4.940 654 584 124 7E–324 正数 4.940 654 584 124 7E–324 ~ 1.797 693 134 862 32E308
实型	Decimal		14 个字节	$-10^{28}-1$ ~ $10^{28}-1$
字符串（定长）	String	$	1 ~ 65 400 个字节	0 ~ 2^{16} 个字符
字符串（变长）	String	$	0 ~ 2E9 个 字节	0 ~ 2^{31} 个字符
日期型	Date	无	8 个字节	00 年 1 月 1 日 ~ 9999 年 12 月 31 日
布尔型	Boolean		1 个字节	True or False
货币	Currency	@	8 个字节	–922 337 203 685 477.580 8 ~ 922 337 203 685 477.580 7
变体型	Variant		不定	日期、数字、双精度、文本和字符串
对象型	Object		对象引用	

9.3.2 常量与变量

1. 常量

常量是 VBA 在运行时其值始终保持不变的量。常量有日期常量、符号常量、系统常量和内部常量，其中：

（1）日期常量：放在双引号内，日期 / 时间型常量放在一对“#”号内。

例如：　#2019–08–12 10:25:00 pm#　'有效的日期型数据。

　#9/25/2019#　'有效的日期型数据。

　#06–25–2019 20:30:00# '有效的日期型数据

（2）符号常量：用标识符保存一个常量值，一般使用 Const 语句定义常量。

例如：Const Pai = 3.141569

　Const TermBeginDate = #9/10/2019#

（3）系统常量：True 和 False、Yes 和 No、On 和 Off 和 Null。

（4）内部常量：通常指明对象库常量，来自 Access 库的常量以“ac”开头；来自 ADO 库的常量以“ad”开头；来自 Visual Basic 库的常量则以“vb”开头。

例如：acForm、adAddNew、vbCurrency。

2. 变量

变量是程序运行期间内值变化的量。变量在使用前应该进行声明，用 Dim 或 Static 语句显式声明局部变量。

1）变量名的命名规则

（1）必须以字母（或汉字）开头，可以包含字母、数字或下划线字符，字母不区分大、小写，如"NewVar"和"newvar"代表的是同一个变量。

（2）不能包含标点符号或空格，也不能使用如"!""@""&""$""#"等特殊符号，应尽量使用变量本身含义，以增加程序的可读性，最长不能超过 255 个字符。

（3）不能是 VBA 关键字（如 For、To、Next、If、While 等）。

2）声明格式

```
Dim <变量 1> As <类型 1> [ , <变量 2> As <类型 2> [ , ...]]
Static 变量 [ As 类型 ]
Static Sub 过程名[(实参列表)]
Static Function 函数名[(实参列表)][ As 类型 ]
```

语句中的"As 类型"子句是可缺省的。如果使用该子句，就可以定义变量的数据类型。未定义时默认变量的类型为变体型（Variant）。

VBA 中允许不事先声明而直接使用变量，若添加语句 Option Explicit，则使用的变量必须事先声明，否则 VBA 会发出警告信息。强制实现变量先定义后使用也可以通过菜单实现，方法是单击"模块"菜单，再单击"工具"→"选项"按钮，弹出"选项"对话框，勾选"要求变量声明"复选框，如图 9.8 所示。

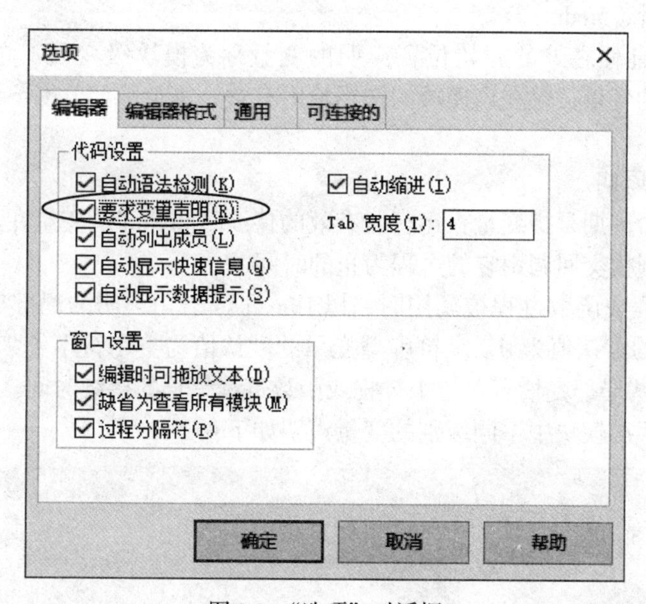

图 9.8　"选项"对话框

例如：

"Dim i As integer，j As integer s"表示 i，j 为整型变量，s 为变体型变量。

"Dim StudentName As String"表示 StudentName 为字符串变量。

"Dim Grade As Integer，AvgGrade As Single"表示 Grade 为整型变量，AvgGrade 为单精度型变量。

“Dim Passed As Boolean，ExamDate As Date”表示 Passed 为布尔型变量，ExamDate 为日期型变量。

“Static Variable1 as Integer”表示 Variable1 是静态整型变量。

声明语句用于命名和定义常量、变量、数组和过程，使用关键字 Dim、Public、Static 或 Global，同时也定义了该变量的（局部、模块或全局）作用范围。

3）变量的作用域

在 VBA 编程中，变量定义的位置和方式不同，则它存在的时间和起作用的范围也有所不同，这就是变量的作用域与生命周期。VBA 中变量的作用域分为下列 3 种：

（1）全局变量（Public）。

在标准模块的所有过程之外的起始位置声明的变量称为全局变量，在模块内用 Public…As 语句声明的变量也属于全局变量，它们在数据库系统的所有地方都可使用，即可被本应用程序的任何过程或函数访问。

（2）局部变量（Local）。

在模块过程内部声明的变量称为局部变量，一般在过程内用 Dim 关键字或用 Private 关键字声明。在子过程或函数过程中声明的变量或直接使用的变量，包括在窗体对象、报表对象、模块对象内定义的变量，其作用域都属于局部范围。局部变量仅在该过程范围内有效。

要在过程的运行时永远保留局部变量的值，可以用 Static 关键字代替 Dim 关键字定义静态变量。

（3）模块级变量（Module）。

在模块中所有过程之外的起始位置声明的变量称为模块级变量。它是在模块内使用 Dim...As 语句声明的变量，仅在该模块的作用域内有效，属于局部范围，该变量只能在模块的开始位置定义。

4）变量的生命周期

（1）变量的生命周期是指变量在运行时有效的持续时间，即从变量在过程中第一次运行到执行完毕并将控制权交回调用它的过程为止的时间。

（2）每次子过程或函数过程被调用时，以 Dim...As 语句声明的局部变量，会被设定默认值，数值型变量的默认值为 0，字符串型变量的默认值为空字符串（""），布尔型变量的默认值为 False。这些局部变量有着与子过程或函数过程等长的持续时间。

例如，在一个标准模块中不同级别的变量声明如下：

```
Public Pa As Integer          '全局变量
Private  Mb As String         '窗体 / 模块级变量
Sub  F1（）
Dim  Fa As Integer            '局部变量
…
End Sub
Sub  F2（）
Dim  Fb As Single             '局部变量
…
End Sub
```

9.3.3　标识符及运算表达式

1. 关键字 Dim 和 Static 的区别

Dim：随着过程的调用而分配存储单元，每次调用都对变量初始化；过程执行结束，变量内容自动消失，存储单元释放。

Static：以该关键字声明的变量称为静态变量。静态变量在程序运行过程中一直保留其值，即每次变量调用结束时仍保持原值。

2. 注释语句

有两种方式：

（1）使用 Rem 语句；

（2）用英文单引号。

注释语句可写在某语句的后面，也可单独占一行，把 Rem 语句写在某语句后面的同一行时，要在该语句与 Rem 语句之间用“：”分隔。

例如：a=2　　　　　　　: Rem x 表方程的系数

　　q=b*b−4*a*c　　' 求一元二次方程判别式

3. 常用运算符

常用运算符包括算术运算符、比较运算符、逻辑运算符、布尔量（True 或 False）和连接运算符。其中，“+”用于连接字符串，“&”可将几个不同类型的值连接成一个字符串。常用运算符如表 9.12。

表 9.12　常用运算符

算术运算符		比较运算符		逻辑运算符	
描述	符号	描述	符号	描述	符号
求幂		大于	>	逻辑与	And
负号	−	大于等于	>=	逻辑或	Or
乘	*	小于	<	逻辑非	Not
除	/	小于等于	<=	逻辑异或	Xor
整除		等于	==	逻辑等价	Eqv
取余	Mod	不等于	<>	逻辑隐含	Imp
加、减	+、−	对象引用比较	Is	连接运算符	& 或 +

4. 常用运算符的使用

1）Like 运算符

Like 为字符串匹配运算符。

格式：“目标串” Like “匹配串”（结果为逻辑值）。

例如："abc" Like "a *"　　　　结果为：True

　　"abc" Like "a［*］c"　　结果为：False

2）Is 运算符

Is 运算符用来判断一个表达式的值是否为空（NULL），Is 和 NULL 保留字联用。

格式：Is Null（表达式）或 Not IsNull（表达式）。

例如：在 Text1 文本框中，若没输入数据，提示“输入数据不能为空”，否则显示数据。

```
If IsNull（Text1）Then
MsgBox "输入数据不能为空"
Else
MsgBox（Text1.Value）
End If
```

3）In 运算符

In 运算符用来判断一个表达式的值是否在一个指定范围之内。

格式：表达式[Not]In（Value1，Value2，…）

例如：判断系别是否在计算机、通信工程和工商管理 3 个系之中。

系别 In（"计算机"，"通信工程"，"工商管理"）

4）Between … And …运算符

Between … And …运算符用来判断一个表达式的值是否在两个数所确定的范围之内。

格式：表达式[Not]Between Value1 And Value2

例如：表示 $0 \leq X \leq 100$ 中的语句为

X Between 0 And 100

5）! 运算符

! 运算符用来取得一个对象的子集、子对象和属性，而且要求这些子集、子对象是由用户定义的，子属性是 Access 内部定义的。! 运算符之后总是用方括号“[ ]”将内容括起来。

例如：Forms![库存表]![入库日期].Height

库存表为窗体名，入库日期为控件名。它们前面用“!”，是因为它们是用户自己定义的。Height 前用“.”，因为它是 Access 系统定义的控件属性。

5. 表达式

表达式就是含有运算符的式子，即用运算符将常量、变量、函数等连接起来，书写在一行上。模块过程或函数的命令语句都可称为表达式。

表达式可分为算术表达式、关系表达式和逻辑表达式等。

算术表达式，例如：Sum1=Count+1

又如：

$$\frac{-b+\sqrt{b^2-4ac}}{2a}$$ 写成 （-b+Sqr（b^2-4*a*c））/（2*a）

关系表达式，例如：Age <> 60　　表示 Age $\neq$ 60

逻辑表达式，例如：Grade<=70 Or Grage>=60

6. 赋值语句

格式：[Let] 变量名 = 表达式

功能：计算右端的表达式，并把结果赋值给左端的变量。Let 为可选项。符号“=”称为赋值号。

注意：赋值号“=”左边的变量可以是对象的属性，但不能是常量。

例如：pi=3.14159*2*r　　　'正确

　　　5=I−1　　　　　　　'错误

9.4　VBA 的常用函数及常用控件

9.4.1　VBA 的常用函数

Access 2016 为用户提供了大量函数，根据函数返回值类型，可以将函数分为日期 / 时间函数、数学函数、字符函数、转换函数、逻辑测试函数和其他函数等。

1. 输入 / 输出函数

1）InputBox（ ）函数

该函数打开一个输入对话框，等待用户输入文本或选择一个按钮。当用户单击“确定”按钮或按 Enter 键时，函数返回文本框中输入的值。

格式：InputBox（提示[，标题][，默认值][，x 坐标位置][，y 坐标位置]）

参数说明：

（1）“提示”：唯一不能省略的选项，是字符串表达式，在对话框中作为提示信息显示。

（2）“标题”：字符串表达式，在对话框的标题栏中显示，默认标题为“Microsoft Office Access”。

（3）“默认”：当不输入新值时，该默认值作为输入的内容。

（4）“x 坐标位置”和“y 坐标位置”：确定对话框在屏幕上的位置。

（5）若用户单击“取消”按钮，该函数返回长度为零的字符串（""）。

（6）InputBox（ ）函数一次只能输入一个值，返回值的类型默认是字符型，若需要返回其他类型，应使用转换函数或事先声明。

例如：x=InputBox（" 输入一个正整数 x=?"，" 输入提示 "，"10"，400，200）

输入框默认值为 10，若输入 3.141 592 6，运行结果如图 9.9 所示。

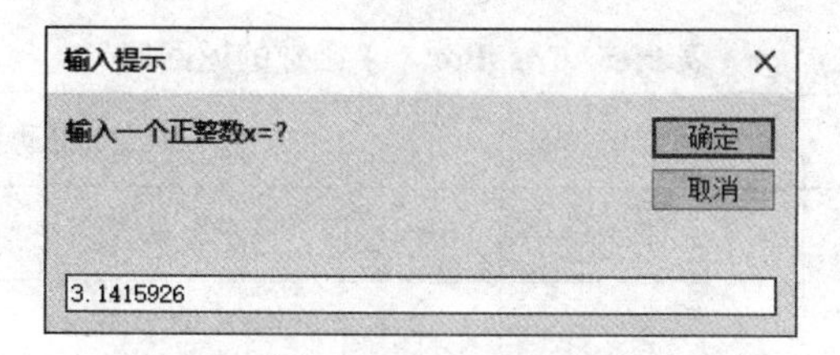

图 9.9　InputBox（ ）函数的使用

2）MsgBox（ ）函数

该函数打开一个消息对话框，并在该对话框中显示提示消息，等待用户单击对话框中的设置，并返回一个正整数确定单击的按钮。

格式：MsgBox（提示[，按钮][，标题]，[帮助文件名称，帮助主题标号]）

参数说明：

（1）“提示”：是必选项，长度为 1 024 个字符，可以使用“&”连接各部分字符，同时可以借助函数 Chr（10）实现换行操作。

（2）“按钮”：为可选项，用于输出窗口的按钮样式及图标显示类型，默认值为 0。“按钮”参数设置方法见表 9.13。图标显示参数见表 9.14。

表 9.13 “按钮”参数设置方法

符号常量	返回值	按钮形式
VbOkOnly	0	“确定”按钮
VbOkCancel	1	“确定”和“取消”按钮
VbAbortRetryIgnore	2	“终止”“重试”“忽略”按钮
VbYesNoCancel	3	“是”“否”和“取消”按钮
VbYesNo	4	“是”和“否”按钮
VbRetryCancel	5	“重试”和“取消”按钮

表 9.14 图标显示参数

符号常量	返回值	图标形式
VbCritical	16	停止图标
VbQuestion	32	问号图标
VbExclamation	48	警告和信息图标
VbInformation	64	信息图标

（3）“标题”：为对话框标题，默认为“Microsoft Access”。

（4）“帮助文件名称”：字符串变量，和帮助主题标号是对应的，一般不使用。

（5）按钮返回的整数决定用户选择的对应按钮，见表 9.15。

表 9.15 MsgBox（ ）函数的返回值

常数	返回值	按钮动作描述
vbOK	1	单击了“确定”按钮
vbCancel	2	单击了“取消”按钮
vbAbort	3	单击了“终止”按钮
vbRetry	4	单击了“重试”按钮
vbIgnore	5	单击了“忽略”按钮
vbYes	6	单击了“是”按钮
vbNo	7	单击了“否”按钮

（6）用户选择缺省按钮也是可选项，其对应值见表 9.16。

表 9–16　缺省按钮的对应值

常数	返回值	缺省按钮
vbDefaultButton1	0	第 1 个按钮是默认的
vbDefaultButton2	256	第 2 个按钮是默认的
vbDefaultButton3	512	第 3 个按钮是默认的
vbDefaultButton4	768	第 4 个按钮是默认的

例如：

x = InputBox（" 输入一个正整数 x=?"，" 输入提示 "，"10"，400，200）

MsgBox " 你输入的值是 " & x

若输入 3.141 592 6，则结果如图 9.10 所示。

例如：

MsgBox "a 是方程二次项系数，不能为零 "，3+48+256，" 输出框 "，则结果如图 9.11 所示。

图 9.10　MsgBox（）函数的使用

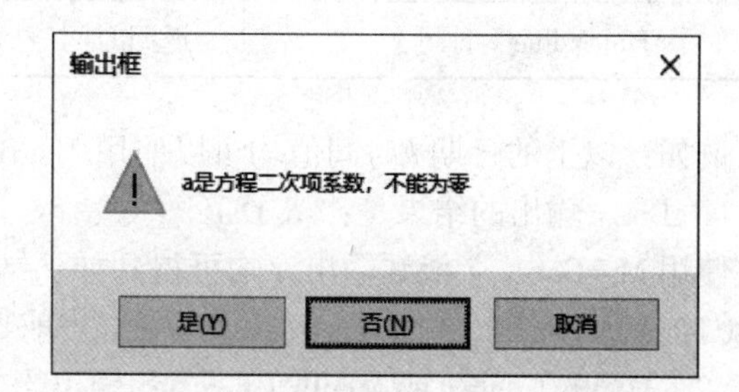

图 9.11　带 3 个按钮的输出消息框

其中：“3”表示按钮，“48”表示信息和警告图标，“256”表示默认为第 2 个按钮。

2. 日期 / 时间函数

日期 / 时间函数见表 9.17。

表 9.17　日期 / 时间函数

名　　称	说　　明
Date（）	返回当前系统日期
Time（）	返回当前系统时间
Now（）	返回当前系统日期和时间
Year	返回当前年份
Month（）	返回当年月份
Day（）	返回当前月的第几天

续表

名　称	说　明
Weekday ( )	返回当前星期的前一天
Timer ( )	从 00 点计数的秒数
Hour ( )	小时
Minute ( )	分钟
Second ( )	秒
DateAdd ( )	将指定日期加上某个日期
DateDiff ( )	输出两个日期之间的间隔数
DatePart（日期）	返回日期的某个部分
DateSerial（日期）	指定年、月、日的日期
DateValue（日期）	返回日期值
TimeSerial（时间）	指定时、分、秒的时间
TimeValue（时间）	返回时间值

例如：以上的日期 / 时间值均可以使用 MsgBox（ ）函数输出。若输出当前日期：

MsgBox " 输出的结果是：" & Date

使用 MsgBox（ ）函数输出，均可得到如下结果：

（1）Year（date）或 Year（now）：输出当前日期的年份；

（2）Month（date）或 Month（now）：输出当前日期的月份；

（3）Day（date）或 Day（now）：输出当前日期的日；

（4）Hour（Time）：输出当前时间的小时数；

（5）Minute（Time）：输出当前时间的分钟数；

（6）Second（Time）：输出当前时间的秒数；

（7）Weekday（date）-1：输出当前日期的星期数（周日 =0）；

（8）Timer：输出当前时间到 00 点的秒数；

（9）dateAdd（"d"，30，Date）：输出“当前日期 +30 天”的日期；

（10）dateAdd（"m"，2，Date）：输出“当前日期 +2 月”的日期；

（11）DateDiff（"d"，Date，"2019-12-31"）：输出 2019 年最后一天到当前日期的剩余天数；

（12）DateDiff（"m"，Date，"2020-12-31"）：输出 2020 年到当前日期的剩余月份；

（13）DatePart（"d"，Date ）：输出当前日期的日；

（14）DatePart（"q"，Date ）：输出当前日期的季节数；

（15）DateSerial（2019，8，18）：输出 2019/8/18；

（16）DateValue（Date）：输出当前日期数；

（17）TimeSerial（8，20，30）：输出 8:20:30

3. 数学函数

常用的数学函数见表 9.18。

表 9.18　常用的数学函数

名　　称	说　　明
Abs（x）	求 x 的绝对值
Atn（x）	求 x 的反正切值
Sin（x）	求 x 的正弦值
Cos（x）	求 x 的余弦值
Tan（x）	求 x 的正切值
Exp（x）	求 e 的 x 次幂
Fix（x）	对 x 取整数部分
Int（x）	对 x 向下取整到最接近的整数（其实等同于 Fix）
Log（x）	求 x 的对数
Randomize	初始化随机数发生器
Rnd	产生一个（0，1）的随机数
Sgn（x）	符号函数，若 x>0 为 1，若 x<0 为 –1，若 x=0 为 0
Sqr（x）	求 x 的平方根

例如：以上的数学结果输出值均可以使用 MsgBox（ ）函数输出。若输出 sin（π/6），语句为

MsgBox " 输出的结果是: " & sin（3.1415926/6）

返回 0.49999999。

使用 MsgBox（ ）函数输出，均可得到如下结果：

（1）求 sin（30°），写成: Sin（3.14 * 30 / 180），返回 0.5;

（2）求 3.9999 的取整，写成: Fix（3.9999），返回 3;

（3）求 e^2，写成: exp（2），返回 7.389;

（4）求 ln7.389，写成: Logp（7.389），返回 1.99999;

（5）求 16 的平方根，写成: Sqr（16），返回 4。

对于随机函数：

（1）Int（100*Rnd）　　　　　'返回［0–100］的随机数

（2）Int（900*Rnd+100）　　　'返回[100，999]的随机整数

使用 Randomize 语句可为随机数生成器指定不同的初值，即可得到不同的随机数序列。

4. 字符函数

常用的字符处理函数见表 9.19。

表 9.19 常用的字符函数

名　称	说　明
Asc（字符串）	第一个字符的 ASCII 代码
Chr（Ascii）	与 ASCII 代码对应的字符
Format	按指定格式显示字符串
InStr（字符串）	一个字符串在另一个字符串中首次出现的位置
LCase（字符串）	将字符转换为小写
Left（字符串，长度）	取出的指定数量左边的字符
Right（字符串，长度）	取出的指定数量右边的字符
Len（字符串）	字符串长度
LSet（字符串）	字符串左对齐
RSet（字符串）	字符串右对齐
LTrim（字符串）	去掉字符串前面的空格
Mid（字符串，长度）	字符串中间的几个字符
Hex（数值）	返回十六进制数的字符串
Oct（数值）	返回八进制数的字符串
RTrim（字符串）	去掉字符串后面的空格
Space（字符串）	指定个数的空格组成的字符串
Str（字符串）	数值的字符串表示
StrComp（字符串）	字符串比较结果
String（字符串）	指定长度的重复字符串
Trim（字符串）	去掉字符串中的空格

例如：

MsgBox "输出的值是：" & Hex（30）

结果：输出的值是：1E

使用 MsgBox（ ）函数输出，均可得到如下结果：

（1）s = Asc（"a"）　　'返回 97

（2）s = Chr（"98"）　　'返回 b

（3）AnyString = " 学习使用 Access 2016VBA 程序设计 "　　　' 定义字符串。

① MyStr = Right（AnyString，7）　　' 返回 "VBA 程序设计 "

② Left（AnyString，4）:　　' 返回 " 学习使用 "

（4）SearchString ="This is a FindCharacter"

① InStr（SearchString，"is"）　　' 返回 3

② Len（"SearchString"）:　　' 返回 23

③ Len（"Access 数据库 "）　　' 返回 9

5. 转换函数

常用的转换函数见表 9.20。

表 9.20　常用的转换函数

名　称	说　明
CBool（数值）	数值大于 0，转换为 Ture，否则转换为 False
CCur（数值）	转换为货币型
CDate（数值）	将日期形式的数据转换为日期型
CDbl（数值）	转换为双精度型
CInt（数值）	转换为整数型
CLng（数值）	转换为长整数型
CSng（数值）	转换为单精度型
CStr（数值）	转换为字符串型
CVar（数值）	转换为变体型
Val（字符数据）	转换为数值型

例如：MsgBox " 输出的值是：" & CDate（"2019-10-01"）

结果：输出的值是：2019-10-1

使用 MsgBox（）函数输出，均可得到如下结果：

（1）CDate（"2019/4/5"）　　' 返回变成日期型数据

（2）CDbl（82）　　' 返回双精度型值 82

（3）CSng（82）　　' 返回单精度型值 82

（4）CLng（82）　　' 返回长整型值 82

（5）CVar（82）　　' 返回变体类型值 82

6. 逻辑测试函数

常用的逻辑测试函数见表 9.21。

例如：Y=2019

MsgBox " 输出的值是：" & IsDate（Y）

结果：输出的值是：False

表 9.21 常用的逻辑测试函数

名　称	说　明
IsArray ( )	如果传送一个数组就返回 True，否则返回 False
IsDate ( )	如果传送一个日期就返回 True，否则返回 False
IsEmpty ( )	如果传送一个没有初始化的变量就返回 True，否则返回 False
IsError ( )	如果传送一个错误值就返回 True，否则返回 False
IsMissing ( )	如果在过程的调用中没有为规定参数传值就返回 True
IsNull ( )	如果传送 Null 就返回 True，否则返回 False
IsNumber ( )	如果传送一个数字就返回 True，否则返回 False
IsObject ( )	如果传送一个对象就返回 True，否则返回 False

若窗体界面两个文本框的名称为“Text1”和“Text2”，如图 9.12 所示。

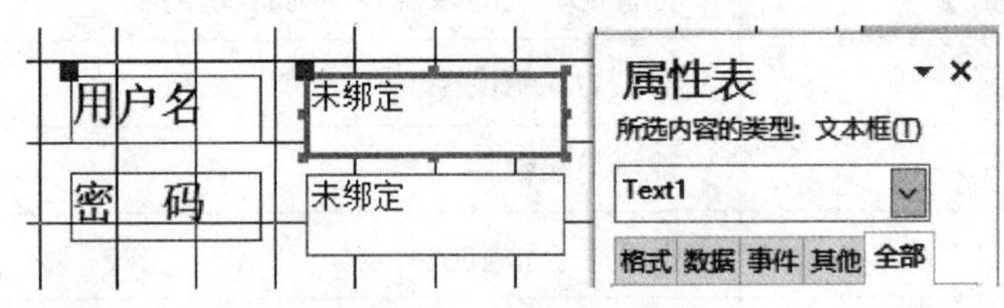

图 9.12　设置文本框显示属性

```
If IsNull ([Text1]) Or IsNull ([Text2]) Then
MsgBox "用户名或密码不能为空值，请输入正确的用户名或密码"
  End If
```

以上代码表示判断 Text1 和 Text2 文本框的数据，若为空则输出提示信息。

7. 其他函数

条件函数 IIf ( )

格式：

```
IIf (条件表达式，表达式 1，表达式 2)
```

说明：条件表达式为逻辑表达式，当条件为“真”时结果取表达式 1 的值，反之，取表达式 2 的值。

例如，若 x=100，y=210，将 x，y 中的最大者赋给变量 max。代码如下：

```
  max=IIf (x>y, x, y)
则 max=210
```

IIf 函数可以嵌套使用。

例 9.5　若工资总额变量 salary 小于 3 500 元，税金为 0；若大于等于 3 500 元，小于 5 000 元，税金利率为 5%；若大于等于 5 000 元，小于 8 000 元，税金利率为 10%；若大于等于 8 000 元，小于 10 000 元，税金利率为 15%；若大于等于 10 000 元，税金利率为 20%。其过程代码如下：

```
Private Sub sub1 ( )
  salary = InputBox ( " 请输入工资额 = ？ " )
  Tax = IIf ( salary < 3500, 0, IIf ( salary < 5000, salary * 0.05, IIf ( salary < 8000,
       salary * 0.1,
  IIf ( salary <10000, salary* 0.15, salary*0.2 ) ) ) )
  MsgBox( " 你应交的税金是 " & Tax & " 元 " )
End Sub
```

其运行结果如图 9.13 所示。

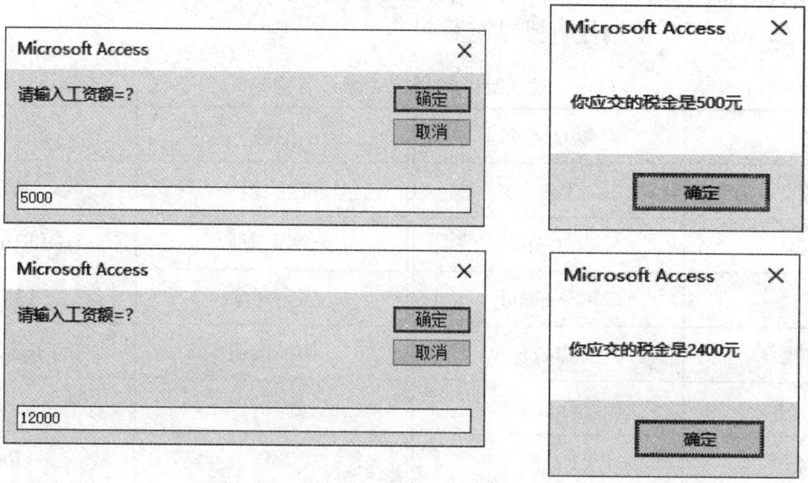

图 9.13　使用条件函数的运行结果

9.4.2　功能语句

（1）Beep：产生一次蜂鸣。

（2）DeleteControl：从一个窗体中删除一个指定控件。

例如：“DeleteControl "Form1", "Text1"” 表示从 Form1 窗体中删除 Text1 控件。

（3）DeleteReportControl：从一个报表中删除一个指定控件。

例如：“DeleteReportControl "Report1", "Text3"” 表示删除报表 Report1 中的 Text3 控件。

（4）Erase：对静态数组重新初始化，并释放动态数组的内存空间。

例如：“Erase ArrayName1 [, ArrqayName2] ...” 表示释放数组 ArrayName1 的内存空间。

（5）Option Compare{Binary | Text | Database}：设置字符串比较方法，该语句在模块级别中使用，其中：

① Binary：是根据字符的内部二进制进行字符串比较。Option Compare 语句必须写在模

块的所有过程之前。二进制排列顺序为：A < B < ... < Z < a < b...z 。

② Text：确定字母不区分大、小写进行字符串比较，即 A=a ，B=b...。

③ Database：只能在 Access 中使用。当需要字符串比较时，根据数据库的 ID 确定排序字符进行比较。

（6）Resume：完成错误信息处理。

例如：Resume［0］：返回到最近一次出现错误的代码继续执行。

Resume Next：返回到最近一次出现错误的代码行的下一句继续执行。

Resume 行号：返回到指定的行号继续执行。

（7）DoCmd：执行一个宏操作。

9.4.3 VBA 的常用控件

系统常用控件均在窗体和报表中显示，为了编程方便，Access 2016 为控件指定了默认名称。根据添加控件的前后顺序，使用名称加序号标识，也可在属性中自定义修改。常将控件的名称用其代表的含义取代，例如将用户名的文本框名称改为“Username”，将密码文本框的名称改为“Password”。常用控件默认名称见表 9.22。

表 9.22 常用控件默认名称

控件	默认名称	控件	默认名称
标签	Label	选项组	Frame
文本框	Text	未绑定对象	OLEUnbound
按钮	Command	绑定对象	OLEBound
复选框	Check	切换按钮	ToggleButton
选项按钮	Option	分页符	PageBreak
组合框	Combo	页	Page
列表框	List	子窗体 / 子报表	Child
图形框	Image	导航控件	NaviGationControl

例 9.6 在窗体上设有 4 个控件对象，分别是标签、文本框、组合框和按钮对象，单击按钮对象，分别为其他 3 个对象赋初值，如图 9.14 所示。

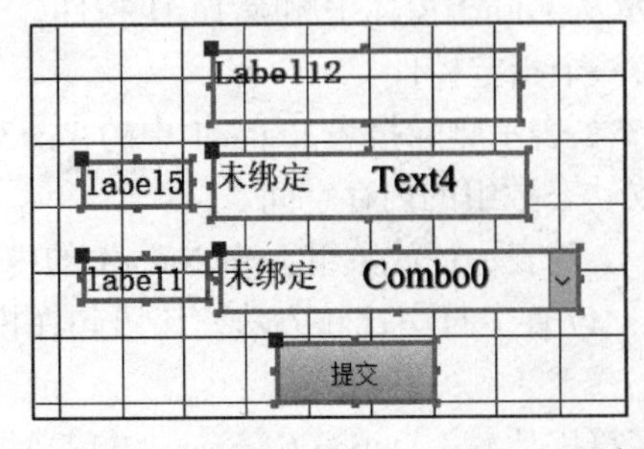

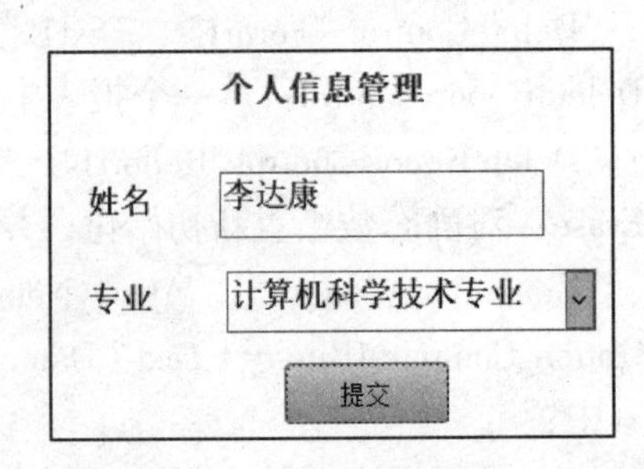

图 9.14 添加组合框控件数据

用鼠标右键单击按钮，在按钮框属性中选择“事件生成器”，在“代码生成器”中添加如下代码：

```
Private Sub Command2_Click ( )
Label12.Caption = " 个人信息管理 "
Label5.Caption = " 姓名 "
Text4.Value = " 李达康 "
Label1.Caption = " 专业 "
Combo0.Value = " 计算机科学技术专业 "
End Sub
```

9.5　VBA 模块案例

案例十四　登录信息验证

本案例重点讲述使用 Access 2016 制作模块的过程，掌握利用窗体界面实现模块编程的方法和步骤。

1. 案例说明

该案例中引入了登录信息框、文本框和按钮对象，通过对象模块添加条件判断，根据输入 / 输出的不同信息，完成登录界面的验证。详细设计过程见 9.6.2 节的“案例十四的操作步骤”。

2. 知识点分析

（1）模块编程方法及条件语句 If 的使用方法。

（2）密码框的使用方法。

（3）过程调用方法。

3. 案例运行结果

（1）用户名或密码不正确或为空时的运行结果如图 9.15 所示。

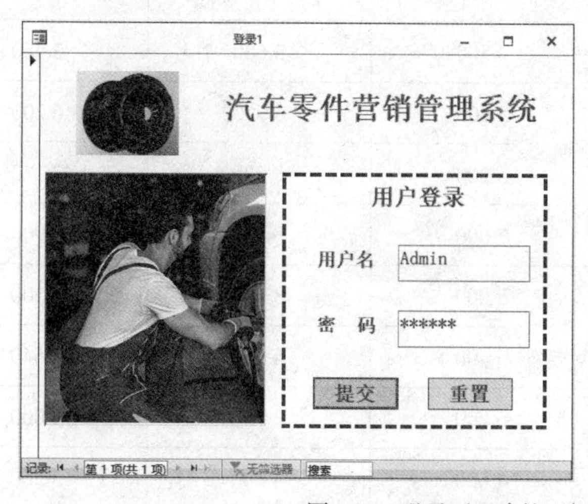

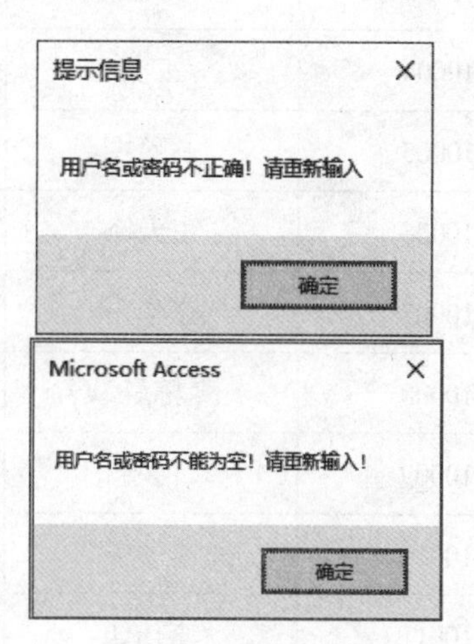

图 9.15　登录不正确的运行结果

（2）用户名和密码正确时的运行结果如图 9.16 所示。

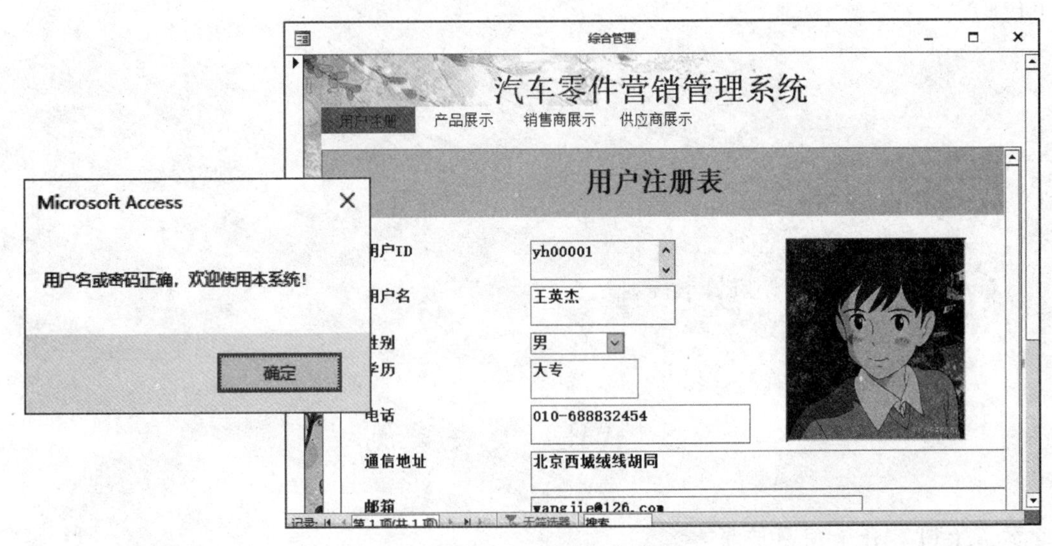

图 9.16　登录正确的运行结果

案例十五　工资表计算

1. 案例说明

设有一个外部 Excel 工资表，见表 9.23。

表 9.23　Excel 工资表

工作证号	姓名	基本工资	奖金	津贴
10001	张峰	4 800	4 350	8 080
10002	李硕文	5 000	3 750	6 500
10003	刘丽	5 400	3 300	5 440
10004	王虎	4 800	3 600	2 980
10005	赵鹏峰	5 000	3 750	6 200
10006	王天峰	5 200	3 900	7 120
10007	李华一	3 000	3 750	6 900
10008	陈晨	5 000	3 750	5 500
10009	何刚	5 400	4 050	4 540
10010	李国庆	5 800	3 750	4 000
10011	李佳佳	4 600	4 200	3 560

要求：

（1）将其导入数据库“营销管理系统”中，添加窗体界面显示个人工资，并计算住房公积金、养老保险、医疗保险、失业保险及个人所得税。

（2）三险一金及个人所得税的计算方法如下：

个人所得税 =（基本工资 + 奖金 + 津贴）× 税率 – 速算扣除数

实发工资 = 基本工资 + 奖金 + 津贴 – 三险一金 – 个人所得税

养老保险按照个人所有收入的 8%，医疗保险按照个人所有收入的 2%，失业保险按照个人所有收入的 0. 1%，住房公积金按照个人所有收入的 8% 计算。

本案例的制作过程见 9.6.2 节的“案例十五的操作步骤”。个人所得税率见表 9.24 所示。

表 9.24　个人所得税率

序号	当月收入 –（三险一金）– 3 500（元）	税率 /%	速算扣除数
1	不超过 3 500 元	0	0
2	3 500 ~ 5 000 元的部分	5	0
3	5 000 ~ 9 000 元的部分	10	25
4	9 000 ~ 15 000 元的部分	15	155
5	15 000 ~ 50 000 元的部分	20	555
6	50 000 ~ 9 000 元的部分	25	1 005
7	超过 90 000 元	30	3 505

（3）按照个人收入缴纳税金，设计窗体、计算税金及个人所得税，编写输出界面。

2. 知识点分析

（1）应用算法与 VBA 代码的转换。

（2）VBA 中多条件语句的使用。

（3）函数转换与文本框输出。

（4）使用文本框属性的赋值。

（5）添加按钮对象的单击事件。

3. 案例运行结果

本案例的运行结果如图 9.17 所示。

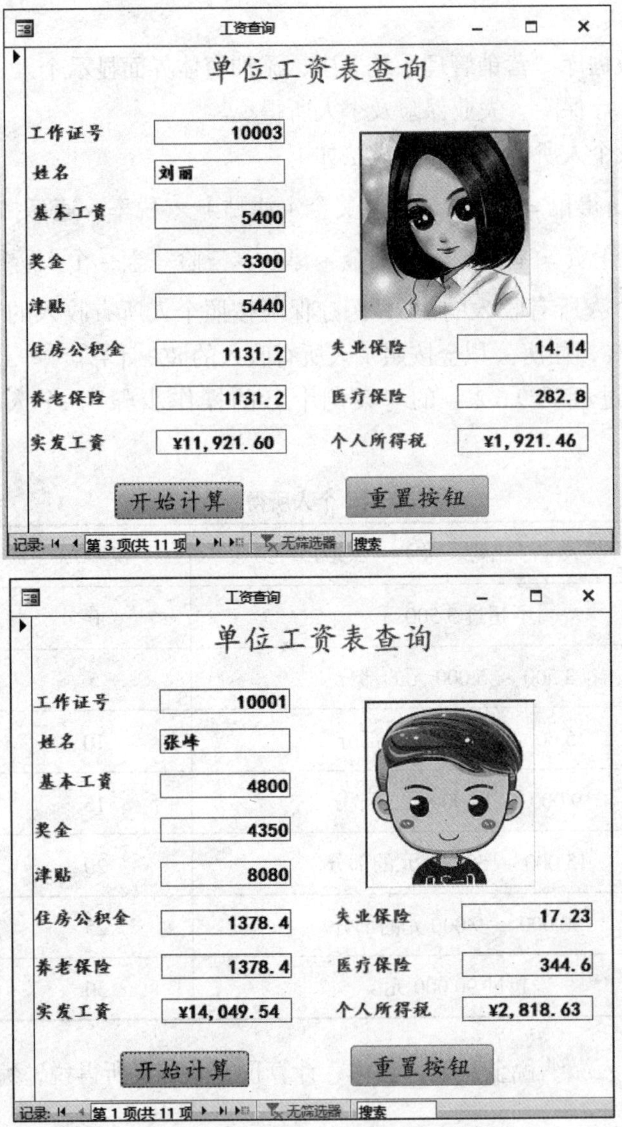

工资查询

单位工资表查询

工作证号 10003
姓名 刘丽
基本工资 5400
奖金 3300
津贴 5440
住房公积金 1131.2　失业保险 14.14
养老保险 1131.2　医疗保险 282.8
实发工资 ¥11,921.60　个人所得税 ¥1,921.46
开始计算　重置按钮
记录: 第 3 项(共 11 项　无筛选器　搜索

工资查询

单位工资表查询

工作证号 10001
姓名 张峰
基本工资 4800
奖金 4350
津贴 8080
住房公积金 1378.4　失业保险 17.23
养老保险 1378.4　医疗保险 344.6
实发工资 ¥14,049.54　个人所得税 ¥2,818.63
开始计算　重置按钮
记录: 第 1 项(共 11 项　无筛选器　搜索

图 9.17　案例十五的运行结果

案例十六　利用数组输出杨辉三角

1. 案例说明

使用 VBA 数组、双循环结合的方法编写二维 10×10 杨辉矩阵，根据该方法掌握 VBA 过程代码的编辑、立即窗口的输出效果。本案例的制作过程见 9.7.2 节“二维数组的应用”部分。

2. 知识点分析

(1) 在 VBA 中使用双循环及数组的方法。

(2) 使用立即窗口调试结果的方法。

3. 案例运行结果

本案例的运行结果如图 9.18 所示。

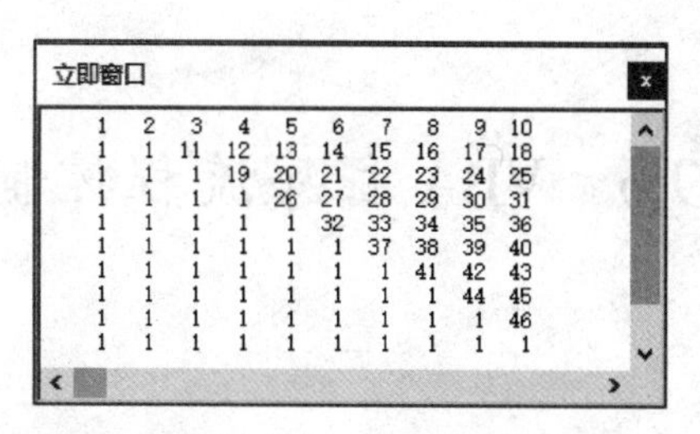

图 9.18　案例十六的运行结果

案例十七　利用立即窗口模拟高考成绩及统计

1. 案例说明

本案例主要介绍立即窗口的使用方法，其操作过程见 9.8.2 节的“案例十七的操作步骤”。要求使用随机函数模拟 500 名考生的高考分数，设所有考生的成绩为 0 ~ 750 分，要求：

（1）输出 500 名考生的模拟成绩

（2）统计所有考生的平均成绩；

（3）统计分数超过平均分的人数；

（4）按照 100 分以下、100 ~ 200 分、200 ~ 300 分……700 分以上 8 个分段统计人数并输出。

2. 知识点分析

（1）在 VBA 中使用循环的方法。

（2）在过程代码中使用数组简化程序的方法。

（3）使用立即窗口调试结果的方法。

（4）数组与循环嵌套使用的方法。

3. 案例运行结果

本案例的运行结果如图 9.19 所示。

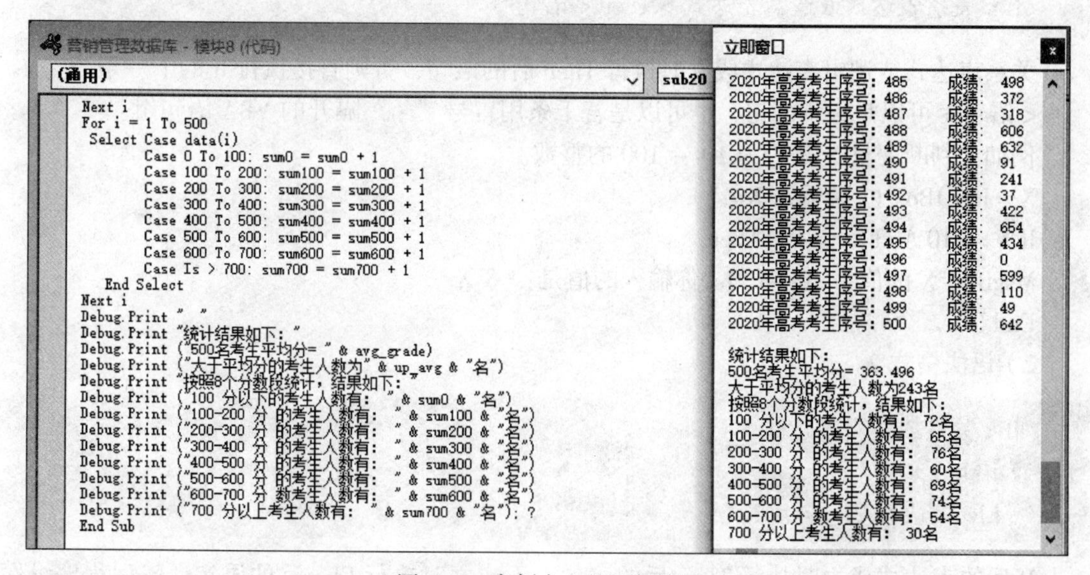

图 9.19　案例十七的运行结果

9.6 VBA 程序流程控制

9.6.1 程序运行结构

结构化程序设计由顺序、选择、循环 3 种基本结构所组成，如图 9.20 所示。

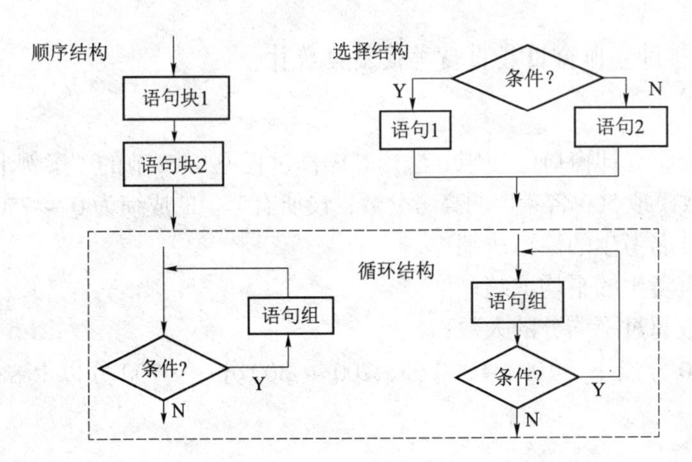

图 9.20 程序控制流程

9.6.2 条件选择结构

1. If…Then…语句

1）语法格式 1

```
If < 关系表达式或逻辑表达式 > Then < 语句 >
```

关系表达式或逻辑表达式成立时执行 Then 后的语句，否则直接执行 If 的下一条语句。< 语句 > 可以是一条语句，也可以是若干条用冒号“ ：”隔开的 VBA 语句组。

例如：判断变量 X 是否为 10 ~ 100 的整数。

```
X = InputBox（" 请输入 X=?"）
If X >= 10 And X <= 100 Then
MsgBox "X 的值为 10--100，你输入的值是：" & X
End If
```

2）语法格式 2

```
If < 关系或逻辑表达式 > Then
< 语句 1>
  Else < 语句 2>
```

If 后的表达式成立时执行 Then 后的语句，不成立时执行 Else 后的语句，然后程序继续

执行 If 后的其他语句。

例 9.7　判断输入的考试分数是否合格，并分别输出不同信息。

```
Sub Passed（）
   Dim Grade As Integer
   Grade = InputBox（"请输入考试分数："）
   If Grade >= 60 Then
   MsgBox（"该成绩合格"）
   Else
      MsgBox（"该成绩不合格"）
   End If
End Sub
```

3）语法格式 3

```
If <关系或逻辑表达式> Then
<语句组>
End If
```

或

```
If <关系或逻辑表达式> Then
<语句组 1>
Else
<语句组 2>
End If
```

说明：条件语句的 Then 后不能有其他语句（带单引号的注释语句除外）Else If 不能写成 Else If，每个 If 对应一个 End If，但 Else If 不算。

例 9.8　编写用于小学生两位数加法运算的练习题程序。

单击“创建”选项卡中的“模块”按钮，打开编辑器，输入如下代码：

```
Sub sub1（）
 Dim A As Integer, B As Integer, Sum As Integer
   Randomize Timer
   A = Rnd * 100: B = Rnd * 100
   Sum = InputBox（A & "+" & B & "=?", "两位数加法"）
   If Sum = A + B Then
   MsgBox "答案正确！"
   ElseIf Sum <> A + B Then
 MsgBox "答错了！正确答案是" & A + B
 End If
```

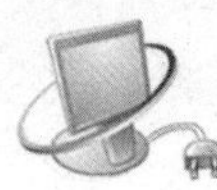

运行结果如图 9.21 所示。

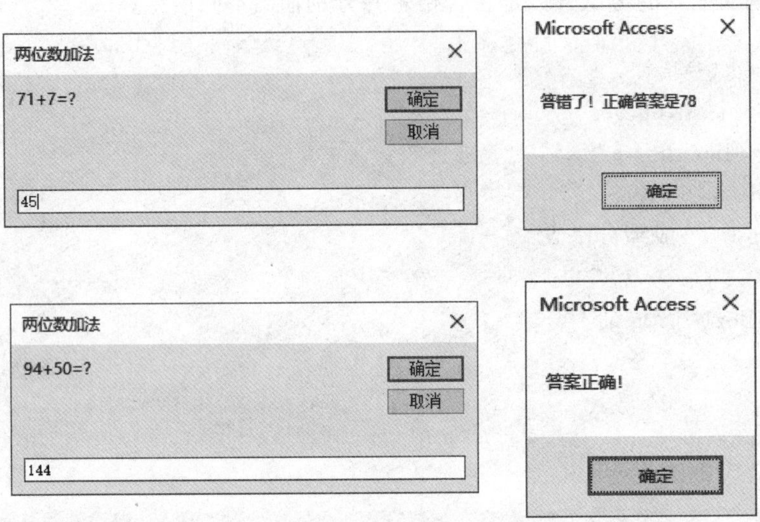

两位数加法
71+7=?
确定
取消
45
Microsoft Access
答错了！正确答案是78
确定
两位数加法
94+50=?
确定
取消
144
Microsoft Access
答案正确！
确定

图 9.21　例 9.8 的运行结果

2. 案例十四的操作步骤

（1）使用设计视图打开第 5 章案例六的登录窗体，选择“提交”按钮，单击鼠标右键，选择“事件生成器”→“代码生成器”选项，打开按钮过程模块编辑界面，如图 9.22 所示。

汽车零件营销
用户
用户名
密　码
提交
选择生成器
宏生成器
表达式生成器
代码生成器
确定
取消
营销管理数据库 - Form_登录 (代码)
(通用)
Command1_Click
Option Compare Database
Private Sub Command1_Click()
End Sub

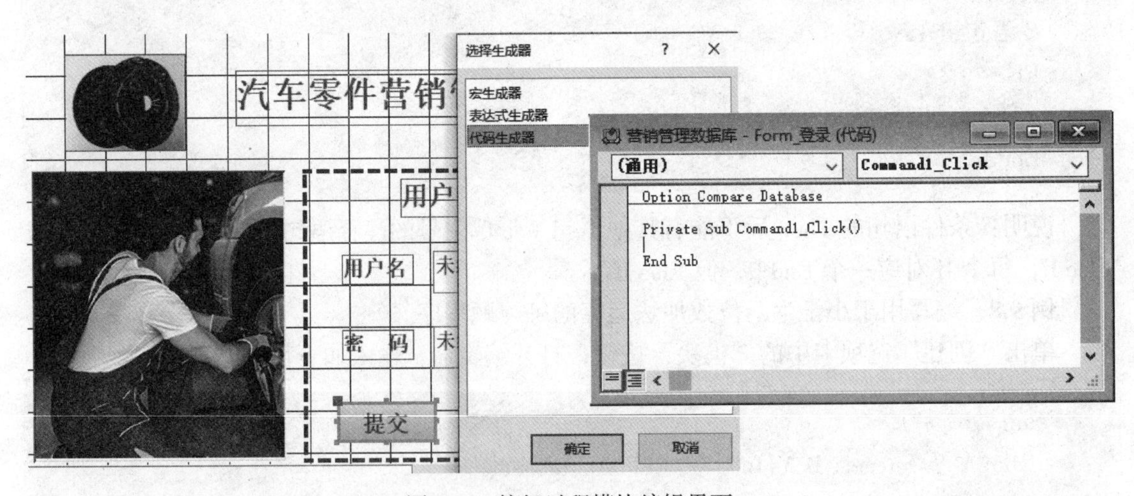

图 9.22　按钮过程模块编辑界面

（2）在 Sub….End Sub 中输入如下代码：

```
Private Sub Command1_Click（）
username = user.Value
paswd = pass.Value
If IsNull（username）Or IsNull（paswd）Then
MsgBox "用户名或密码不能为空！请重新输入！"
```

```
Exit Sub
ElseIf username = "Admin" And paswd = "666888" Then
MsgBox " 用户名或密码正确，欢迎使用本系统！ "
DoCmd.OpenForm " 综合管理 "
Else
MsgBox " 用户名或密码不正确！请重新输入 ", vbOKOnly, " 提示信息 "
End If
End Sub
```

（3）保存退出，双击该登录窗体，即可得到案例十四的结果。

3. 多条件语句

如果条件复杂，程序需要多个分支，就要用多个 If 语句嵌套，这样程序变得不易阅读。此时可使用 Select Case 语句写出结构清晰的程序。

1）语法格式

```
Select Case < 条件表达式 >
[ Case < 表达式 1>
< 语句组 1> ]
[ Case < 表达式 2>
< 语句组 2> ]
…
[ Case< 表达式 n>
< 语句组 n> ]
Case Else
[ < 语句组 n+1> ]
End Select
```

说明：< 表达式 > 与 Case 子句中的一个 < 表达式 > 匹配，则执行该子句后面的语句组。若没有一个表达式的值能满足测试表达式，则执行 Case Else 后的语句。其中的 < 条件表达式 > 是任何数值或字符串表达式。< 表达式 > 可以是下列几种形式：

（1）数值表达式；

（2）若是"数值表达式 To 数值表达式"，第一个表达式必须小于第二个表达式；

（3）Is < 数值表达式 >，即若 < 表达式 > 含有 Is 关键字，Is 代表 < 条件表达式 > 构成的关系值为真则匹配。

2）多条件语句流程结构

多条件语句流程结构如图 9.23 所示。

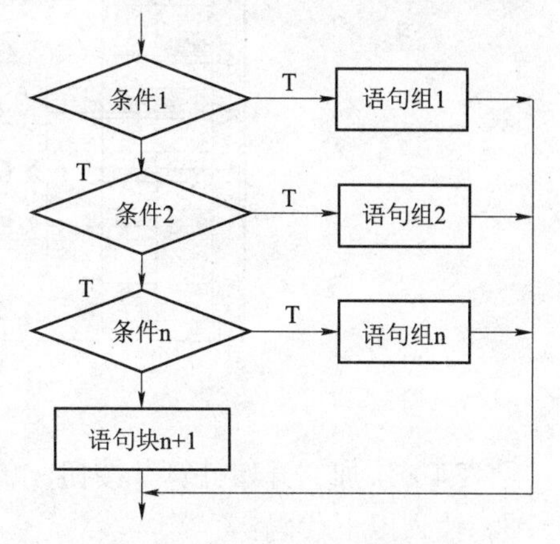

图 9.23　多条件语句流程结构

4. 案例十五的操作步骤

（1）利用设计视图打开工资表，添加“住房公积金”“养老保险”“失业保险”“医疗保险”“个人所得税”和“照片”字段，将照片类型设置为“OLE 对象”，将其他设置为数字的双精度类型，保留 2 位小数。

（2）使用设计视图创建一个窗体，添加标题标签，在工具栏的“添加现有字段”中加入“工资表”，并将字段拖动到窗体中。调整显示位置。在“住房公积金”“养老保险”“失业保险”和“医疗保险”文本框属性中，设置“格式”为“常规数字”，“小数位数”为“2”，如图 9.24 所示。

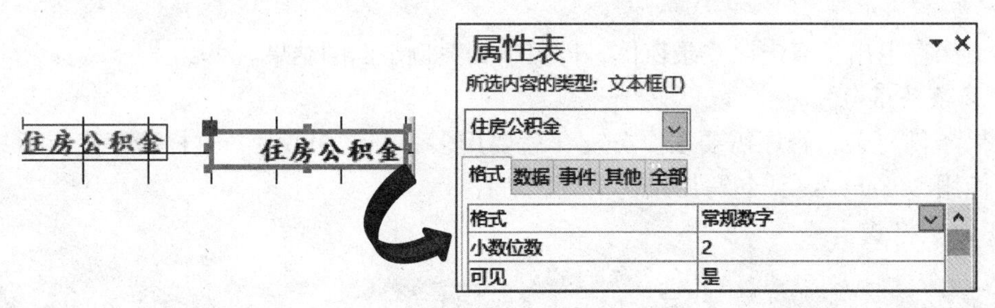

图 9.24　住房公积金显示设置

（3）同理，在“个人所得税”和“实发工资”属性中，设置“格式”为“货币”，如图 9.25 所示。

图 9.25　个人所得税编辑界面

（4）添加“开始计算”按钮，单击鼠标右键，选择“事件生成器”→“代码生成器”选项，输入以下代码：

```
Dim s As Double, Tax As Double, wages As Double
s = CDbl（基本工资 .Value + 奖金 .Value + 津贴 .Value）
养老保险 .Value = s * 0.08
住房公积金 .Value = s * 0.08
医疗保险 .Value = s * 0.02
失业保险 .Value = s * 0.001
wages = s - 养老保险 .Value - 医疗保险 .Value - 失业保险 .Value - - 住房公积
金 .Value
Select Case wages
Case 0 To 3500: Tax = 0
Case 3500 To 5000: Tax = wages * 0.05
Case 5000 To 9000: Tax = wages * 0.1 - 25
Case 9000 To 15000: Tax = wages * 0.15 - 155
Case 15000 To 50000: Tax = wages * 0.2 - 555
Case 50000 To 90000: Tax = wages * 0.25 - 1005
Case Is > 90000: Tax = wages * 0.3 - 3505
Case Else:    Tax = " 输入工资数据错误 "
End Select
个人所得税 .Value = Tax
实发工资 .Value = wages - Tax
```

“重置按钮”的代码为：

```
Private Sub Command16_Click ( )
养老保险 .Value = ""
医疗保险 .Value = ""
失业保险 .Value = ""
住房公积金 .Value = ""
个人所得税 .Value = ""
实发工资 .Value = ""
End Sub
```

9.6.3 循环结构

VBA 循环语句主要有 Do While...Loop、While...End、For...Next、For Each...Next 4 种形式，最常用的是 For...Next 和 Do While...Loop 形式。

1. Do...Loop 循环语句（用于控制未知的循环次数）

该循环的形式有：

（1）Do While ... Loop 语句；

（2）Do Until ... Loop 语句；

（3）Do ... Loop While 语句；

（4）Do ... Loop Until 语句。

While 和 Until 的作用正好相反，使用 While，则当 < 条件 > 为真时继续循环。使用 Until，则当 < 条件 > 为真时结束循环。

把 While 或 Until 放在 Do 子句中，则先判断后执行。把一个 While 或 Until 放在 Loop 子句中，则先执行后判断。

1）形式 1

```
Do {While|Until }< 条件 >
循环体语句块
[ Exit Do ]
[ 语句块 ]
Loop
```

该循环方式称为当循环，即当 While 条件语句第一次不满足时，其循环体不会执行，流程如图 9.26 所示。

例 9.9 用当循环编写过程求 S=1+2+3+…100。

过程代码如下，运行结果如图 9.27 所示。

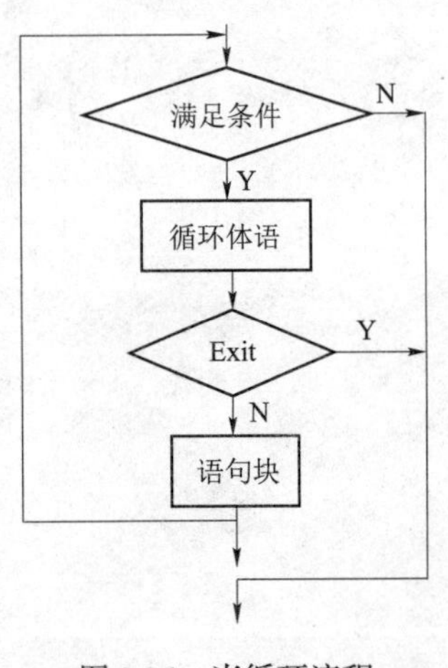

图 9.26 当循环流程

图 9.27 例 9.9 的运行结果

```
Sub sub15 ( )
i=1
Do While i<100
s=s + i
i=i + 1
Loop
MsgBox ( "1+2+3+4+.....+100= " & s )
End Sub
```

说明：当 i<=100 成立时，执行循环体，循环变量 i 必须设置初值，且循环体内必需有改变循环变量的语句防止产生死循环。

2）形式 2

```
Do
  循环体语句块
  [Exit Do]
  [语句块]
  Loop While <条件>
```

该循环方式称为直到循环，当第一次条件不成立时，该循环至少执行一次循环体。循环变量必须有初值，且循环体内有改变以防止产生死循环，其流程如图 9.28 所示。

例 9.10　使用 Do...Loop While 语句重新编写例 9.9 程序。

过程代码如下，运行结果如图 9.29 所示。

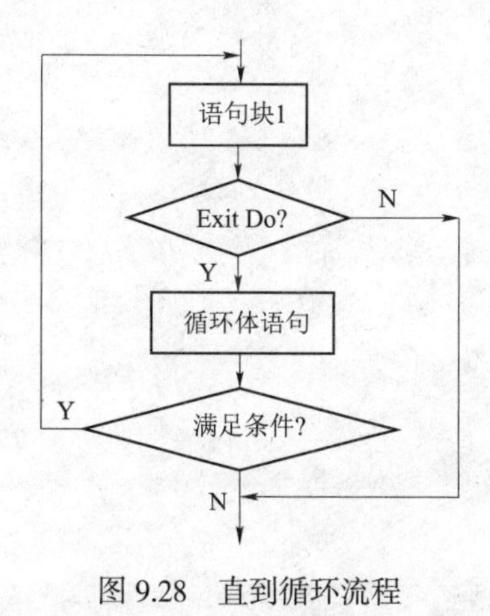

图 9.28　直到循环流程

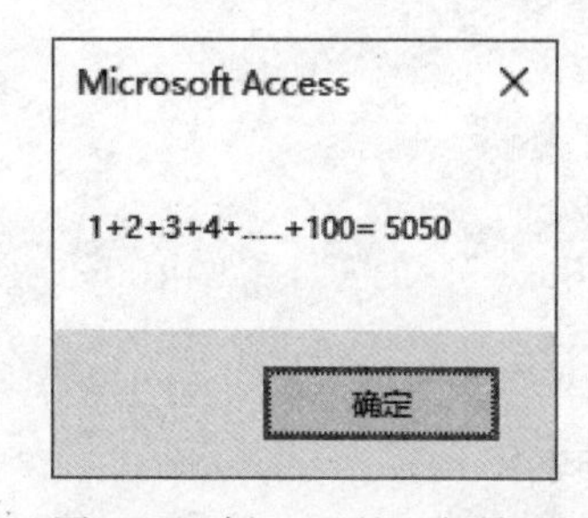

图 9.29　例 9.10 的运行结果

```
Sub sub16()
 i=1
 Do
 s=s + i
 i=i + 1
 Loop While i<=100
 MsgBox("1+2+3+4+.....+100= " & s)
End Sub
```

思考：若将 i 的初始值改变，令 i=101，则例 9.9 和例 9.10 的运行结果是否相同？

3）形式 3

```
Do Until <条件>
  循环体语句块
  [Exit Do]
  [语句块]
Loop
```

该循环当条件成立时，结束执行循环体，循环变量必须有初值，且循环体内有改变循环变量的语句，以防止产生死循环，当条件第一次成立时，不执行循环体，属于当循环。

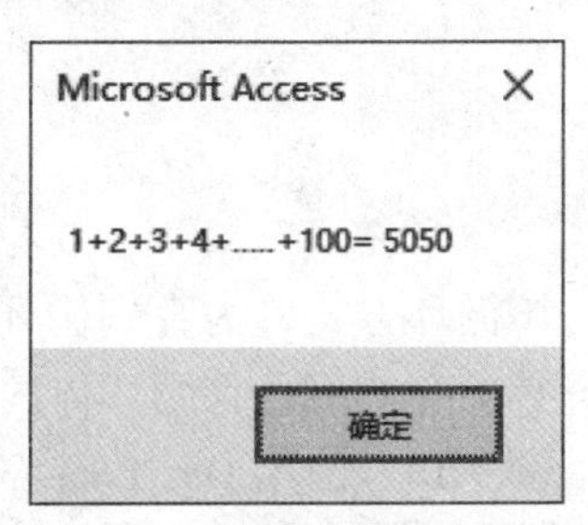

图 9.30　例 9.11 的运行结果

例 9.11　利用形式 3 重新编写例 9.11 程序。

过程代码如下，运行结果如图 9.30 所示。

```
Sub sub17()
  i=1
  Do Until i >100
  s=s + i
  i=i + 1
  Loop
  MsgBox("1+2+3+4+.....+100= " & s)
End Sub
```

4）形式 4

```
Do
  循环体语句块
   [Exit Do]
  [语句块]
LoopUntil <条件>
```

该循环当条件成立时，执行循环体，循环变量也必须有初值，且循环体内有改变循环变量的语句，以防止产生死循环，当条件第一次不成立时，至少执行一次循环体，属于直到循环。

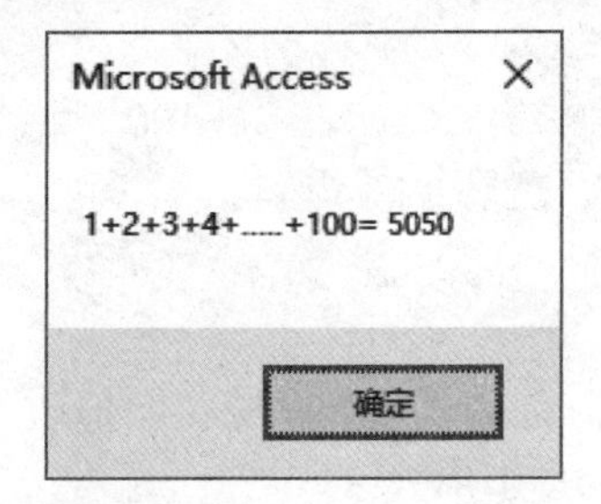

图 9.31　例 9.12 的运行结果

例 9.12　利用形式 4 重新编写例 9.11 程序。

过程代码如下，运行结果如图 9.31 所示。

```
Sub sub18( )
 i=1
 Do
 s=s + i
 i=i + 1
 Loop Until i >100
 MsgBox( "1+2+3+4+…..+100= " & s )
 End Sub
```

2. While…Wend 语句

1）语法格式

```
While <条件>
    <循环块>
Wend
```

2）说明

该语句的功能与 Do While…Loop 实现的循环完全相同，循环变量有初值，且循环体内必须有改变循环变量的语句以防止产生死循环。当条件第一次成立时，不执行循环体，属于当循环。

例 9.13　设变量初始值是 5，每次增加 3，当到达 100 以内的最大值时，需要加多少次？最大值是多少？

用 Counter 变量表示计数器，y 变量表示所求值，过程代码如下，运行结果如图 9.32 所示。

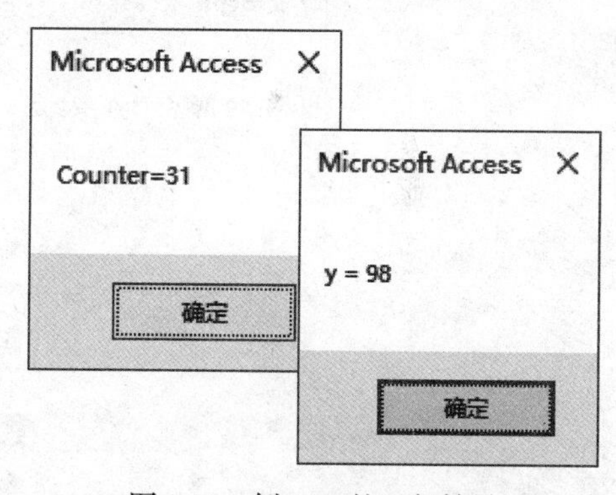

图 9.32　例 9.13 的运行结果

```
Sub sub19( )
 Dim Counter As Integer
 Counter= 0
 y= 5
 While y<100
 Counter= Counter + 1
 y= y + 3
 Wend
 MsgBox  "Counter="  & Counter−1
 MsgBox "y = " & y −3
End Sub
```

说明：当 y 的值大于 100 时才退出循环体，因此 y 的结果多循环 1 次，输出时应减去最后一次的累加值 3，循环次数也要相应减少 1 次。

3. For...Next 循环

For...Next 循环一般用于循环次数已知的过程。

1）语法格式

```
For <循环变量>= 初值 To 终值[Step <步长值>]
  [循环体]
  [Exit For]
Next[循环变量]
```

2）说明

步长值为 1 时可省略 Step 子句；Exit For 用来强制退出循环语句。

例 9.14 编写 Events（）过程，输出 1 ~ 50 内所有奇数的平方，在平方大于等于 1 000 时停止输出。

代码如下，运行结果如图 9.33 所示。

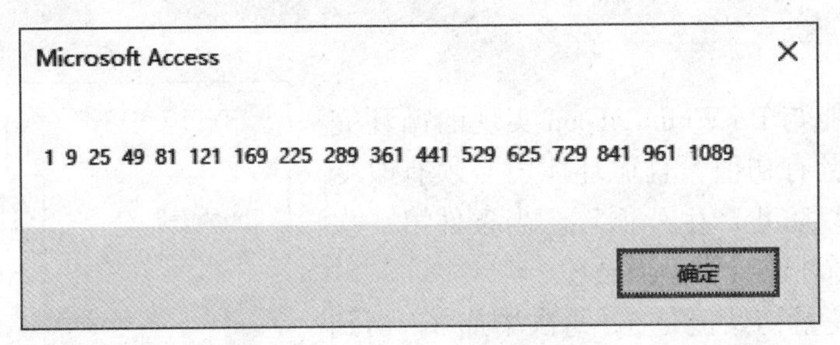

图 9.33 例 9.14 的运行结果

```
Sub Events()
  Dim i As Long, s As String
  For i = 1 To 50 Step 2
    s = s & i * i & " "
    If i * i >= 1000 Then
    Exit For
    End If
  Next
  MsgBox s
End Sub
```

例 9.15 通过键盘输入一个自然数 n，判断它是否为质数（质数是除 1 以外，只能被 1 和自己所整除的自然数）。

通过调用 isprime（）函数，判断是否为质数，代码如下，运行结果如图 9.34 所示。

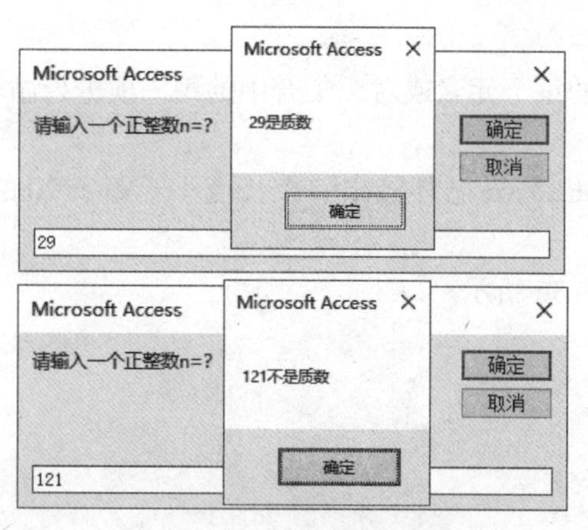

图 9.34　例 9.15 的运行结果

```
Sub sub22( )
    Dim n As Integer
    n = InputBox ( " 请输入一个正整数 n= ?  " )
    If isprime ( n ) Then
    MsgBox n & " 是质数 "
    Else
    MsgBox n & " 不是质数 "
    End If
End Sub
  Function isprime ( data As Integer ) As Boolean
  For i = 2 To data - 1
  If data Mod i = 0 Then
  isprime = False
  Exit Function
  End If
  Next i
  isprime = True
End Function
```

4. For Each...Next 循环

1) 语法格式

```
For Each element In group
[ 循环体 ]
[ Exit For ]
[ 语句 ]
Next
```

2）说明

该循环是对于数组中的每个元素或对象集合中的每一项进行循环，在集合元素数目不确定时非常有用。

例 9.16 利用 For Each...Next 循环输出一个长度小于等于 20 的随机数组，并求数组的和及大于 50 的元素个数。

过程如下，结果如图 9.35 所示。

```
Sub sub23（）
    Dim array1（20）
    Dim Count As Integer
    Count = 0
    For i = 1 To 20
    array1（i）= Int（Rnd * 100）
    Next
    For Each array1_Elem In array1
    If array1_Elem > 50 Then
    Count = Count + 1
    sum = sum + array1_Elem
    End If
    array1_Elem1 = array1_Elem1 & " " & array1_Elem
    Next
    MsgBox " 产生的随机数 " & array1_Elem1
    MsgBox " 随机数大于 50 的个数 =" & Count & " 随机数大于 50 的和 =" & sum
End Sub
```

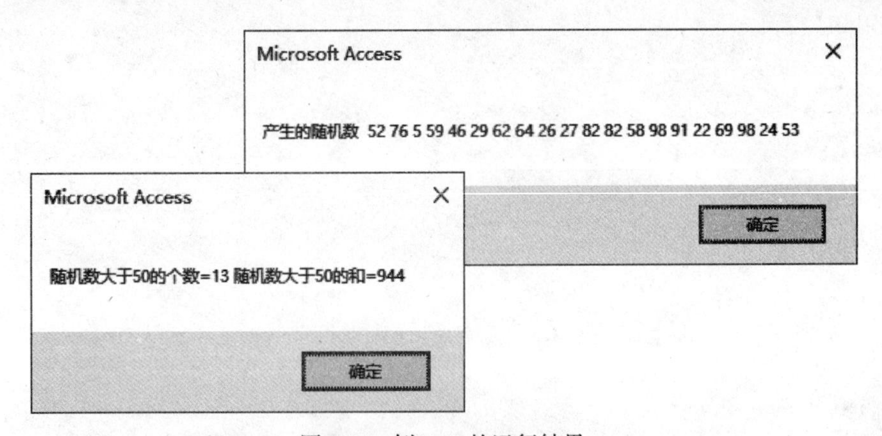

图 9.35　例 9.16 的运行结果

说明：几种循环语句的作用均是重复执行循环体语句直到条件不满足为止，只是控制重复次数的时机和方法不一样。几种循环方式可以相互替代，已知循环次数时用 For…Next 语句比较好，若未知循环次数，需要强行退出时，使用 Do…Loop 语句比较好。

5. 双重循环和多重循环

双重循环：循环语句的循环体本身也是一个循环。

例 9.17　取面值为 100 元的钞票买水果，要求买苹果、香蕉和梨 3 种水果，每种水果最少买 1 个，共买 40 个。其中苹果 2 元 1 个、西瓜 5 元 1 个、梨 1 元 1 个。问共有多少种买法？每种买法中每种水果各有多少个？编写 VBA 程序。

程序代码如下：

```
Sub sub24( )
  Dim watermelon As Integer, pear As Integer
  Dim apple As Integer
  Dim Count As Integer
  Dim s As String
  For watermelon = 1 To 20          '西瓜最多买 20 个
   For apple = 1 To 50              '苹果最多买 50 个
   pear = 40 - apple - watermelon          '剩下买梨
     If( watermelon * 5 + 2 * apple + pear )= 100 And pear >= 1 Then
       Count = Count + 1
   s = s & "watermelon=" & watermelon & " apple=" & apple & " pear=" & pear & Chr ( 13 )
     End If
    Next apple
  Next watermelon
   MsgBox s
   MsgBox " 水果买法共有 " & Count & " 种 "
End Sub
```

运行结果如图 9.36 所示。

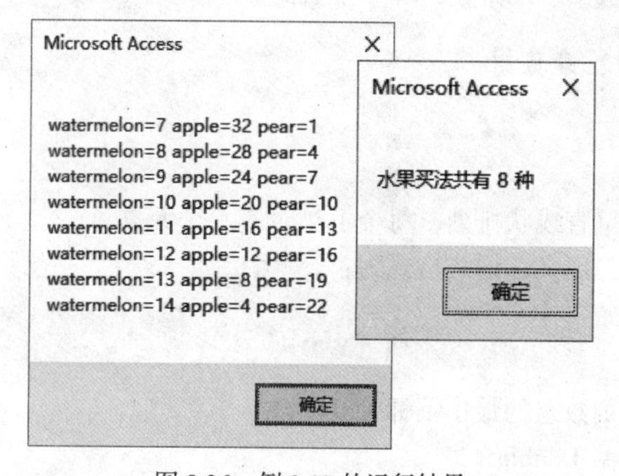

图 9.36　例 9.17 的运行结果

9.7 数组

9.7.1 数组的概念

1. 数组存储

数组是一种数据存储结构，是用一个标识符保存若干具有相同数据类型的一组变量集合。数组中的不同元素通过下标区分。数组的声明方式和其他变量一样，可以使用 Dim、Static、Private 或 Public 语句来声明。若数组指定了大小，则称为固定数组。若未指定大小，程序运行时可以被改变，则称为动态数组。

数组下标初始值没有指定时，则数组下标从 0 开始，否则从 1 开始。例如：

数组 Array

16	25	-1	90	0	102

数组元素为 Array（0）=16，Array（1）=25，…，Array（5）=102。

声明数组时，若下标括号内为空，则数组为动态数组。动态数组可以在执行代码时随时改变大小。动态数组声明后，可以在程序中用 ReDim 语句重新定义数组的维数以及每个维的上界。重新声明数组，数组中存在的值会丢失。若要保存数组中原值，可以使用 ReDim Preserve 语句来扩充数组。

2. 数组特性（数组中的每个数据称为元素）

（1）每个元素类型相同，占用同样大小的存储空间。

（2）数组中的元素在内存中连续存放。

（3）通过下标可访问数组中的每个元素。下标的类型是整数，可以是常量、变量或算术表达式。

（4）数组分为一维数组、二维数组和多维数组。

9.7.2 一维数组和二维数组

1. 一维数组

1）一维数组的定义

一维数组中的元素呈直线状排列，每个下标对应一个元素。

数组在使用前必须先定义，语法格式为：

```
Dim <数组名>([<下界>]To 上界)As 数据类型
```

若省略下标下界，则数组的最小下标为 0。

例如：Dim A（10）As Double

A 数组共有 11 个元素（下标的起止范围是 0 ~ 10）。

2）说明

（1）定义数组时，下标的上、下界值必须是常量或符号常量，不能使用变量。

```
  Dim x（n）
  n =Inputbox（"输入 n "）
Dim x（n）As Single
```

均是错误的声明。

（2）引用数组元素时，下标不得超出所定义的上、下界，否则程序的执行将被中断，同时系统报错。

（3）使用数组时，用 LBound（ ）和 UBound（ ）函数可得到该数组下标的上界和下界值。

例 9.18　使用随机数产生一个 100 ~ 500 的 10 个整数存储在数组中，要求按照从小到大的顺序输出。

过程代码如下：

```
Dim temp As Integer，arr（10）As Double
For i = 1 To 10
arr（i）= CInt（200 + Rnd * 300）
Next i
For Each arr_Elem In arr
array1 = array1 & "    " & arr_Elem
Next
MsgBox "产生的随机数" & array1
For i = 1 To 10
  For j = 1 To 10 – i
If arr（j）> arr（j + 1）Then
temp = arr（j）
arr（j）= arr（j + 1）
arr（j + 1）= temp
End If
Next j
Next i
For Each arr_Elem In arr
array2 = array2 & "    " & arr_Elem
Next
MsgBox "排序后的随机数" & array2
End Sub

Dim Array1（10）
Dim temp1 As Integer
For i = 1 To 10
Array1（i）= CInt（100 + 400 * Rnd）
```

```
Next
For Each Array1_Elem In Array1
ArrayBefore = ArrayBefore & " " & Array1_Elem
Next
MsgBox "产生的随机数" & ArrayBefore
For i = 1 To 10
  For j = 1 To 10 - i
    If Array1（j）> Array1（j + 1）Then
      temp1 = Array1（j）
        Array1（j）= Array1（j + 1）
        Array1（j + 1）= temp1
    End If
Next j
Next i
For Each Array1_Elem In Array1
ArrayAfter = ArrayAfter & " " & Array1_Elem
Next
MsgBox "排序后的随机数" & ArrayAfter
```

运行结果如图 9.37 所示。

图 9.37　例 9.18 的运行结果

2. 动态数组

动态数组在声明数组时给出数组的大小，需要改变时，可用 ReDim 语句重新给出数组的大小。

1）语法格式

```
ReDim 数组名（下标［，下标 2…］）［As 类型］
```

例如：Private Sub S1（）

```
Dim x（）As Single
  …
n =Inputbox（"输入 n "）
```

ReDim x（n）

　....

End Sub

2）说明

（1）动态数组在运行时分配存储单元，过程中可多次使用 ReDim 语句改变数组元素的个数。

（2）ReDim 语句中的下标可以是常量，也可以是有了确定值的变量，即

```
n=InputBox（"输入 n 的值"）
ReDim Arr（n）
```

3. 二维数组

二维数组中的数据排列成矩阵，保存在一个二维表中。

1）语法格式

```
Dim <数组名>（下标 1，下标 2）As 数据类型
或
Dim <数组名>（[<下界>To]上界，[<下界>To]上界）As 数据类型
```

例如：Dim　A（3，4）As Integer

声明的 A 数组有 4×5=20 个元素。

二维数组的操作通常需要与双重循环结合。

2）说明

（1）下标 1 指定行，下标 2 指定列，若省略定义下标值，则下标值默认为 0。

（2）二维数组在内存中的存放顺序是"先行后列"，若定义 a（2，3），则存放顺序是：

a（0，0）→ a（0，1）→ a（0，2）→ a（0，3）

a（1，0）→ a（1，1）→ a（1，2）→ a（1，3）

a（2，0）→ a（2，1）→ a（2，2）→ a（2，3）

例如：Dim lArray（0 To 3，0 To 4）As Long 等价于 Dim lArray（4，5）As Long。

4. 二维数组的应用

案例十六的操作步骤如下：

（1）编写过程生成杨辉三角 10×10 矩阵，如图 9.38 所示。

```
1  2   3   4   5   6   7   8  9   10
1  1   11  12  13  14  15  16 17  18
1  1   1   19  20……
……
……
```

图 9.37　杨辉三角 10×10 矩阵

（2）过程代码如下，运行结果如图 9.18 所示。

```
Sub matrix ( )
Dim a ( 10, 10 ) As Integer
Dim k As Integer
k = 2
For i = 0 To 9
    For j = 0 To 9
       If j <= i Then
       a ( i, j ) = 1
         Else
           a ( i, j ) = k
           k = k + 1
           End If
         Next j
         Next i
For i = 0 To 9
 For j = 0 To 9
 If a ( i, j ) < 10 Then
   Debug.Print "   " & a ( i, j ); '一位数多空 1 位
   Else
    Debug.Print "  " & a ( i, j );
    End If
   If j = 9 Then
   Debug.Print " "
   End If
   Next j
   Next i
End Sub
```

5. 数组参数的传递方法

数组参数的传递只能使用按地址传递的方式，在被调过程中，用 LBound ( ) 函数和 UBound ( ) 函数可测出形参数组的下标下界与下标上界。

例 9.19 Array_Sum 过程产生一个 100 以内的随机数组，要求调用 Add ( ) 函数求数组的和，输出随机数组个数和数组内数据总和。

过程代码如下，运行结果如图 9.38 所示。

图 9.38 例 9.19 的运行结果

```
Function Add（Rnd_Array（ ）As Integer，N As Integer）As Integer
   Dim i As Integer，s As Integer
   For i = 1 To N
   s = s + Rnd_Array（i）
   Next i
   Add = s
 End Function
Sub Array_sum（ ）
   Dim N As Integer，i As Integer
   Dim a（100）As Integer，Sum As Integer
   N = Rnd * 100
   For i = 1 To N
   a（i）= Rnd * 100
   Next i
   Sum = Add（a（ ），N）
   MsgBox（" Sum= " & Sum & "    " & " N= " & N）
End Sub
```

9.8　立即窗口

9.8.1　立即窗口介绍

1. 功能

立即窗口能立即显示代码中调试语句的信息，或显示直接输入窗口命令所生成的信息。立即窗口的功能如下：

（1）检测有问题的或新编写的代码。

（2）在执行应用程序时查询或改变变量的值。当应用程序中断时，将新值指定给程序中的变量。

（3）在执行应用程序时查询或改变属性值。

（4）在代码中调用所需的过程。

（5）在运行应用程序时查看调试的输出。

注意：立即窗口中的语句是在上下文中执行的，如同把它们输入一特定模块之中。

2. 打开立即窗口的方法

（1）单击“创建”选项卡中的“模块”按钮，在“视图”菜单中选择“立即窗口”选项。

（2）按“Ctrl+G”组合键。

立即窗口如图 9.39 所示。

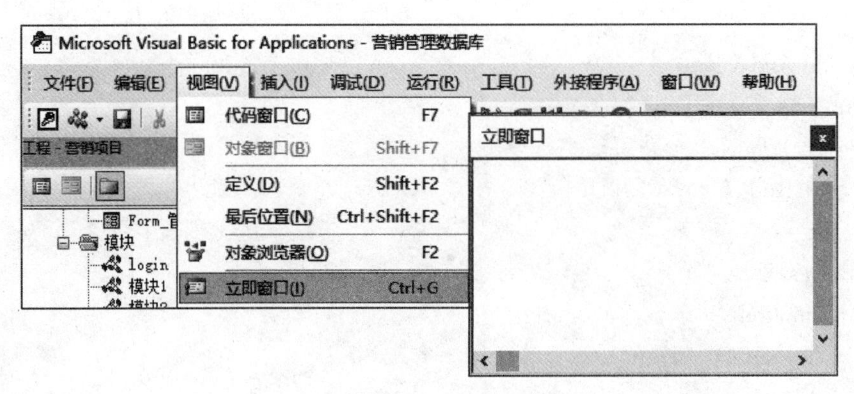

图 9.39　立即窗口

3. 立即窗口的执行

（1）使用 Debug.Print 输出命令可以直接在立即窗口中输出结果。

（2）创建过程模块并添加代码，其输出语句使用 Debug.Print 命令。

（3）打开立即窗口，单击工具栏中的“运行”按钮，可在立即窗口中看到结果。

（4）若需要有关函数、语句、属性或方法的语法帮助，则可选定关键字、属性名或方法名称，然后按 F1 键。

9.8.2　立即窗口的使用

1. 使用立即窗口编辑代码并执行

在立即窗口中输入一行或几行代码，使用 Debug.Print 命令可直接输出结果，立即窗口的代码是不能存储的。例如：设半径 r=15.6，求圆的周长 L，如图 9.40 所示。

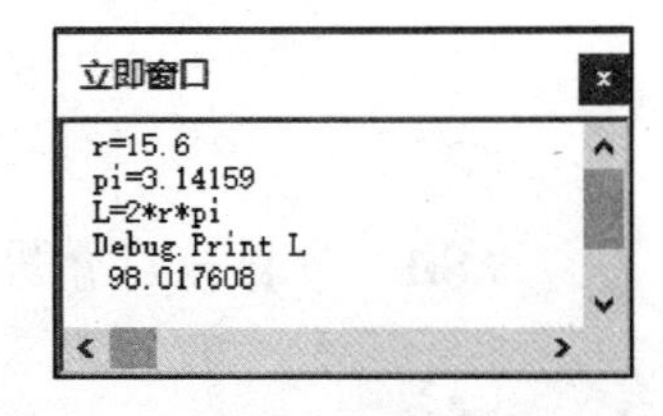

图 9.40　在立即窗口中编辑代码及查看结果

2. 使用立即窗口查看输出结果

例 9.20　要求在立即窗口中输出九九乘法口诀表。

（1）单击“创建”选项卡中的“模块”按钮，输入过程模块代码：

```
Sub multiplication ( )
 st = " "
For x = 1 To 9
For y = 1 To x
t = y & " × " & x & " = " & x * y & " "
If Len (t)< 7 Then t = t & " "
st = st & t
Next
st = st & vbCrLf
Next
Debug.Print st
End Sub
```

（2）按“Ctrl+G”组合键打开立即窗口，单击工具栏中的“运行”按钮，结果如图 9.41 所示。

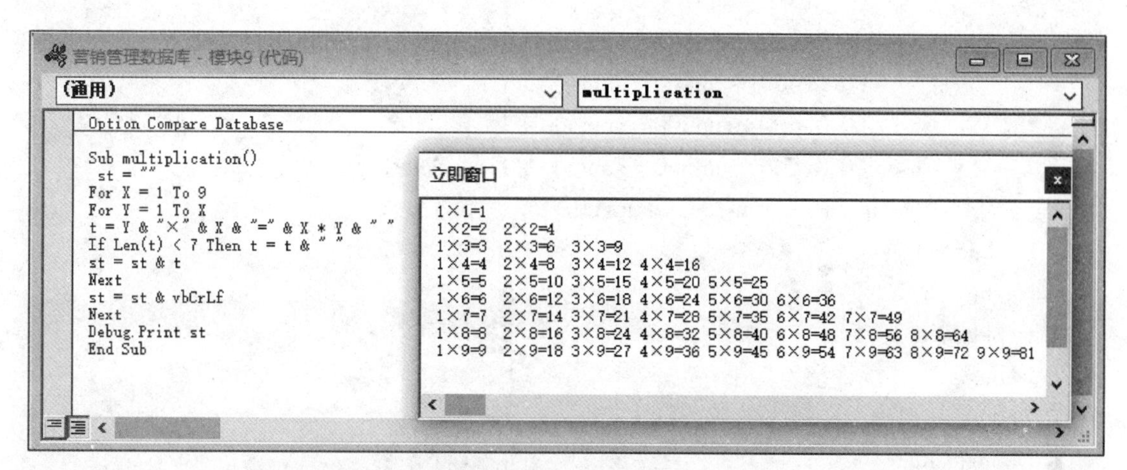

图 9.41　用立即窗口输出九九乘法口诀表

说明：若在立即窗口查看结果，必须使用 Debug.Print 命令输出，VbCrLf 为换行命令。

3. 案例十七的操作步骤

（1）单击“创建”选项卡中的“模块”按钮，输入过程模块代码：

```
Sub sub2020
Dim D（10）As Integer，i As Integer
Dim data（500）As Integer
Dim up_avg As Integer，Sum_grade As Long
For i = 1 To 500
data（i）= Rnd * 750
Debug.Print（" 2020 年高考考生序号：" & i & "     " & "成绩：" & data（i））
Next i
For i = 1 To 500
 Sum_grade = Sum_grade + data（i）
  Next i
  avg_grade = Sum_grade / 500
For i = 1 To 500
 If data（i）> avg_grade Then
 up_avg = up_avg + 1
 End If
Next i
For i = 1 To 500
 Select Case data（i）
        Case 0 To 100：sum0 = sum0 + 1
```

```
            Case 100 To 200：sum100 = sum100 + 1
            Case 200 To 300：sum200 = sum200 + 1
            Case 300 To 400：sum300 = sum300 + 1
            Case 400 To 500：sum400 = sum400 + 1
            Case 500 To 600：sum500 = sum500 + 1
            Case 600 To 700：sum600 = sum600 + 1
            Case Is > 700：sum700 = sum700 + 1
        End Select
    Next i
    Debug.Print " "
    Debug.Print "统计结果如下："
    Debug.Print（" 500 名考生平均分 = " & avg_grade）
    Debug.Print（"大于平均分的考生人数为" & up_avg & "名"）
    Debug.Print "按照 8 个分数段统计，结果如下："
    Debug.Print（" 100 分以下的考生人数有：" & sum0 & "名"）
    Debug.Print（" 100-200 分 的考生人数有：" & sum100 & "名"）
    Debug.Print（" 200-300 分 的考生人数有：" & sum200 & "名"）
    Debug.Print（" 300-400 分 的考生人数有：" & sum300 & "名"）
    Debug.Print（" 400-500 分 的考生人数有：" & sum400 & "名"）
    Debug.Print（" 500-600 分 的考生人数有：" & sum500 & "名"）
    Debug.Print（" 600-700 分 数考生人数有：" & sum600 & "名"）
    Debug.Print（" 700 分以上考生人数有：" & sum700 & "名"）；?
    End Sub
```

（2）按“Ctrl+G”组合键打开立即窗口，单击工具栏中的“运行”按钮，结果如图 9.19 所示。

9.9 程序的调试

9.9.1 程序代码颜色的设置

从代码编辑窗口中可以看到，程序代码中的命令、语句都有颜色，这样用户编辑代码时可辨别出程序的各个部分。代码行中各种颜色的含义如下：

（1）绿色：表示注释行，它不会被执行，只用于对代码进行说明；

（2）蓝色：表示 VBA 预定义的关键字名；

（3）黑色：表示存储数值的内容，如赋值语句、变量名；

（4）红色：表示有语法错误的语句。

9.9.2　程序调试

程序调试菜单如图 9.42 所示，在调试中可设置断点或单步调试。

1. 设置断点

在过程的某个特定语句上设置一个断点以中断程序的执行。其作用是从断点处观察程序的运行情况。若在模块的适当位置设置了断点，则在该点程序暂停，在立即窗口中显示程序中各个变量的情况。除了 Dim 语句以外，用户可以在程序的任何地方设置断点。设置方法如下：

（1）在模块编辑窗口中，选中特定语句，执行“调试”→“切换断点”命令，或按 F9 键，即可出现红色标识，表示断点设置成功，如图 9.42 所示。

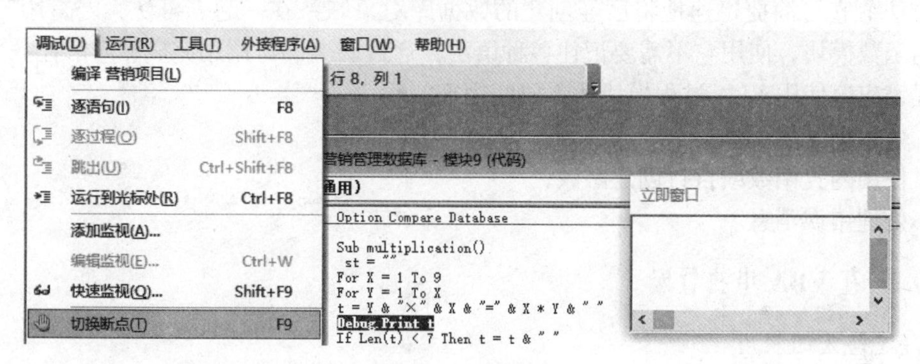

图 9.42　设置断点

（2）再次执行“切换断点”命令或按 F9 键可取消断点，按“Ctrl+Shift+F9”组合键可取消全部断点。

2. 单步调试

（1）逐步调试语句可按 F8 键。

（2）在逐语句执行过程中，遇到调用过程而不想进入其中停留时，按“Shift+F8”组合键，能“逐过程”执行而不进入子过程。

（3）跳出过程的组合键是“Ctrl+Shift+F8”，可以运行当前过程中的剩余语句，转到调用该过程语句的下一条语句。

（4）执行特定的语句块，当绕过不想执行的语句块时，在中断模式下，把光标移到要执行的语句行处，执行“调试”→“设置下一条语句”命令，设置下次要执行的语句，再把光标移到要停止的语句处，或按“Ctrl+F8”组合键，则可以运行到该语句处。

（5）跟踪嵌套过程，若调用另外一个或几个过程、模块或窗体，可以用“调用堆栈”命令从下往上显示已执行的模块、窗体名称和过程名称。按“Ctrl+L”组合键，此时，代码窗口显示该过程，光标处于即将调用下一个过程的调用语句处；按“Shift+F9”组合键，执行“调试”→“快速监视”命令或按“Ctrl+ G”组合健，可以显示有关变量。

9.10 VBA 与宏

9.10.1 VBA 与宏的区别

宏相当于模块中的 Sub 过程，即没有返回值的函数。宏可看作一种抽象能力更强大的快捷键，它和 VBA 均属于 Access 2016 的编程工具。编写程序时，既可以在 VBA 代码中执行宏，也可以在宏操作中使用 VBA 代码。若在 Access 2016 代码中运行宏操作，可使用 DoCmd 对象及其方法，如打开窗体 DoCmd.OpenForm 和关闭窗体 DoCmd.Close 等。使用宏是一种很方便的方法，它可简捷迅速地将已经创建的数据库对象联系在一起。可认为宏是用 VBA 代码编写的函数模块，使用它不需要记住各种语法，通过宏名即可调用完成相应的任务。对于下列情况，应该使用 VBA 过程模块而不要使用宏：

（1）使数据库易于维护；

（2）使用内置函数或自行创建函数；

（3）处理错误消息。

9.10.2 在 VBA 中执行宏

1. VBA 与宏的联用

在 VBA 代码中，使用 DoCmd 对象的 RunMacro 方法，可以执行已创建好的宏。

1）语法格式

```
DoCmd. RunMacro MacroName [ , RepeatCont ][ , RepeatExpression ]
```

2）说明

（1）MacroName：必选项，表示当前数据库中要执行的宏名称。

（2）RepeatCount：可选项，表示要执行宏的次数，省略时只运行 1 次宏。RepeatCount 是一个整数值。

（3）RepeatExpression：可选项，在每次执行宏时进行计算，当结果为 False（值为 0）时，停止执行宏。RepeatExpression 是一个数值型表达式。

2. VBA 与宏的使用案例

例 9.21 在案例十四中，设“提交”按钮的名称为 Command1，则该事件模块代码如下：

```
Private Sub Command1_Click ( )
  uname = 登录 .username.Value
  psw = 登录 .password.Value
  Dim uname As String, psw As String
  If IsNull ( uname Or IsNull ( paw ) Then
  MsgBox "用户名或密码不能为空！ "
```

```
    Else If
    uname = " Admin " And psw = " 666888 "  Then
    MsgBox "用户名或密码，欢迎使用本系统！ "
    DoCmd.OpenForm "综合管理"
    Else
    MsgBox "用户名或密码不正确！请重新输入", vbOKOnly, "提示信息"
  End If
  End Sub
```

说明：过程代码中使用 DoCmd.OpenForm "综合管理" 表示密码正确，打开综合管理窗体。

9.10.3　VBA 编程与数据库

1. 数据库引擎及其接口

数据库引擎是一组动态链接库（Dynamic Link Library，DLL），在程序运行时被连接到 VBA，用于实现对数据库的数据访问功能。数据库引擎是应用程序与物理数据库之间的桥梁。在 VBA 中可以使用访问数据库的 3 种接口：

（1）ODBC（开放式数据库连接）是一种关系数据源的接口界面。使用 ODBC 方法连接数据库时，微软提供了开放服务结构，并建立了一组对数据库的访问标准（API），这些 API 利用 SQL 完成其大部分任务。当用 VBA、C 语言、Java 等多种语言连接数据库时，首先用 ODBC 管理器注册一个数据源，ODBC 管理器根据数据源提供的数据库位置、数据库类型及 ODBC 驱动程序等信息，建立起 ODBC 与具体数据库的联系。只要应用程序将数据源名提供给 ODBC，ODBC 就能建立起与相应数据库的连接，其使用步骤如下：

① 设置连接字符串；
② 实例化 Command 连接对象；
③ 执行 Open 方法打开连接；
④ 执行 SQL 语句；
⑤ 将查询操作结果赋给 GridView（将数据源记录输出表格中的一行）数据源；
⑥ 绑定 GridView；
⑦ 关闭连接。

（2）DAO（数据访问对象）是一种面向对象的界面接口，它提供了一个访问数据库对象模型，用其中定义的一系列数据访问对象，即可实现对数据库的各种操作。使用 DAO 的程序编码非常简单。VBA 通过 DAO 和数据引擎既可识别 Access 本身的数据库，也可识别外部数据库。DAO 模型是设计关系数据库系统结构的对象类集合，它提供了管理关系型数据库系统所需的全部操作属性和方法，其中包括连接数据库，创建定义表、字段和索引命令，建立表之间的关系，定位和查询数据库等。其使用步骤如图 9.43 所示。

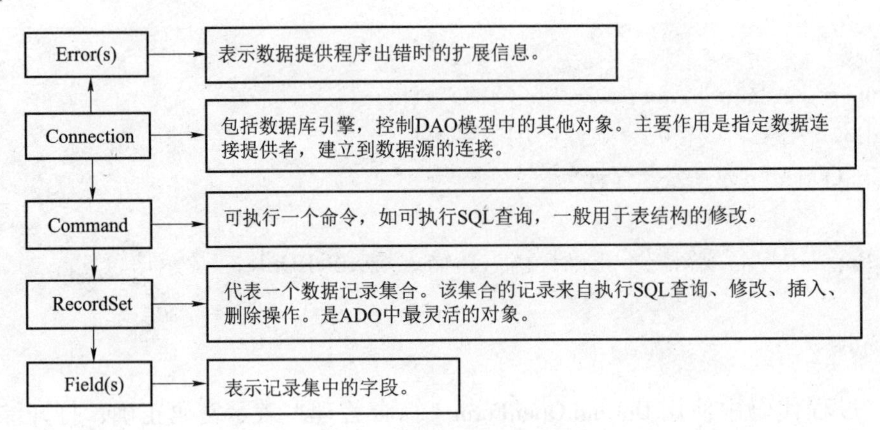

图 9.43　数据库连接操作

（3）ADO（Active 数据对象）是基于组件的数据库编程接口。ADO 实际是一种提供访问各种数据类型的连接机制，是一个与编程语言无关的 COM（Component Object Model）组件系统。ADO 设计为一种极简单的格式，可以方便地连接任何符合 ODBC 标准的数据库。其使用步骤如下：

① 使用 Connection 对象打开建立与数据库的连接；

② 使用 Command 对象设置命令参数并发出命令；

③ 使用 Recordset 对象存储数据操作返回的记录集；

④ 使用 Field 对象对记录集中的字段数据进行操作，包括：定义和创建 ADO 对象实例变量，返回 Select 语句记录集，采用 Delete（删除）、Update（更新）、Insert（插入）记录操作；

⑤ 关闭、回收相关对象。

2. 使用 ADO 技术连接数据库

1）设置 ADO 连接

使用 ADO 连接数据库时，单击“工具”菜单中的“引用”按钮，在可使用的引用中将 Microsoft ActiveX Data Object 2.8 选中，如图 9.44 所示。

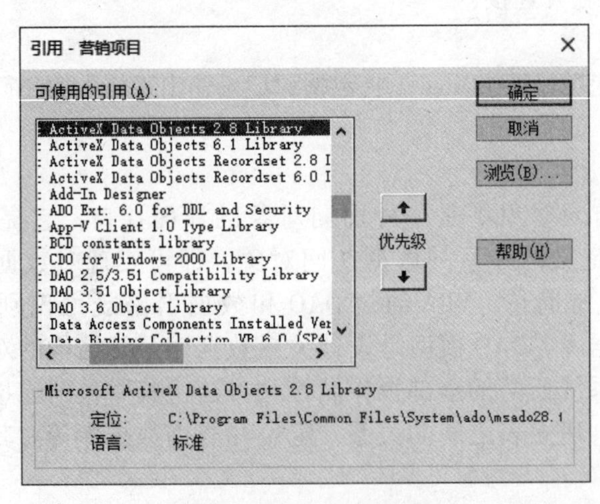

图 9.44　选择引用

2）定义和创建 ADO 对象实例变量

（1）Dim cnn As New ADODB.Connection

（2）Dim cm As New ADODB.Commmand

（3）Dim rs As New ADODB.RecordSet

（4）Dim fd As ADODB.Field

3）打开数据库连接

```
cnn.Open [ ConnectionStirng ][ , UserID ][ , PassWord ][ , OpenOptions ]
```

其中：

（1）ConnectionStirng 为数据库连接字符串；

（2）UserID 为用户名；

（3）PassWord 为密码；

（4）OpenOptions 为可选项。

数据库连接字符串的具体写法，根据使用的编程接口的不同，分为 ODBC、OLE DB，获得当前数据的连接语句：

```
Set cnn=CurrentProject.Connection
```

4）向数据库连接发送 SQL 语句

有 3 种发送方式：

（1）RecordSet 对象的 Open 方法：

```
rs.Open [ Source ][ , ActiveConnection ][ , CursorType ][ , LockType ]
```

其中：

① Source 为数据源；

② ActiveConnection 为数据库连接；

③ CursorType 为游标类型；

④ LockType 为锁定类型。

说明：

① Selece 语句返回记录集，Delete、Update、Insert 语句不返回记录集。

② adOpenDynamic：动态游标，可以修改数据；adOpenStatic：静态游标，只能查看数据。

③ 锁定类型。adLockReadOnly：只读锁定，只能查看数据；adLockOptimstic：保守式锁定，可以修改数据，在编辑数据时即锁定数据源记录，直到数据编辑完成才释放；adLock-BatchOptimistic：开放式更新，应用于成批更新模式。

例如：rs.Open strSQL，cn，adOpenDynamic，adLockOptimistic，adCmdText

其中：strSQL 为数据集；cn 为声明的 Connection 对象；adOpenDynamic 为动态游标式；adLockOptimistic 为保守式锁定；adCmdText 为打开的对象。

（2）使用 Connection 对象的 Execute 方法：

① 返回记录集：Set rs=cnn.Execute（SQL 语句）

② 不返回记录集：cnn.Execute SQL 语句

（3）使用 Command 对象的 Execute 方法：

① 返回记录集：Set rs=cmm.Execute（ ）

② 不返回记录集：cmm.Execute

5）操作记录集，使用 RecordSet 的方法

（1）定位记录：Move 方法；

（2）检索记录：Find 和 Seek 方法；

（3）添加记录：AddNew 方法；

（4）更新记录：UpDate 方法；

（5）删除记录：Delete 方法；

（6）RecordSet：记录集对象记录指针的移动方法；

（7）MoveFirst：记录指针移到第一条记录；

（8）MoveNext：记录指针移到当前记录的下一条记录；

（9）MovePrevious：记录指针移到当前记录的上一条记录；

（10）MoveLast：记录指针移到最后一条记录。

说明：

（1）RecordSet 记录集的 BOF 和 EOF 属性用于判断记录指针是否处于有记录的正常位置。

（2）记录指针将指向最后一条记录之后，EOF 属性为 True。

（3）记录指针将指向第一条记录之前，BOF 属性为 True。

（4）BOF 和 EOF 属性的值均为 True，表示记录集为空。

例 9.22 若记录集的 EOF 属性为 True，则回到首记录。

```
Private Sub Command3_Click（ ）
    rs Teacher.MoveNext
    If rsTeacher.EOF Then
        rsTeacher.MoveFirst
    End If
End Sub
```

例 9.23 若记录集的 EOF 属性为 True，则回到末记录。

```
Private Sub Command3_Click（ ）
    rsTeacher.MoveNext
    If rsTeacher.EOF Then
      rsTeacher. MoveLast
    End If
End Sub
```

6）关闭、回收相关对象

语句如下：

（1）rs.Close 为关闭操作；

（2）cnn.Close 为关闭连接；

（3）Set rs=Nothing 为释放操作；

（4）Set cnn=Nothing 为释放连接。

3. 使用 DAO 技术访问数据库表

例 9.24　使用 DAO 技术，完成对“student.accdb”表中学生年龄加 1 的操作。

```
Sub SetAgePlus1（）
    Dim we As DAO.Workspace                          '工作区对象
    Dim db As DAO.Database                           '数据库对象
    Dim rs  As DAO.Recordset                         '记录集对象
    Dim fd  As DAO.Field                             '字段对象
    set ws=DBEngine.Workspace（0）
    set db=ws.OpenDatabase（".\student.accdb"）      '打开数据库
    set rs=db.OpenRecordSet（"学生表"）              '返回"学生表"记录集
    set fd=rs.Fields（"年龄"）                        '设置"年龄"字段
      Do While not rs.eof      '对记录集用循环结构进行遍历
        rs.edit                                      '设置为"编辑"状态
        fd=fd+1                                      '年龄 +1
        rs.update                                    '更新记录，保存年龄值
        rs.movenext                                  '记录指针移动至下一条
      Loop
    '关闭并回收对象变量
        rs.close
        db.close
        set rs=Nothing
        set db=Nothing
End Sub
```

4. 使用 ADO 技术访问数据库表

例 9.25　使用 ADO 技术，完成对“营销管理系统 .accdb”表中产品单价增加 10% 的操作。

```
Sub SetAgePlus1（）
        Dim cn As New ADODB.Connection               '连接对象
        Dim rs As New ADODB.RecordSet                '记录集对象
        Dim fs  As ADODB.Field                       '字段对象
```

```
        Dim strConnect  As  String                               '连接字符串
        Dim strSQL As String                                     '查询字符串
        strconnect= " .\营销管理系统 .accdb " )                  '连接数据库
        cn.Provider= " Microsoft.jet.oledb.4.0 "                 '设置数据提供者
        cn.open  strconnect                                      '打开与数据源的连接
        strSQL= " select 单价 from 产品"                         '设置查询语句
        rs.open strSQL，cn，adOpenDynamic，adLockOptimistic，adCmdText
        set fd=rs.Fields（"单价"）                               '对记录集用循环结构进行遍历
      Do While not rs.eof
            fd=fd*1.1                                            '单价增长 10%
              rs.update                                          '更新记录，保存单价值
              rs.movenext                                        '记录指针移动至下一条
        Loop
        rs.close                                                 '关闭并回收对象变量
        db.close
        set rs=Nothing
        set db=Nothing
  End Sub
```

5. 使用 ADO 技术连接数据库案例

利用案例十四的窗体界面，对已有的用户表进行权限验证，使用案例十四中登录信息框的设计界面，根据已有用户表验证登录信息，见表 9.25。

表 9.25　用户表

用户名	密码	权限
jiang	Jiang123456	管理员
zhang	00000000	普通用户
zhao111	88888888	普通用户
he12345	he_liu66666666	管理员
huhu000	DataBase2222	普通用户
Administrator	Access 2016	管理员

```
Private Sub Command1_Click（）
Dim cn As New ADODB.Connection
Dim rs As New ADODB.Recordset
```

```
    Dim str As String
    Set cn = CurrentProject.Connection              '建立本地连接
    rs.ActiveConnection = cn
    logname = Trim（登录 .username）
    password = Trim（登录 .pass）
     If IsNull（username.Value）Then
       MsgBox "用户名不能为空，请输入用户名！"
     Else If IsNull（password.Value）Then
       MsgBox "密码不能为空，请输入密码！"
     Else
       str = " SELECT * FROM pws WHERE 用户名 ='" & logname & "' AND 密码 ='" &
password & "'"
        rs.Open str，cn，adOpenDynamic，adLockOptimistic
        If rs.EOF Then
           MsgBox "用户名或密码错误，请重新输入！"
           Me.username.Text = ""
           Me.password.Text = ""
        Else
           Set fd = rs.Fields（"权限"）
           If fd = "管理员" Then
         MsgBox "欢迎，你以管理员权限登录，可以管理数据库表！"
           Else
               DoCmd.Close
               DoCmd.OpenForm "综合管理"
            MsgBox "欢迎，你以普通用户登录，只有查询权限"
           End If
         End If
     End If
    End Sub
```

数据库表验证结果如图 9.45 所示。

当用户名或密码输入错误时，结果如图 9.46 所示。

当用户名或密码输入为空时，分别输出错误信息。

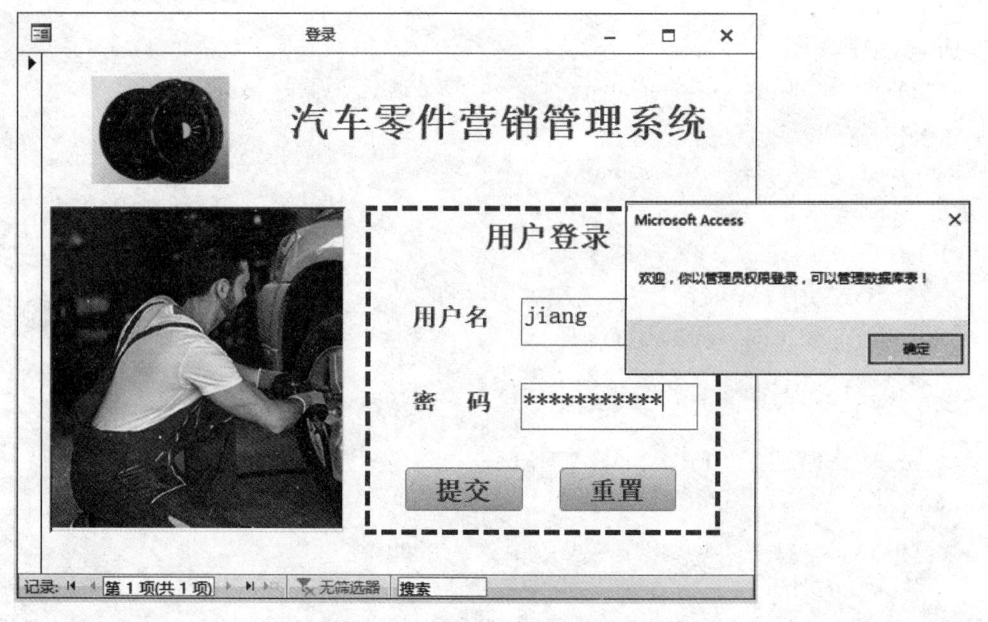

图 9.45　数据库表验证结果

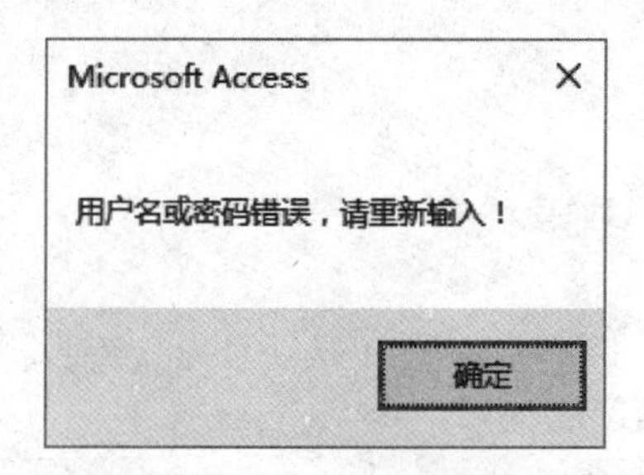

图 9.46　错误验证结果

本章小结

本章讲述了 Access 2016 的模块操作及使用，包括模块、函数的建立方法，数据类型，常量，变量与表达式，常用函数、事件和方法，VBA 程序结构，数组及变量的作用域。重点讲述了 VBA 的程序控制流程，以 4 个案例为引线，通过 25 个小例程进行讲解，不仅详细说明了过程在条件选择结构和循环结构中的使用方法，还讲解了 VBA 与宏的联合使用及 VBA 编程与数据库引擎操作。本章引用的大量 VBA 过程示例、函数运算、过程与函数的调用，以边操作边讲解的方法进行贯穿。最后详细讲解了 VBA 代码执行过程、调试程序的步骤及使用立即窗口的方法。读者通过本章的学习不仅能掌握 Access 2016 的基本编程法则，还能根据案例步骤编写实用程序。

考核要点

（1）模块的建立方法；
（2）VBA 模块中数据类型、常量、变量、表达式、常用函数、事件和方法；
（3）VBA 程序结构、数组及变量的作用域；
（4）VBA 程序流程控制；
（5）在 VBA 中运行宏的方法。

第 10 章 实验

学习 Access 2016 数据库应用课程，上机操作是一个重要环节。本章设计了 9 个实训项目。其中，第 8 个项目是利用 VBA 编写模块程序，该项目有 4 个小题目，概括了 VBA 编程的顺序、选择、循环结构，VBA 与窗体界面的结合，VBA 与数据库引擎编程。第 9 个项目为综合设计，通过窗体菜单中的按钮调用宏操作，使用导航窗体实现一个数据库管理系统。这些内容围绕本教材的第 5、6、9 章的案例设置，紧密结合窗体菜单、宏和模块编程内容。读者应通过上机操作领会 Access 2016 数据库的对象——表、查询、窗体、报表、宏和模块的使用；熟悉和掌握系统工作界面、菜单栏、工具栏及命令按钮组的操作步骤。每个实训包括实训目的、实训要求、实训内容和步骤 3 部分，可根据实际情况从中选择部分或全部作为上机练习。

10.1 创建数据库、表

10.1.1 实训目的

（1）熟悉 Access 2016 集成环境，掌握数据库和表的创建方法；

（2）掌握利用 Access 2016 数据库菜单、工具栏和命令按钮设置数据库及表的属性的方法。

10.1.2 实训要求

（1）掌握 Access 2016 数据库系统的启动和退出；

（2）掌握 Access 2016 数据库的打开、新建、关闭；

（3）利用 Access 2016 数据库菜单、工具栏和命令按钮设置数据表的属性；

（4）对指定字段设置字段大小、字段类型、输入掩码、设置主键等属性。

10.1.3 实训内容和步骤

（1）启动 Access 2016 后，查看其操作界面，使用空数据库创建“服装销售”，并保存到指定文件夹中。

（2）创建表名为“女士服装”，其字段和类型见文档样例。其中，“商品编号”“商品名称”“商品颜色”“商品型号”和“面料”字段均为短文本类型，字段大小分别为 20、20、10、10、10（字节），“进价”和“销售价”字段均为数字型（双精度），共有 7 个字段属性，如图 10.1 所示。

（3）按照文档样例添加表记录，记录的个数大于等于 10 条，如图 10.1 所示（可自行添加数据）。

（4）打开“女士服装”表，选择设计视图，添加字段并修改表中字段的属性。

① 在表中添加“品牌”“系列名称”字段，字段大小均为 10 字节。

② 修改“商品编号”字段，在该字段的输入掩码中进行设计，使格式为“字母 –4 个数字”。

③ 将“商品编号”字段设置为主键。

（5）修改、添加及删除指定记录，最后保存。

10.1.4　文档样例

数据库及表的建立如图 10.1 所示。

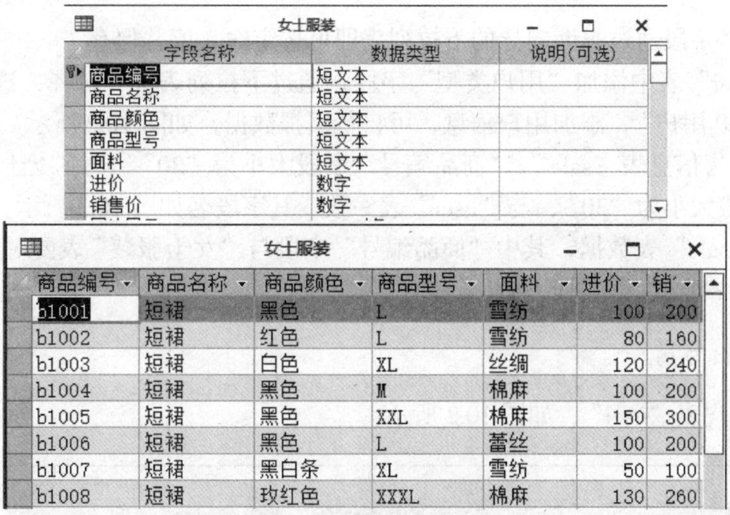

女士服装

字段名称	数据类型	说明(可选)
商品编号	短文本	
商品名称	短文本	
商品颜色	短文本	
商品型号	短文本	
面料	短文本	
进价	数字	
销售价	数字	

女士服装

商品编号	商品名称	商品颜色	商品型号	面料	进价	销
b1001	短裙	黑色	L	雪纺	100	200
b1002	短裙	红色	L	雪纺	80	160
b1003	短裙	白色	XL	丝绸	120	240
b1004	短裙	黑色	M	棉麻	100	200
b1005	短裙	黑色	XXL	棉麻	150	300
b1006	短裙	黑色	L	蕾丝	100	200
b1007	短裙	黑白条	XL	雪纺	50	100
b1008	短裙	玫红色	XXXL	棉麻	130	260

图 10.1　数据库及表的建立

思考题：

（1）上述表中如何对输入记录相同的内容进行复制？

（2）若销售价是进价的 1.2 倍，能否根据进价自动填写销售价？

10.2　修改表的结构及属性

10.2.1　实训目的

（1）掌握多表的创建及修改方法；

（2）掌握设置字段格式、输入默认值、有效性规则及输入 OLE 数据的方法；

（3）掌握使用查阅设计表字段进行列表选择的方法。

10.2.2　实训要求

（1）掌握在已有数据库中添加表的方法；

（2）掌握设置字段格式的内容和步骤；

（3）使用查阅设计字段的方法输入选项数据；

（4）设置指定字段的有效性规则属性；

（5）添加“图片展示”OLE 对象及数据；

（6）掌握添加、修改和删除字段和记录的方法。

10.2.3 实训内容和步骤

（1）打开已有的“服装销售”数据库后，打开“女士服装”表，在表的最后添加一个“图片展示”字段，类型为 OL 对象 E 型。

（2）创建用户表“user”，其字段类型见文档样例。字段长度分别按照 30、10、2、255、13（字节）设计。

（3）“性别”字段通过查询向导的下拉列表即可选定输入值并保存。

（4）在“user”表中添加“用户类型”字段，通过下拉列表进行选择，选择的内容包括“普通用户”“VIP 用户”，添加用户信息，可自行模拟数据，如图 10.2 所示。

（5）创建销售信息表“sale”，“商品编号”字段大小为“20”，与“女士服装”表一致，“客户编号”字段大小为“30”，与“user”表一致，其字段名如图 10.3 所示。

（6）键入“sale”表数据，其中“商品编号”字段与“女士服装”表要对应一致，“客户编号”字段要与“user”表对应一致。

10.2.4 文档样例

（1）添加用户表“user”，如图 10.2 所示。

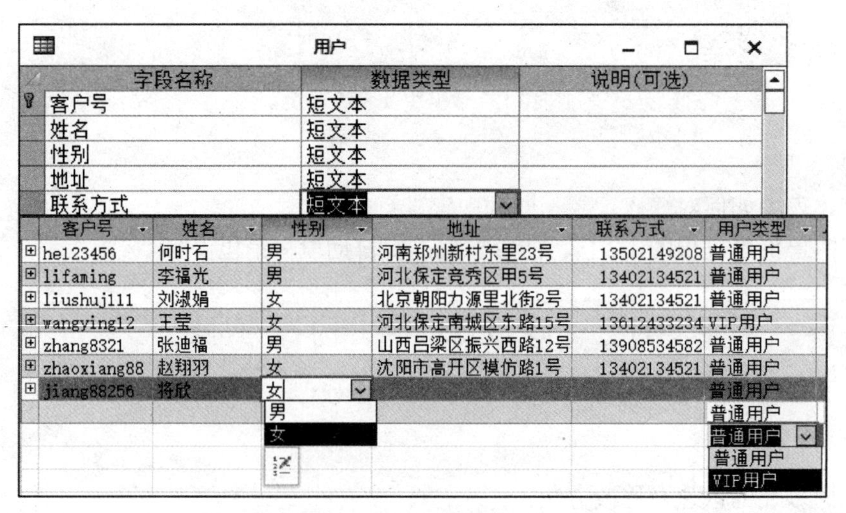

图 10.2 添加用户表“user”

思考题：

① 在“女士服装”表中添加的图片能否在表中显示？

② 添加“性别”和“用户类型”字段的方法是否相同？

（2）添加销售信息表“sale”，如图 10.3 所示。

sale

字段名称	数据类型
商品编号	短文本
客户编号	短文本
订单号	短文本
数量	数字
销售日期	日期/时间
折扣	数字

常规 查阅

字段大小 20

sale

商品编号	客户编号	订单号	数量	销售日期	折扣
n1012	zhang8321	10035	4	2019/05/27	.5
p0002	zhaoxiang88	10005	1	2019/02/20	.75
p0003	liushuj111	10006	2	2019/02/21	.75
p0004	lifaming	10007	1	2019/02/22	.75
p0005	he123456	10008	1	2019/02/23	.75
p0006	zhang8321	10009	2	2019/02/24	.55
p0007	wangying12	10010	1	2019/02/25	.55
p0008	zhaoxiang88	10011	1	2019/02/26	.55

图 10.3　添加销售信息表“sale”

10.3　建立表间关系

10.3.1　实训目的

（1）掌握多表的创建方法；

（2）掌握建立多表之间关系的步骤。

10.3.2　实训要求

（1）掌握建立多表关系应具备的条件；

（2）掌握设置实施参照完整性、级联更新相关字段和级联删除相关记录的方法；

（3）掌握建立表间关系的操作步骤。

（4）建立 3 个表的关系，见文档样例。

10.3.3　实训内容和步骤

（1）启动 Access 2016 后，打开“服装销售”数据库。

（2）建立用户表“user”与销售信息表“sale”的一对多关系、销售信息表“sale”表与“女士服装”表的一对多关系。

（3）建立 3 个表之间的关系，使用两个一对多关系，建立多对多关系，如图 10.4 所示。

10.3.4　文档样例

“服装销售”数据库关系如图 10.4 所示。

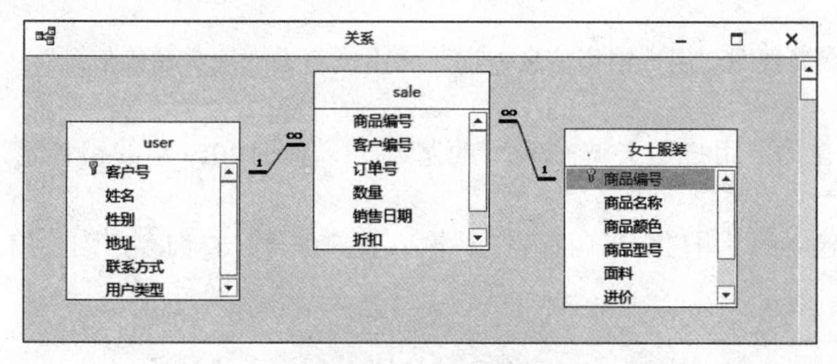

图 10.4　建立表间关系

思考题：

（1）建立关系的必要条件是什么？

（2）能否直接使用两个表建立多对多关系？

10.4 创建查询

10.4.1 实训目的

（1）掌握选择查询、计算查询和参数查询的设计和修改方法；

（2）掌握操作查询的分类和设计方法；

（3）掌握查询设计的修改方法。

10.4.2 实训内容

（1）按要求利用查询向导建立多表查询并将查询结果生成一个新表；

（2）建立交叉表查询，并通过查询设计器进行修改；

（3）按要求利用查询设计器，建立条件选择查询；

（4）在指定表中建立更新查询、追加查询、删除查询和生成表查询。

10.4.3 实训内容和步骤

（1）利用查询向导建立“user”“sale”和“女士服装”3个表的查询，查询字段包括“客户号”“姓名”“性别”“地址”“联系方式”“用户类型”“商品编号”“商品名称”“商品颜色”“商品型号”“面料”及“图片展示”，如图10.5所示。

客户号	姓名	性别	地址	联系方式	用户类型	商品编	商品名	商品颜	商品型号	面料	图片展示
zhaoxiang88	赵翔羽	女	沈阳市高开区模仿路1号	13402134521	普通用户	p0008	连衣裙	花色	XXL	雪纺	itmap Image
liushuj111	刘淑娟	女	北京朝阳力源里北街2号	13402134521	普通用户	b1003	短裙	白色	XL	丝绸	itmap Image
lifaming	李福光	男	河北保定竞秀区甲5号	13402134521	普通用户	b1004	短裙	黑色	M	棉麻	itmap Image
he123456	何时石	男	河南郑州新村东里23号	13502149208	普通用户	b1005	短裙	黑色	XXL	棉麻	itmap Image
lifaming	李福光	男	河北保定竞秀区甲5号	13402134521	普通用户	b1006	短裙	黑色	L	蕾丝	itmap Image
he123456	何时石	男	河南郑州新村东里23号	13502149208	普通用户	b1007	短裙	黑白条	XL	雪纺	itmap Image
zhang8321	张迪福	男	山西吕梁区振兴西路12号楼	13908534582	普通用户	b1008	短裙	玫红色	XXXL	棉麻	itmap Image
wangying12	王莹	女	河北保定南城区东路15号	13612433234	VIP用户	b1005	短裙	黑色	XXL	棉麻	itmap Image
zhaoxiang88	赵翔羽	女	沈阳市高开区模仿路1号	13402134521	普通用户	b1007	短裙	黑白条	XL	雪纺	itmap Image

图10.5 查询结果

（2）生成查询视图“用户销售信息查询”并生成新表“用户销售信息”，选取的字段如图10.6所示。

（3）在建立的“用户购买调查表”的基础上，查询2019年的销售情况，如图10.7所示。

（4）根据建立的“用户购买调查表”，输入客户编号，查询客户购买信息，如图10.8所示。

10.4.4　文档样例

1. 利用查询向导建立用户销售信息查询

查询结果如图 10.5 所示。

2. 将查询结果建立生成表

将上述查询结果的部分字段存入一个新表中的操作如图 10.6 所示。

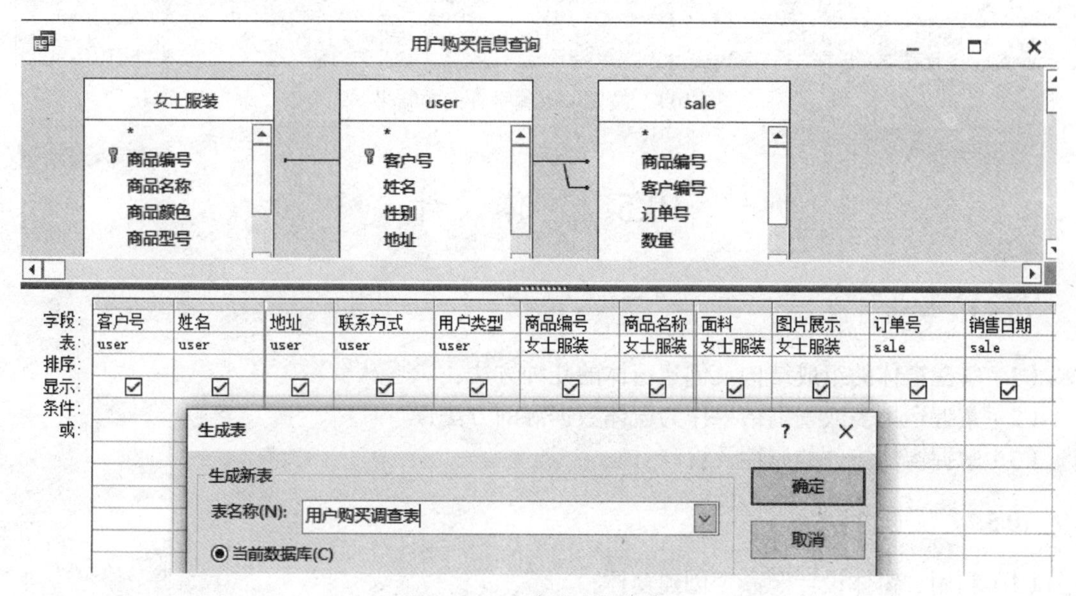

图 10.6　生成表查询操作

3. 利用选择查询

设置查询条件查询销售日期为 2019 年的服装销售基本信息，如图 10.7 所示。

用户购买调查表 查询

客户号	姓名	地址	联系方式	用户类型	商品编号	商品名称	面料	图片展示	订单号	销售日期
he123456	何时石	河南郑州新村	13502149208	普通用户	p0005	连衣裙	雪纺	itmap Image	10008	2019/2/23
lifaming	李福光	河北保定竞秀	13402134521	普通用户	p0004	连衣裙	雪纺	itmap Image	10007	2019/2/22
liushuj111	刘淑娟	北京朝阳力源	13402134521	普通用户	p0003	连衣裙	雪纺	itmap Image	10006	2019/2/21
wangying12	王莹	河北保定南城	13612433234	VIP用户	p0007	连衣裙	雪纺	itmap Image	10010	2019/2/25
zhang8321	张迪福	山西吕梁区振	13908534582	普通用户	p0006	连衣裙	雪纺	itmap Image	10009	2019/2/24

图 10.7　2019 年销售查询的部分结果

4. 参数查询

输入客户编号查询用户购买服装信息，如图 10.8 所示。

思考题：

（1）几种查询方法的操作有什么不同？

（2）几种查询结果的最大区别是什么？

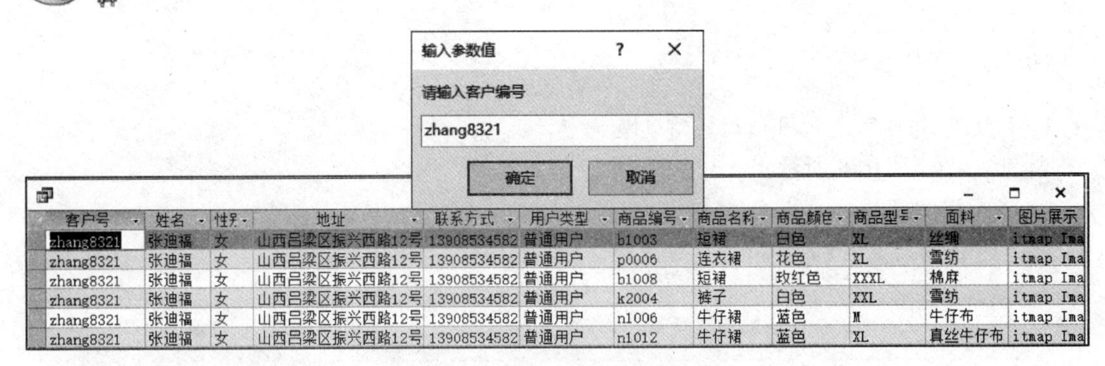

客户号	姓名	性别	地址	联系方式	用户类型	商品编号	商品名称	商品颜色	商品型号	面料	图片展示
zhang8321	张迪福	女	山西吕梁区振兴西路12号	13908534582	普通用户	b1003	短裙	白色	XL	丝绸	itmap Ima
zhang8321	张迪福	女	山西吕梁区振兴西路12号	13908534582	普通用户	p0006	连衣裙	花色	XL	雪纺	itmap Ima
zhang8321	张迪福	女	山西吕梁区振兴西路12号	13908534582	普通用户	b1008	短裙	玫红色	XXXL	棉麻	itmap Ima
zhang8321	张迪福	女	山西吕梁区振兴西路12号	13908534582	普通用户	k2004	裤子	白色	XXL	雪纺	itmap Ima
zhang8321	张迪福	女	山西吕梁区振兴西路12号	13908534582	普通用户	n1006	牛仔裙	蓝色	M	牛仔布	itmap Ima
zhang8321	张迪福	女	山西吕梁区振兴西路12号	13908534582	普通用户	n1012	牛仔裙	蓝色	XL	真丝牛仔布	itmap Ima

图 10.8　按照输入编号查询的结果

10.5　窗体设计

10.5.1　实训目的

（1）掌握窗体的组成结构及创建窗体的几种方法；

（2）掌握运用表或查询结果作为窗体数据源的方法；

（3）掌握窗体控件的属性及设计方法。

10.5.2　实训内容

（1）利用“窗体设计”命令创建窗体；

（2）利用“空白窗体”命令创建窗体；

（3）制作分割窗体；

（4）利用标签、文本框、组合框、选项按钮、复选框和命令按钮等常用控件设计窗体；

（5）使用窗体设计器创建窗体。

10.5.3　实训内容和步骤

（1）利用“窗体设计”命令，添加标签、文本框、按钮和图片，最后添加窗体背景，完成登录窗体，如图 10.9 所示。

（2）利用“空白窗体”命令创建窗体，拖动“女士服装”表所需数据到窗体中，然后利用属性修改图片展示的位置、大小、显示方式，如图 10.10 所示。

（3）利用“女士服装”表，创建分割窗体，如图 10.11 所示。

（4）执行“窗体设计”→“添加现有字段”命令，拖动服装信息表数据到窗体中，调整适当位置，添加 4 个导航按钮，如图 10.12 所示。

（5）利用“窗体设计”命令，添加标签、文本框、组合框、复选框和单选按钮等控件，并添加窗体背景图片，完成“服装选购用户调查”界面，如图 10.13 所示。

10.5.4　文档样例

（1）使用“窗体设计”命令创建登录窗体，如图 10.9 所示。

图 10.9　登录窗体（1）

（2）使用“空白窗体”命令创建服装信息展示界面，如图 10.10 所示。

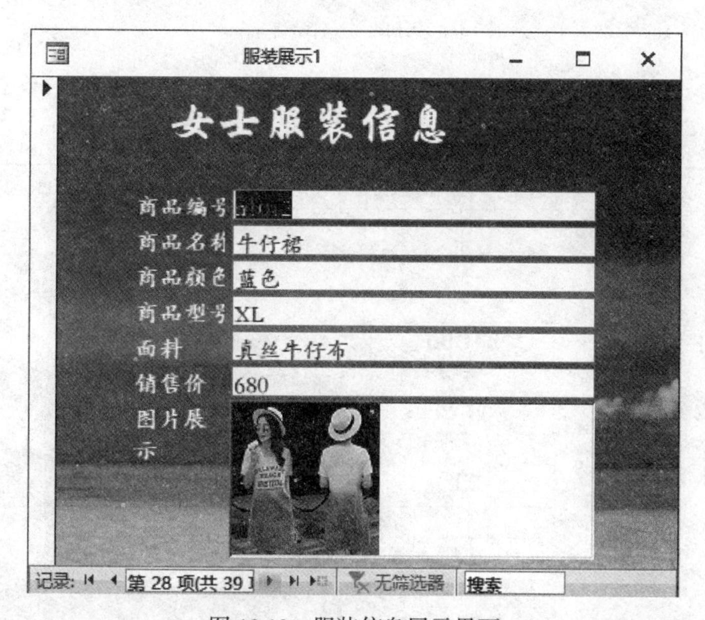

图 10.10　服装信息展示界面

（3）创建分割窗体，如图 10.11 所示。

（4）使用“窗体设计”命令创建“服装详细信息”界面，如图 10.12 所示。

（5）使用“窗体设计”命令创建“服装选购用户调查”界面，如图 10.13 所示。

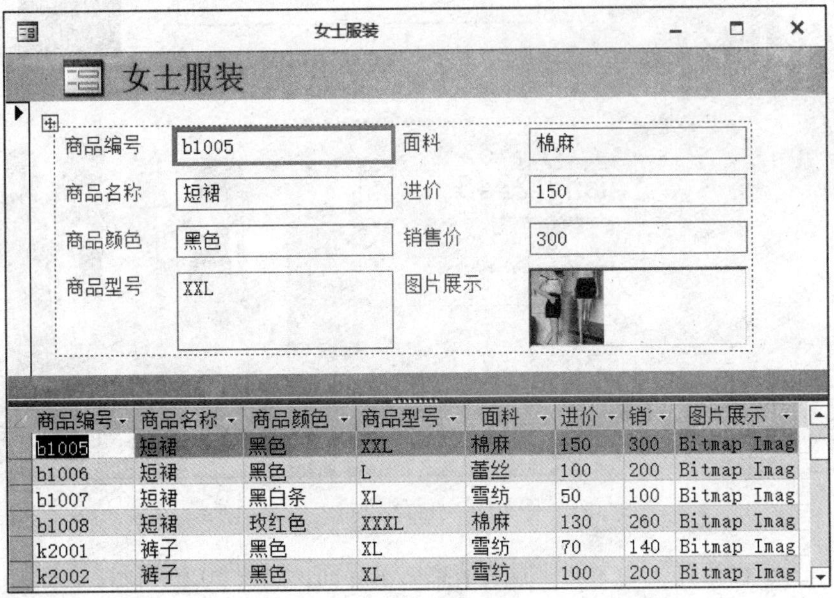

女士服装
女士服装
商品编号
b1005
面料
棉麻
商品名称
短裙
进价
150
商品颜色
黑色
销售价
300
商品型号
XXL
图片展示
商品编号 商品名称 商品颜色 商品型号 面料 进价 销 图片展示
b1005 短裙 黑色 XXL 棉麻 150 300 Bitmap Imag
b1006 短裙 黑色 L 蕾丝 100 200 Bitmap Imag
b1007 短裙 黑白条 XL 雪纺 50 100 Bitmap Imag
b1008 短裙 玫红色 XXXL 棉麻 130 260 Bitmap Imag
k2001 裤子 黑色 XL 雪纺 70 140 Bitmap Imag
k2002 裤子 黑色 XL 雪纺 100 200 Bitmap Imag

图 10.11　分割窗体

服装基本信息
服装详细信息
商品编号
b1003
商品名称
短裙
商品颜色
白色
商品型号
XL
面料
丝绸
销售价
240
元
下一项
前一项
最后一项
第一项

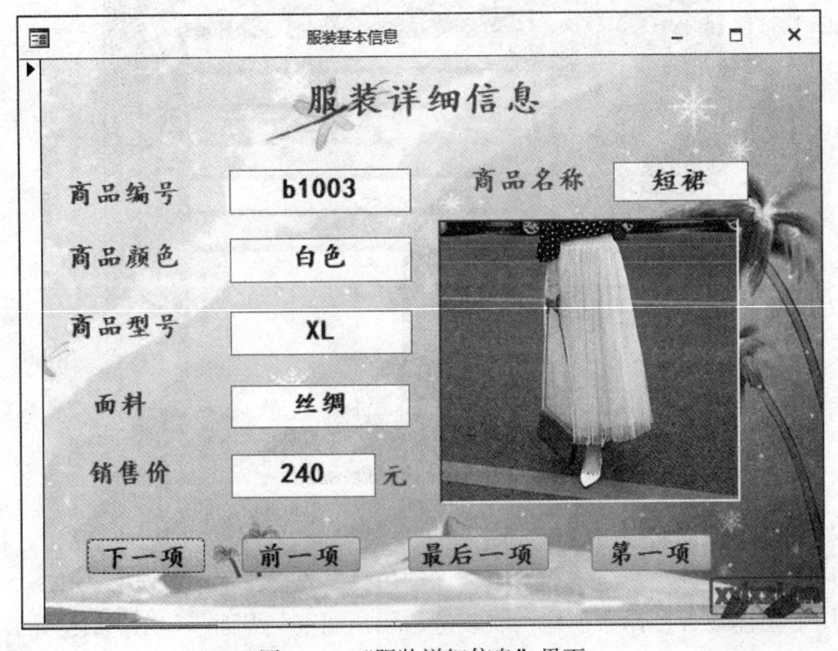

图 10.12　“服装详细信息”界面

图 10.13　“服装选购用户调查”界面

思考题：

（1）窗体的主要用途是什么？

（2）窗体的常用控件有哪些？

10.6　报表设计

10.6.1　实训目的

掌握运用自动报表、报表向导及报表设计器创建报表的方法，并利用报表进行排序、分组和计算。

10.6.2　实训内容

（1）分别利用自动报表、报表向导及报表设计器创建报表；

（2）利用报表控件修改、设计报表；

（3）对报表进行排序、添加日期、分组等操作。

10.6.3　实训内容和步骤

（1）利用报表向导创建“女士服装”报表。

（2）利用已有的按照用户号参数查询，生成查询报表。

（3）利用报表设计器修改自动报表格式，如图 10.14 所示。

（4）利用报表设计器修改报表日期，汇总记录个数，如图 10.15 所示。

10.6.4 文档样例

自动报表格式修改结果如图 10.14 所示，服装销售信息报表如图 10.15 所示。

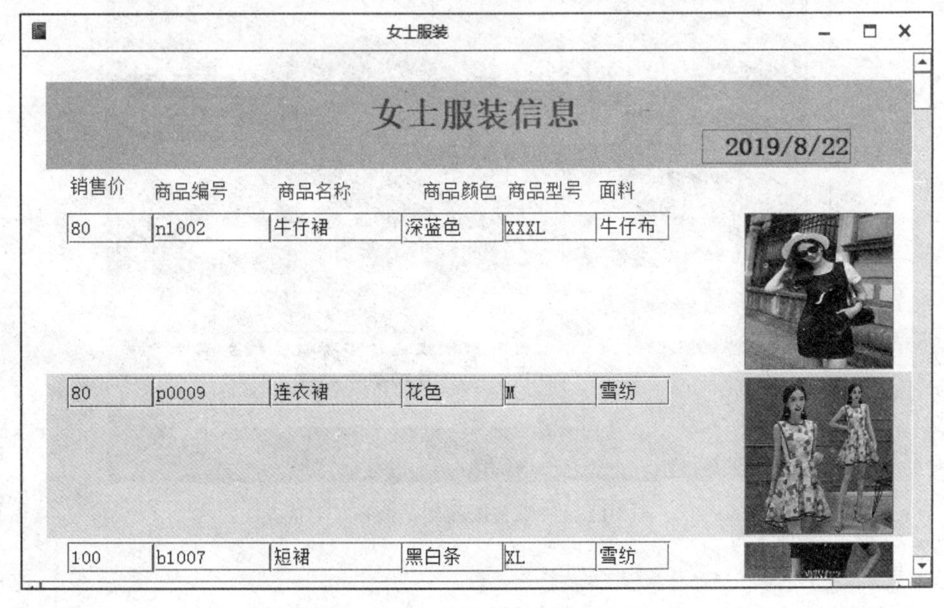

图 10.14 自动报表格式修改结果

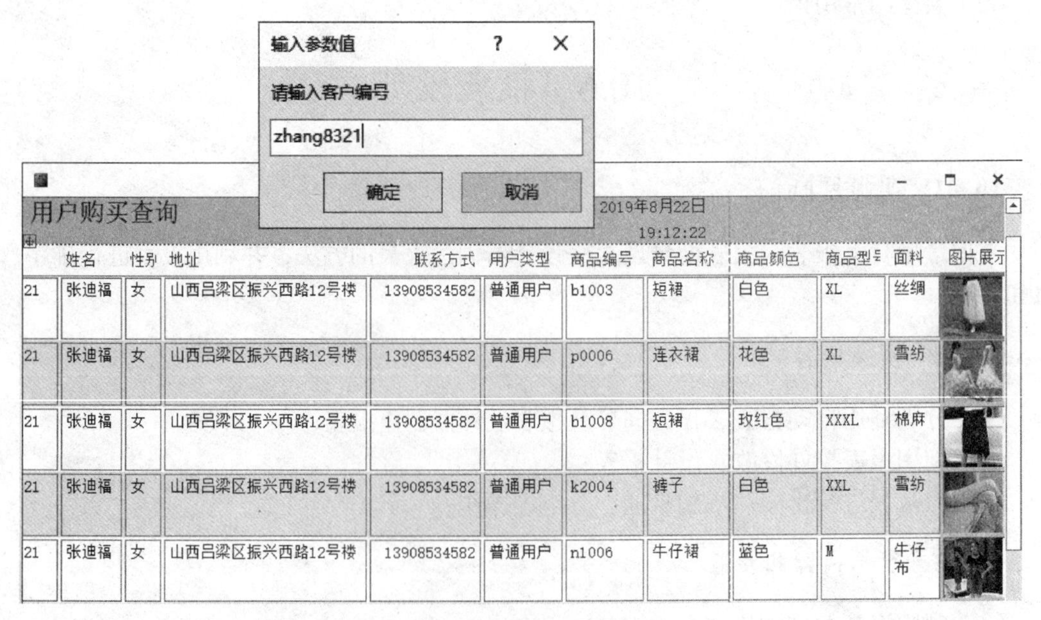

图 10.15 服装销售信息报表

思考题：

（1）报表与窗体的区别是什么？

（2）报表中添加汇总在哪个部分完成？

10.7　宏的使用

10.7.1　实训目的

掌握打开表、查询、窗体和报表的宏命令，以及宏调用操作。

10.7.2　实训内容

（1）在窗体上利用宏命令打开表。
（2）在窗体上利用宏命令打开查询。
（3）在窗体上利用宏命令打开窗体。
（4）在窗体上利用宏命令打开报表。
（5）使用宏操作实现登录验证。

10.7.3　实训内容和步骤

根据服装销售信息表的内容，建立不同类别的查询，将查询结果作为数据源建立窗体显示界面，完成图 10.16 所示的窗体界面菜单项，并通过 OpenForm 命令打开“服装销售查询管理”界面中的不同窗体。

10.7.4　文档样例

“服装销售查询管理”界面如图 10.16 所示。

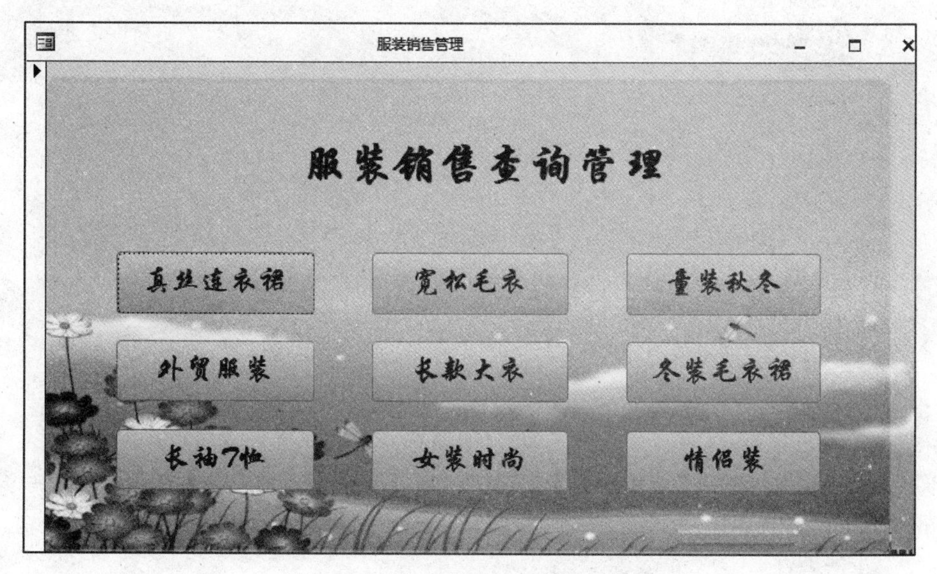

图 10.16　“服装销售查询管理”界面

10.8 模块

10.8.1 实训目的

（1）掌握过程及函数的使用。

（2）使用过程调用数据库引擎，实现数据库访问。

10.8.2 实训内容

（1）利用窗体设计器的多种控件设计窗体，完成一元二次方程的求解及飞机托运计费的界面及输出。

（2）利用过程及函数的调用完成相应的计算。

（3）实现 VBA 与数据库的连接。

10.8.3 实训步骤

（1）创建一个窗体界面，输入一元二次方程的任意 3 个系数，求方程的解（含无解情况）。步骤如下：

① 将窗体的 5 个文本框名称分别改为 a，b，c，x1，x2，用鼠标右键单击“计算”按钮，在代码生成器中输入如下代码：

```
Private Sub Command4_Click（）
a = Val（a.Value）
b = Val（b.Value）
c = Val（c.Value）
q = b * b – 4 * a * c
If q > 0 Then
  x1.Value =（（–b）+ Sqr（q））/（2 * a）
  x2.Value =（（–b）– Sqr（q））/（2 * a）
  information.Caption = "该方程有两个不同的解"
  ElseIf q = 0 Then
    x1.Text = –b /（2 * a）
    x2.Text = –b /（2 * a）
    information.Caption = "该方程有两个相同解"
Else
information.Caption = "该方程无实数解"
x1.Value = ""
x2.Value = ""
 End If
End Sub
```

② 用鼠标右键单击“重置”按钮，在代码生成器中输入如下代码：

```
Private Sub Command5_Click ( )
Text1.Value = ""
Text2.Value = ""
End Sub
```

③ 用鼠标右键单击“退出”按钮，在代码生成器中输入如下代码：

```
Quit
```

运行结果如图 10.17 所示。

（2）创建一个飞机托运计费窗体，输入行李重量，当低于 23 kg 时免费，多出 23 kg 每公斤加 50 元。

步骤如下：

① 按照图 10.18 制作窗体。

② 用鼠标右键单击“计算”按钮，在代码生成器中输入如下代码：

```
Private Sub Command2_Click ( )
Weight = Val ( Text1.Value )
If Weight <= 23 Then
   r = 0
   Else
   r =( Weight – 23 )* 50
   End If
   Text2.Value = r
End Sub
```

③ 用鼠标右键单击“重置”按钮，在代码生成器中输入如下代码：

```
Private Sub Command6_Click ( )
x1.Value = ""
x2.Value = ""
a.Value = ""
b.Value = ""
c.Value = ""
information.Caption = ""
```

（3）利用过程和函数调用求 $Sum=\frac{1}{2!}-\frac{1}{4!}+\frac{1}{6!}-\frac{1}{8!}+\cdots\frac{1}{n!}$ 的值。

创建模块，输入如下代码：

```
Sub sub25 ( )
Dim n As Integer, i As Integer
f = 1
n = InputBox ( "请输入 n= ? " )
For i = 2 To n Step 2
Sum = Sum + 1 / factorial ( i ) * f
f = -f
Next i
MsgBox " Sum= " & Sum
End Sub
Function factorial ( x As Integer ) As Long
Dim i As Integer, m As Long
m = 1
For i = 1 To x
m = m * i
Next i
factorial = m
End Function
```

运行结果如图 10.19 所示。

（4）制作登录窗体，通过 VBA 编程实现验证数据库用户表的权限，给出登录信息。

使用 ADO 技术访问数据库的 VBA 编程步骤如下：

```
'创建连接对象、结果集对象
Dim cn As New ADODB.Connection
Dim rs As New ADODB.Recordset
'打开数据库连接
cn.Open "数据库连接字符串"
'直接在当前数据库连接上执行 SQL 查询，返回结果集
rs.Open " SQL 查询语句 ", cn
'操作结果集中的数据
Do While Not rs.EOF
    …
    rs.MoveNext
Loop
'资源释放
rs.Close
cn.Close
Set rs=Nothing
Set cn=Nothing
```

10.8.4 文档样例

（1）一元二次方程的求解界面如图 10.17 所示。

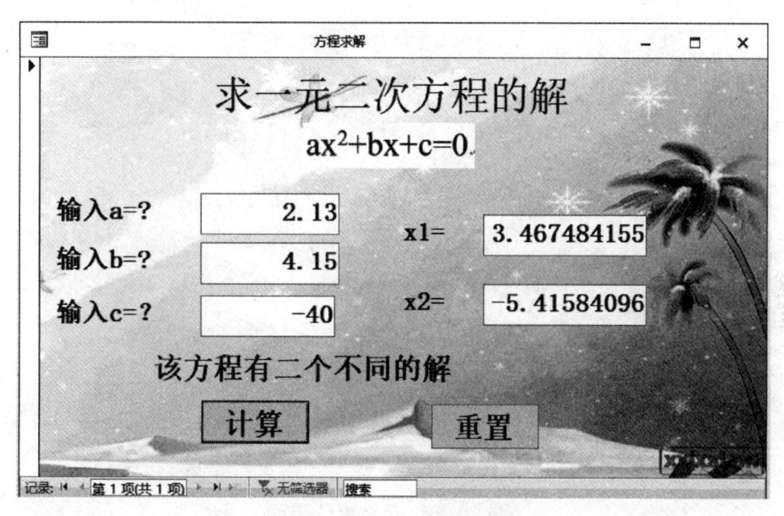

图 10.17 一元二次方程的求解界面

（2）飞机托运计费界面如图 10.18 所示。

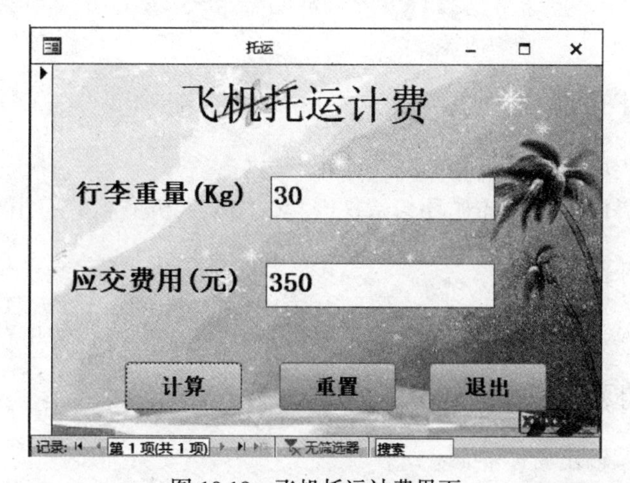

图 10.18 飞机托运计费界面

（3）过程及函数调用界面如图 10.19 所示。输入“6”，输出如图 10.19 中右图所示。

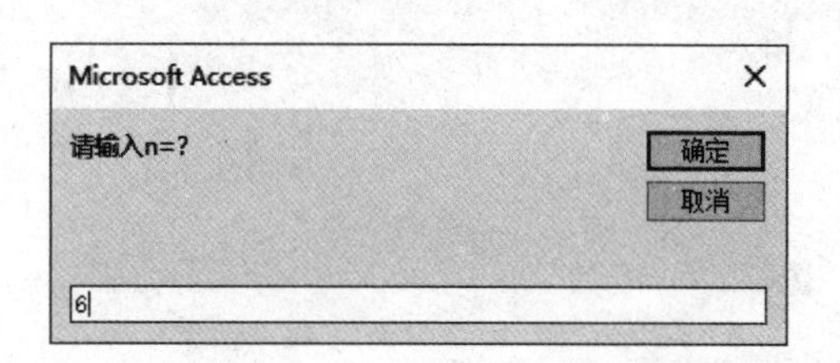

图 10.19 过程及函数调用界面

（4）使用宏调用实现登录判断。若是数据库表管理员，输出“欢迎管理员登录”，若是普通用户，输出“欢迎普通用户登录”，若非数据库表用户，输出“用户名或密码错误，不是合法用户”，界面如图 10.20 所示。

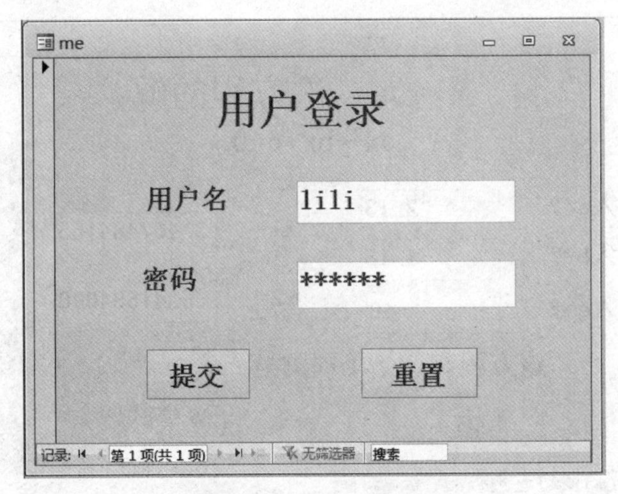

图 10.20　登录窗体界面

10.9　综合练习

10.9.1　实训目的

（1）掌握窗体界面与模块过程的联合使用。
（2）利用窗体界面、模块的循环与条件嵌套，完成人机交互的应用程序。

10.9.2　实训内容

使用窗体设计及过程模块，完成一个猜数字（0~100）小游戏交互界面。

10.9.3　实训内容和步骤

（1）设计输入及输出窗体界面。
（2）用鼠标右键单击“提交”按钮，输入如下代码：

```
Private Sub Command23_Click（ ）
Dim N As Integer, X As Integer, count As Integer
  count = 0
  X = CInt（Rnd * 100）
  Do While count < 10
  N = InputBox（"请输入一个 0—100 的正整数"）
  If N > X Then
```

```
        info.Caption = "输入的数太大了，请减小一点！继续输入"
      ElseIf N < X Then
        info.Caption = "输入的数太小了，请增大一点！继续输入"
        Else
        info.Caption = "恭喜你答对了"
        End If
  count = count + 1
  count1.Value = count
    If count = 10 Then

    info.Caption = "输入的次数超过了限制，重新开始吧！"
    Exit Do
    End If
    Loop
  End Sub
```

10.9.4 文档样例

猜数字小游戏交互界面及运行结果如图 10.21 所示。

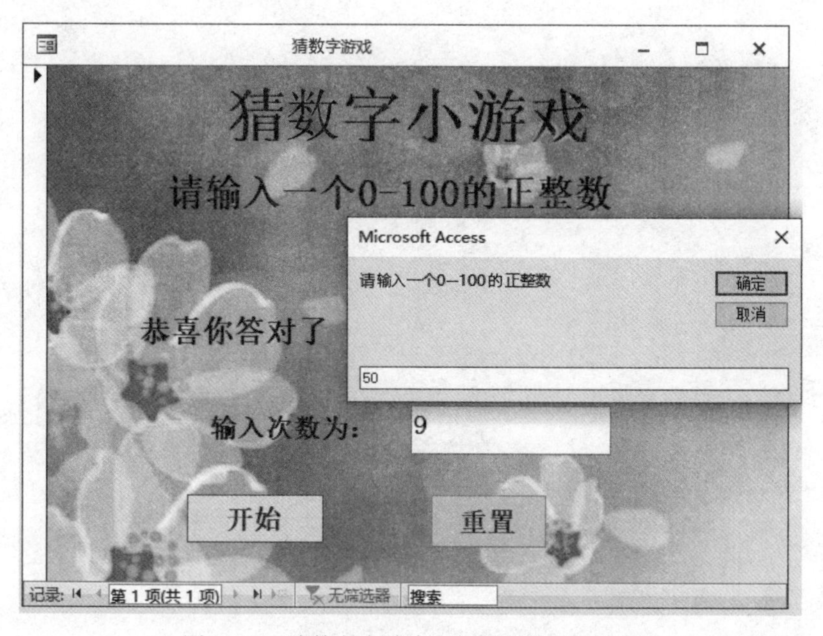

图 10.21 猜数字小游戏交互界面及运行结果

参考文献

[1] 姜增如 .Access 2013 数据库技术及应用 [M]. 北京：北京理工大学出版社，2012.
[2] 唐会伏 . Access 2016 数据库应用 [M]. 北京：电子工业出版社，2016.